비 어 도 슨 트 들 의 일 상 맥 주 이 야 기

맥주 한 잔 할까요?

the daily beer stories of 18 beer docents

한국맥주문화협회
비어도슨트 저

 J & jj
제이 앤 제이제이

비 어 도 슨 트 들 의   일 상 맥 주   이 야 기

맥주 한 잔 할까요?

| 만든 사람들 |
기획 인문·예술기획부 | **진행** 단흥빈 | **집필** 한국맥주문화협회 비어도슨트
| **편집·표지디자인** 원은영·D.J.I books design studio

| 책 내용 문의 |
도서 내용에 대해 궁금한 사항이 있으시면
저자의 홈페이지나 J&jj 홈페이지의 게시판을 통해서 해결하실 수 있습니다.
제이앤제이제이 홈페이지 www.jnjj.co.kr
디지털북스 페이스북 www.facebook.com/ithinkbook
디지털북스 인스타그램 instagram.com/digitalbooks1999
디지털북스 유튜브 유튜브에서 [디지털북스] 검색
디지털북스 이메일 djibooks@naver.com
저자 이메일 beerspectatorkorea@gmail.com

| 각종 문의 |
영업관련 dji_digitalbooks@naver.com
기획관련 djibooks@naver.com
전화번호 (02) 447-3157~8

인생의 행복, 그 이름은 맥주

크고 작은 수많은 인연들은 우리의 인생을 풍요롭게 합니다. 그 인연은 사람일 수도 있고 문학, 영화, 음악 또는 자동차도 될 수 있습니다. 그리고 우리에게는 맥주가 그 인연의 주인공입니다.

인류 문명과 함께 태어난 맥주는 신에게 바치는 술이었고 친구들과 수다를 떨며 마시는 음료였으며 저승으로 가는 이에게 챙겨주는 노잣돈이기도 했습니다. 그리고 무엇보다 하루의 노동을 마친 뒤 몰려오는 피로와 갈증을 해소시켜주는 선물이기도 했지요. 지구 반대편의 소식을 실시간으로 들을 수 있는 21세기에도 맥주는 변하지 않은 모습으로 여전히 우리 곁에 있는 친구입니다.

그러나 아직도 우리 사회는 맥주를 소주에 타서 마시는 술로만 바라보는 경향이 있습니다. 맥주를 술로 바라본다면 판단력을 흐리게 하고 잠시의 고통을 잊게 만드는 무익하고 해로운 존재일 수밖에 없습니다. 하지만 맥주에게 문화라는 꽃을 달아주면 어떻게 될까요? 맥주에게 사람을 기억하고 인생을 돌아보며 가족을 떠올릴 수 있는 긍정적인 역할을 맡기면 새로운 세상이 열릴 수 있습니다. 어쩌면 맥주라는 술은 우리 공동체에 멋진 선물이 될 지도 모릅니다. 우리가 맥주라는 술 자체보다 그 뒤에 있는 문화와 그 문화를 향유하고 즐기는 사람을 바라봐야하는 중요한 이유입니다.

여기 18명의 비어도슨트Beer Docent와 그들이 만난 특별한 맥주 이야기가 있습니다. 비어도슨트는 사단법인 한국맥주문화협회에서 맥주 지식과 문화를 교육 받은 전문가들입니다. 더 나아가 맥주가 문화의 하나로서 우리 사회에 선한 영향력을 줄 수 있다는 신념을 가지고 다양한 활동을 하는 사람들을 의미합니다. 하지만 전문가이기 전에 이들은 맥주를 통해 자신의 인생을 행복하게 일군 사람들입니다.

맥주가 좋은 세상을 만들 수 있을까요? 이 책의 주인공들은 그렇게 믿고 있습니다. 물론 아직 정답을 찾지는 못했습니다. 많은 고민과 노력이 필요할테지요. 하지만 확실한 건, 맥주로 세상을 바꾸는 일은 흥미롭고 멋진 여정이라는 것, 그리고 이 책을 들고 있는 여러분도 함께 해주실 것이라는 사실입니다.

잠시 일상에서 벗어나 18명의 비어도슨트들이 들려주는 맥주 이야기에 귀를 귀울여 보세요. 때로는 잔잔하고 나직하며 때로는 열정적이고 희열로 가득한, 맥주와 맺고 있는 서로 다른 인연들을 만날 수 있을테니까요. 여행, 일상, 양조장, 역사 그리고 브랜드까지 다채롭고 재미있는 맥주 이야기들은 무더운 여름에 내리는 소나기처럼 삶에 청량한 여유를 선사할 것입니다. 만약 가장 좋아하는 맥주가 바로 옆에 있다면 그 보다 더 행복할 수는 없을테지요. 그리고 아마 그 때가 맥주가 세상을 바꾸는 첫 챕터가 열리는 순간이라고 믿습니다.

2022년 7월 어느날 정동에서
맥주의 마법을 믿는
사단법인 한국맥주문화협회장 윤한샘

이 책을 읽기 전에
맥주를 설명하기 위한 다양한 표현들

맥주 테이스팅

맛 TASTE
주로 혀에 존재하는 미각세포를 통해 느끼게 되는 단맛, 쓴맛, 신맛, 짠맛, 감칠맛 다섯 종류의 맛을 말한다.

단맛 SWEET
단맛은 생존을 위한 본능적인 맛이다. 단맛은 맥주의 스타일에 따라 중추적인 역할을 할 수도 있고, 보조적인 역할을 할 수도 있다.

쓴맛 BITTER
쓴맛은 독성을 판별하고 기피하기 위한 맛이다. 모든 맥주에서 쓴맛은 발견되며, 쓴맛의 정도를 IBU로 나타낸다. 맥주의 쓴맛은 주로 홉오일에 포함된 알파산에서 나온다.

신맛 SOUR
신맛은 부패하거나 발효된 음식을 구분하기 위한 맛이다. 과일이나 미생물에 의해 생성된다. 맥주에서 신맛은 단맛을 보조하며 풍미를 증폭시키는 역할과 보존제의 역할을 한다.

짠맛 SALTY
짠맛은 모든 맛의 풍미를 높이고 이취나 쓴맛을 낮추는 역할을 한다. 맥주에서 짠맛은 자주 허용되는 맛은 아니지만, 독일의 고제 맥주는 짠맛이 단맛과 신맛과 어울려 더 묵직한 풍미를 낸다.

감칠맛 UMAMI
감칠맛은 단백질의 맛이다. 감칠맛은 짭짜름하면서도 고기의 풍미가 느껴지는 맛인데 주로 숙성된 음식에서 나타난다. 맥주에서 감칠맛은 올드 에일이나 오크 숙성 맥주 등에서 나타나고, 검은 종류의 맥주에서 느껴지는 간장의 맛이 감칠맛이라고 할 수 있다.

아로마휠 AROMA WHEEL
아로마 휠은 맥주에서 나는 아로마를 시각적으로 정리한 원형의 그림이다. 아로마 휠은 맥주의 복잡한 풍미를 알아들을 수 있는 언어로 체계적으로 분류하여 준다.

마우스필 MOUTHFEEL
온도, 압력, 통증 등의 자극에 반응하는 입 속 자극수용기를 통해 느끼는 다양한 감각으로 맥주에서는 크림같은 질감, 떫은 느낌, 톡 쏘는 느낌 등이 해당된다.

향 AROMA

맥주 속 휘발성 분자가 콧속 후각세포와 반응하여 감지되는 향을 말한다.

향미/풍미 FLAVOR

비강에서 전달되는 향의 감각과 입안에서 느껴지는 맛의 감각, 그리고 마우스필까지 복합적으로 만들어지는 감각을 말한다. 이와 더불어 심리적 요인, 개인의 기억, 음주 환경도 플레이버에 영향을 미친다.

애프터 테이스트 AFTERTASTE

맥주를 삼킨 후에 입 안에 남는 향과 맛 그리고 촉감을 말한다.

맥주이취 OFF-FLAVOR

브루어가 의도하지 않은 향미 또는 맥주에서 절대 나서는 안 되는 향미를 의미한다.

맥주 재료

물 WATER

물은 맥주에서 가장 큰 비중을 차지하며, 맥주의 최종적인 맛을 결정하는 재료이다. 물에 포함되어 있는 미네랄의 종류와 양, 칼슘이나 마그네슘, 그 밖의 구리나 아연 등이 맥주의 풍미와 질감에 영향을 준다.

효모 YEAST

효모는 일종의 곰팡이로 맥즙에 있는 당분을 먹고 알코올과 이산화탄소를 생산한다. 맥주의 스타일은 효모의 종류에 따라 크게 라거와 에일 그리고 야생 에일로 나뉜다.

홉 HOP

홉은 대마과의 식물이다. 홉은 맥주에 쓴맛을 내기 위해 사용하기도 하고, 과일, 꽃, 풀 등의 다양한 향과 풍미를 내기도 한다. 또한 홉은 미생물에 대한 항 박테리아 성분이 있어 맥주의 신선도를 유지시켜주는 역할을 한다.

맥아 MALT

맥아는 '싹이 난 보리'라는 뜻이다. 보리에 싹을 틔우면 보리의 전분이 효모의 먹이가 되는 당분으로 바뀐다.

맥주 약어

IBU INTERNATIONAL BITTERNESS UNIT

맥주의 쓴맛Bitterness 정도를 나타내는 표준단위로 맥주 1리터에 이성화 알파산Iso-alpha acid이 몇 mg 용해되어 있는지를 측정한다.

SRM STANDARD REFERENCE METHOD
맥주의 색을 정량화하는 방법으로 430 나노미터의 파장을 가진 푸른 빛이 맥주에서 얼마나 흡수되는지를 나타내는 분광광도계Spectrophotometer로 측정한다.

ABV ALCOHOL BY VOLUME
알코올 도수를 나타내는 국제표준단위로 맥주 부피 중에 알코올이 차지하는 부피의 정도를 %로 표시한 것이다

맥주 스타일

라거 vs 에일 LAGER vs ALE
라거 효모가 만든 맥주를 라거, 에일 효모가 만든 맥주를 에일이라고 한다. 라거 효모는 에스테르를 만들지 않아, 라거는 효모향이 없다. 반대로 에일 효모는 에스테르를 만들어 에일에는 효모향이 존재한다.

맥주 스타일 BEER STYLE
좁은 의미로는 맥주의 체계 또는 카테고리를 말한다. 넓은 의미로는 한 시대를 풍미하거나 유행한 맥주가 지속되고 정착되어 후대가 하나의 체계로 분류한 맥주를 말한다. 맥주 스타일은 문화의 관점으로 분류하고 이해해야 한다.

맥즙 WORT
몰트에서 추출한 당물. 보리의 효소가 몰트의 탄수화물을 분해하면 당이 되는데, 이 당이 녹아있는 물을 말한다. 발효를 위한 효모의 먹이이며 영어로는 워트Wort라 한다.

발효 FERMENTATION
큰 범위에서 미생물이 유기물을 먹고 인간에게 이로운 부산물을 만드는 과정을 의미한다. 알코올 발효, 젖산 발효 등이 있으며 술에서는 혐기적 조건에서 효모가 당을 먹고 알코올과 이산화탄소를 만드는 알코올 발효를 일반적으로 발효라고 말한다.

브루어리 BREWERY
맥주를 만드는 양조장이다.

브루어 BREWER
맥주를 만드는 양조사이다.

기타

맥주 인문학 BEER HUMANITIES

맥주와 연관된 여러 소재를 정치, 경제, 사회, 문화, 예술 등과 연결하여 스토리를 풀어내는 것으로 맥주를 다양한 관점에서 바라보고 더욱 즐길 수 있게 도와준다.

보틀숍 BOTTLE SHOP

맥주를 판매하는 소매점. 일반적으로 보틀숍에서는 마트와 편의점에 팔지 않는 수입맥주와 크래프트 맥주를 구입할 수 있다.

푸드페어링 FOOD PAIRING

맥주와 음식의 매칭이다. 좁은 의미로는 맥주와 음식의 조합을 의미하며, 넓은 의미로는 맥주와 음식을 주제를 다루는 기획, 이벤트 등을 의미한다.

비어도슨트 BEER DOCENT

맥주지식을 바탕으로 일상 속에서 맥주문화를 창조하고 전파시키는 맥주전문가를 말한다. 2018년부터 (사)한국맥주문화협회에서 교육을 진행하고 있다.

품질유지기한 BEST BEFORE

양조사가 술의 향미와 품질이 최상이라고 정해놓은 기간이다. 상미기한이라고도 부른다.

크래프트맥주 CRAFT BEER

원론적으로 공장식 대량생산Manufactured 맥주에 대항해서 소규모 브루어리가 만드는 다양하고 개성있는 맥주를 의미한다. 넓게는 지역성, 다양성, 진정성 등 자신만의 철학적인 가치를 가진 맥주를 의미한다.

PART 1

맥주와 여행

외국에서 맥주를 경험한 이야기

—

#시카고 #서울 #더블린 #플로리다 #밤베르크

#벨기에 #베를린 #마드리드

맥주와 여행 사이 연결 고리

구스 아일랜드 312 어반 위트 에일 : GOOSE ISLAND 312 URBAN WIT ALE

　생각해 보면 맥주에 대한 추억들은 여행과 밀접한 관련이 있었다. 일본 여행에서 돌아올 때 비행기에서 처음 마셨던 에비스 맥주는 아직도 일본 맥주 중에서는 최고로 생각해서 가끔씩 즐겨 마시는 라거이다. 비행기에서 나오는 맥주는 작은 캔에 제공되어서, 더 달라고 일본인 스튜어디스에게 이야기할 용기가 없어서 안타깝게 마지막 한 모금을 탈탈 털어 넘겼던 기억이 난다. 베트남 여행에서 마셨던 333맥주는 습하고 더운 날씨에 여행을 마무리하는 시원하고 강렬한 한 모금으로 손색이 없었다. 특히 베트남에서 맥주를 주문하면 얼음이 담긴 잔이 같이 나와서 따라 마시기 때문에 갈증을 해소하면서 거의 물처럼 마셨던 것 같다. 이러한 맥주와 여행에 대한 추억들은 아마도 여행 중에 들뜬 기분과 함께 좀 더 있었으면 하는 아쉬움 등이 종합적으로 투영되어 맥주에 대한 특별한 추억을 형성하는 것이리라. 특히 시카고에서 마신 구스 아일랜드 312는 누구나 가고 싶어 하는 미국을 여행 온 것에 대한 성취감과 함께 성공의 맛으로 추억의 한 편에 자리 잡고 있다.

　때는 2014년 봄, 처음으로 해외로 나가는 비행기에 몸을 실었을 때였다. 그것도 누구나 한 번쯤은 가고 싶어 하는 미국으로. 여행의 목적지는 피츠버그였는데, 한국으로 향할 때는 시카고에서 환승을 하는 계획이었다. 일정을 마무리하고 귀국을 위해 돌아가는 일정에서 시카고에서 하룻밤을 지내게 되었는데, 얼마 남지 않은 여행의 마무리를 제대로 하기 위해 존 핸콕 센터의 제일 꼭대기에 위치한 시카고 360이라는 전망대에 오르게 되었다. 저녁에 술 한잔하면서 시시각각 변하는 태양빛의 색깔과 밤에 더 밝아지는 야경을 나긋이 지켜보며 무슨 맥주와 안주를 먹을지 지켜보는 중이었다.

이런 야경을 바라보며 먹는 맥주 맛은 얼마나 남다른지. 시카고 360 전망대의 야경

이때, 갈색의 맥주병 사이로 나열되어 있는 산뜻한 노란색 레이블의 맥주가 눈길을 끌었다. 맥주를 즐겨 마시긴 했지만, 지금처럼 맥주를 공부하면서 즐기는 때는 아니기에 처음의 구스 아일랜드 312 어반 위트 에일의 감상은 간단했다. 한국에는 이렇게 좋은 맥주를 왜 찾기가 힘들까?

황금빛의 맥주 색깔은 카스나 하이트 같은 라거 류의 맥주를 즐겨 마시는 한국인에게는 친숙하지만, 한 모금을 마시기 위해 코 끝으로 술잔을 가져갈 때부터 전혀 다른 맥주의 세계가 열리기 시작한다. 밀맥주 특유의 과일 향과 향신료를 연상시키는 특유의 스파이시함, 약간의 꿀 향이 가미된 느낌, 아침의 햇빛과 새벽에 드리워진 안개가 교차하면서 어우러지는 정도의 약한 탁함 등은 위트 에일에서 느낄 수 있는 보편적인 특성이지만, 가득한 탄산이 입

안에 번지면서 적당히 크리스피한 촉감과 함께 위에서 나열된 향미적 특성들이 그렇게 강하게 나타나지 않는 점은 오히려 라거의 특성이라 할 수 있겠다. 라거와 위트 에일의 특성을 모두 가진 이 맥주는 어반 위트라는 이름만큼이나 현대적인 도시와 잘 어울린다. 하루의 과중한 업무에 지친 직장인이 퇴근 전에 가볍게 한잔하면서, 가로등이 켜진 야경을 바라보며 오늘 하루도 수고했다고 스스로에게 작지만 소중한 보상을 주면서 하루를 마무리하는 그런 이미지가 그려지는 맥주이다. 그래서 그런지, 그날의 기분 상태에 따라서 구스 아일랜드 312는 다양한 안주와 즐길 수 있다. 오늘 하루가 힘들었다면, 당 충전을 목적으로 부족한 단맛을 보충하기 위해 초콜릿이나 케이크를 곁들여 먹어도 좋고, 오늘은 기분 좋은 일이 있어서 오랜만의 사치를 누리고 싶을 때는, 맥주의 과일향과 시너지가 되는 오렌지나 귤 등이 들어가는 과일들로 과일 모음 안주를 곁들여도 훌륭하다. 물론, 그냥 취하고 싶은 날이라면, 구스 아일랜드 312만으로도 적당한 취기와 함께 깔끔하게 떨어지는 맛과 향으로 하루를 마무리하기에는 부족함이 없다.

구스 아일랜드 312가 속한 아메리칸 위트 에일American Wheat Ale은 유럽식 위트 에일과는 다르게 바나나향이나 정향Clove이 강조되지는 않는다. 대신 라거처럼 가볍게 마실 수 있는, 밝은 빛을 띄는 외양을 지닌다. 효모는 에일 효모 이외에도 라거 효모를 쓰는 경우도 있으며, 유럽식 위트 에일에서 50% 이상의 밀이 들어가는 반면에 상대적으로 적은 양인 30% 정도의 밀이 아메리칸 위트 에일의 주원료로 들어가게 된다. 1980년대부터 주로 생산되기 시작했고, 소규모의 양조장에서 시작했다는 점에서 크래프트 비어의 특성도 가지고 있다. 구스 아일랜드 312의 312는 시카고 지역의 전화번호에 쓰이는 지역번호를 의미하고 구스 아일랜드는 실제로 시카고에 있는 섬의 이름인데, 사람이 살지 않는 작은 섬에 정착인들이 모여 살기 시작했을 때 그들이 가축으로 기르고 있었던 거위에서 이름을 따와서 지었다는 설이 있다. 서울에 대입해서 생각한다면, '여의도 02' 정도의 어감을 느낄 수 있는 이름이다. 이름에서 알 수 있듯이, 이 맥주는 시카고 태생이라는 점을 강하게 주장하고 있

구스 아일랜드 312

고, 실제로 1980년대부터 이 맥주는 시카고에서 만들어지는 맥주 중 가장 세계적으로 유명한 맥주가 되었다.

이 맥주에 대한 개인적인 에피소드는 앞서 말한 여행 이야기에서 더 이어진다. 전망대에서 맥주와 야경을 동시에 즐긴 이후에 2차로 늦은 시간이지만 시카고 시내에 위치한 앤디스 재즈 클럽Andy's Jazz Club이라는 재즈바에 가게 되었다. 시카고는 뉴올리언스에서 시작한 재즈가 강을 타고 북쪽으로 올라와 활발히 꽃을 피우던 곳이지 아니한가! 같이 갔었던 지인과 함께 즉석에서 연주되는 재즈를 들으면서 그곳에서도 구스 아일랜드 312를 마시다 보니 어느덧 시간은 자정이 지나 새벽 1시를 향해 가고 있었다. 처음 미국을 간 입장에서 절대 밤에 돌아다니지 말라는 얘기를 귀에 못이 박히도록 들었던 터라 어쩔 줄 몰라 했는데, 걱정을 하면서도 숙소에 들어가야 했기에 걸어서 15분

정도 되는 거리를 빨리 걷다보니 정신없이 숙소 앞에 도착해서야 우리 뒤에 경찰차가 사이렌을 울리면서 뒤따라왔다는 사실을 깨닫게 되었다.

아마도 그분들 덕분에 무사히 숙소 앞까지 도착하지 않았을까. 지금도 구스 아일랜드를 마시게 되면 가끔씩 그 때의 일들이 떠올라 색다른 의미로 두근거리게 된다. 그 두근거림이 무서웠던 기억 때문인지, 맛있는 맥주를 경험한 희열에서 비롯한 것인지는 모르겠으나 두 가지가 적절히 섞여 현재 나를 이루는 소중하고 좋은 추억 중 하나가 되었다는 것은 틀림없다.

지금 한국에서 마시는 구스 아일랜드 312도 좋은 사람들과 즐겁게 마시게 되면 나중에는 맥주 본연의 맛과 좋았던 기억들이 섞여 시간의 흐름 속에 숙성되어 시카고의 추억만큼이나 나에게 소중하고 아름다운 경험으로 남을 것으로 의심치 않는다. 그러니, 먼 훗날의 소중한 추억들을 위해서라도 좋은 일이 있는 날에는 좋은 사람들과 함께 구스 아일랜드 312를 즐기려 한다.

GOOSE ISLAND 312 URBAN WIT ALE
구스 아일랜드 312 어반 위트 에일

브루어리	구스 아일랜드 브루어리
스타일	아메리칸 위트 에일
알코올	4.2%
외관	전체적으로 황금빛을 띠고 밀맥주 특유의 탁함의 정도는 강하지 않음
향미	향신료의 스파이시함과 약한 바나나의 향이 꿀 같은 단맛과 잘 조화되어 있음
마우스필	가벼운 바디감과 풍부한 탄산감으로 시원한 목넘김
푸드페어링	지갑이 가벼울 땐 바나나 과자, 여유가 있다면 고구마케이크

#구스아일랜드312 #아메리칸위트에일 #시카고 #미국여행 #전망대 #재즈클럽
#어반위트 #여행추억

이건 이과를 위한 맥주라고

MC²

서울 근교에 사는 맥주 애호가로서 주위에 서울만큼 맥주 보틀숍Bottleshop
이 많지 않은 것은 참으로 아쉬운 일이다. 물론 서울에서 멀지 않은 거리에
살고 있어서 마음만 먹으면 서울로 가서 보따리 상인처럼 캐리어를 가득 채
울 만큼의 맥주들을 산 적도 많았다. 하지만 주말에도 계속되는 서울의 교통
체증에 진절머리가 나기에 개인적으로는 집 근처에 산책을 나가듯이 가벼
운 옷차림으로 맥주를 구경하러 나가는 것을 더 선호한다. 보틀숍에서 맥주
를 고르는 것은 백화점이나 아울렛에서 쇼핑을 하는 것과 마찬가지이다. 사
람마다 차이는 있겠지만 나는 어느 정도의 간단한 계획을 가지고 쇼핑을 나
선다. 미리 필수적으로 사야 할 물품들을 메모장 앱에 적어놓고 그 물건들을
고른 후에 그 다음부터는 본격적인 윈도우쇼핑을 즐긴다. 그날 특별히 당기
는 맥주 스타일이 있거나, 아는 맛이 무서운 스테디셀러를 사거나, 접해보지
못했던 새로운 맥주가 눈에 띄거나……. 이런 생각들을 하면서 보통은 계획
보다 두세 개 정도 더 카트에 넣곤 한다. 평소에는 지출에 엄격할 때가 더 많
지만 단가가 저렴한 편인 맥주를 살 때는 이상하게 추가 지출에 대해서 상당
히 관대해진다. 어느 날에도 그렇게 집에서 제일 가까운 보틀숍에서 카트를
끌고 있을 때 눈에 띄는 디자인의 맥주 캔을 보게 되었다.

MC². 흰색 머리를 마치 타오르는 불꽃처럼 위로 뻗치고 있는, 형형색색으
로 칠해진 아인슈타인의 얼굴이 밋밋한 은색 캔에 라벨로 붙여져 있었다. 게
다가 맥주 이름조차 엠씨스퀘어라니! 어떤 이는 학생 시절 때 집중력 향상
을 위해 쓰던 이상한 소리가 나오는 기계를 연상할 수도 있고, 다른 누군가

는 아인슈타인이 발견한 상대성 이론에서 질량-에너지 등가 공식을 떠오를 수도 있겠다. 전자든 후자든, 맥주와는 다소 어울리지 않는 엉뚱한 이름의 맥주는 나의 상상력을 자극해서 그날의 추가 지출 대상이 되기에는 충분했다.

보통의 IPA보다 도수와 쓴맛이 높은 더블 IPADIPA, Double India Pale Ale의 특성, 효모가 맥주에 많이 남아 있어 잔에 따를 때 앞이 보이지 않을 정도로 희뿌연 헤이지Hazy IPA의 특성을 모두 가진 엠씨스퀘어는 비교적 밝은 색을 가지면서도 강렬하게 다가오는 홉 향이 매력적이다. 짙고 농후한 홉 향과 망고, 파인애플 등의 열대과일 향을 위해 정말 아낌없이 홉을 넣었다는 생각이 드는 맥주이다. 단맛과 쓴맛이 적절히 균형을 이루지만 쓴맛에 좀 더 방점이 찍혀 있고, 목넘김이 걸쭉한 과일주스를 마시는 것처럼 진하다. 8.0%라는 높은 도수에 맞지 않게 음용성이 좋은 편이지만 먹다 보면 술술 들어가서 나도 모르게 과음하게 되는 위험한(?) 맥주이기도 하다.

사실 엠씨스퀘어와 같은 DIPA 종류의 맥주와 어울리는 음식을 찾기는 쉽지 않다. 맥주의 향과 식감이 강렬해서 곁들이는 음식이 가려지기 쉽고, 그렇다고 맥주만 마시기에는 높은 도수이기 때문에 건강을 생각한다면 위벽을 보호해 줄 무언가가 필요하다. 아무래도 목넘김이 걸쭉하기 때문에 부족한 수분감을 위해서 개인적으로는 아스파라거스를 버터에 살짝 볶아서 곁들여 먹으면 궁합이 아주 잘 맞았다. 맥주에서 비교적 강조되지 않은 신맛을 첨가해서 맛의 다양성을 추구한다면 샐러드에 발사믹 식초 드레싱을 뿌려서 먹어도 좋을 것 같다. 이렇게 신맛이 가미되면 입안에서 단맛, 신맛, 쓴맛의 하모니가 펼쳐지고 어느 하나 부족함 없이, 이 맥주를 만든 이퀼리브리엄Equilibrium 브루어리의 이름대로 균형이 잘 맞는다.

뉴욕 주의 이퀼리브리엄 브루어리에서 만든 맥주는 엠씨스퀘어 말고도 과학적인 이름의 맥주가 많다. 포톤Photon, 광자, 웨이브렝쓰Wavelength, 파장, 카이네틱스Kinetics, 운동역학……. 대중들에게 생소한 네이밍은 이 회사의 철학과 관련이 있다. 양조 과정에서 필수적으로 포함되는 발효에 관련된 과학적인 기술들과 이를 바탕으로 한 수많은 새로운 시도, 이 둘 간의 균형을 통해서 최상의 맛을 구현해 낸다는 것이 이 회사의 설명이다. 이 회사의 맥주들은 특히 크래프트 비어의 특징이 잘 드러나는데, 기존에 우리가 쉽게 접할 수 있는 카스나 하이트가 주류酒類의 주류主流라면 이와는 다르게 자신만의 주장을 가감 없이 드러내는 소장파 맥주이다.

나는 과학 관련 직업을 가지고 있어서 이퀼리브리엄 브루어리의 실험 정신이 참 맘에 들었다. 어쩌면 회사의 철학 이면에는 뉴욕 근처에서 이공계 대학원생을 하다가 실패한 후 자영업을 시작하는 사장님의 회환이 담겨 있을지도 모르겠다 — 마치 우리나라의 컴퓨터에 대해 놀랄 만큼 잘 아시는 치킨집 사장님처럼. 도전이 항상 옳고 좋은 결과만을 도출해 내는 것은 아니지만 그럼에도 도전 정신이 필요하고, 따라서 높게 사야 하는 이유는 우리 인간도 그렇게 수천 년에 걸쳐서 진화하고 생존해 왔기 때문이 아닐까? 물론 안정적인 선택을 원하는 인간 본능은 도전을 주저하게 만든다. 하지만 명심해야 할 것은, 맥주의 역사에서도 나타나듯이, 지금의 맥주를 대표하는 라거도 예전에는 에일에 가려진 비주류였다는 사실이다.

도전 정신뿐만 아니라, 맥주에는 과학이 곳곳이 녹아들어 있다. 맥주를 만드는 과정은 양조 과학이라 불러도 좋을 만큼 수많은 시도를 경험하고 나서 얻어지는 공식의 결과물이고 과학자들은 양조에 필수적인 효모를 활용하여 다양한 발견들을 이룩해 냈다. 사람 유전자의 20% 정도는 효모의 유전자와 일치하기 때문에 예전부터 유전자의 기능을 확인하기 위해 과학자들은 효모를 사용한 연구를 수행해 왔다. 최근에 노벨 화학상을 수상한 유전자 편집기술인 크리스퍼 유전자 가위는 사람 세포에 적용하기 이전에 효모에 적용해서 가능성이 입증되었다. 위에 적은 내용들이 어렵다면, 친숙한 이야기를 해보자. 지금도 여러분의 샴푸에 들어가 있는 탈모예방 성분은 맥주를 만들던 양조업자들이 털이 많이 났던 데서 기인한 것으로 효모에서 유래한 것이다. 아마 이 글을 읽은 몇 분은 지금 샴푸 뒷면의 성분명에 비오틴Biotin과 효모 추출물Yeast Extract가 있나 확인해 보지 않을까 싶다.

이토록 과학과 밀접한 관련이 있는 맥주, 그중에서도 엠씨스퀘어는 우리에게 친숙한 맥주 종류는 아니기에 약간의 도전정신이 요구되는 맥주이다. 그러나 향후 몇 년 후에는 이와 같은 맥주가 대세가 될지 누가 알겠는가. 미래는 다양한 가능성을 가졌고 예측할 수 없기에 우리 같은 맥주 애호가들이 할

MC^2

맥주 한 잔 할까요?

일은 맥주 음용의 스펙트럼을 넓히고, 다양하게 즐기면서 향후 다가올 트렌드 변화의 시점에서 선구자가 될 준비를 하는 것이 아닐까? 아직 내가 모르는 맥주들은 많이 있기에, 오늘도 나는 도전을 주저하지 않고 냉장고 문을 여는 것으로 새로운 실험을 시작한다.

MC²
엠씨스퀘어

브루어리	이퀄리브리엄 브루어리
스타일	더블 IPA, 헤이지 IPA
알코올	8%
외관	약간 어두운 황금빛보다 희뿌연 외관이 독보적임
향미	농후한 홉 향과 망고, 파인애플 등의 열대과일 향이 조화로움
마우스필	진하고 걸쭉한 목넘김이지만 도수에 비하면 의외로 좋은 음용성
푸드페어링	키위 드레싱을 뿌린 샐러드나 버터에 볶은 아스파라거스 가니쉬

#엠씨스퀘어 #이퀄리브리엄브루어리 #더블IPA #아인슈타인 #도전정신 #맥주과학
#효모 #이공계맥주

그래서 더블린에 온 거야

기네스 : GUINNESS DRAUGHT

2018년 1월, 브뤼셀에서 출발한 비행기는 더블린 공항에 착륙했다. 무려 7년 동안 그리워했던 아일랜드였다. 얼른 공항 밖으로 나가고 싶은 나는 빠르게 입국심사대 앞으로 이동했다. 지은 죄도 없건만 늘 심사관 앞에서 긴장하게 되는 건 익숙해지지 않는다. 그리고 회화책에서 숱하게 봤던 그 질문이 돌아왔다.

"What is the purpose of your visit?(여행의 목적이 무엇입니까?)"

언제 어디서나 툭 치면 바로 나올 수 있게 달달 외운 나의 답변은 "I'm here for sightseeing.(관광입니다.)" 허나 무뚝뚝한 심사관의 표정 때문이었을까, 대화를 이어가겠다고 무의식중에 나온 말이 "……and for a pint of Guinness."였다. 이게 무슨 주책인가 싶어 눈치를 살피는데, 여권을 보고 있던 심사관이 고개를 들어 나를 바라봤다. 그는 피식 웃으며 기네스를 좋아하냐 물었다. 금세 기분이 풀어진 나는 "그래서 더블린에 온 거야."라며 멍청한 웃음을 지었다. 심사관은 여권을 돌려주며 머무는 동안 많이 즐기고 가라 환영해 주었다.

더블린 공항은 시내에서 가까워 별도의 리무진은 필요치 않고 일반 버스로 시내에 들어갈 수 있다. 우리와는 다르게 버스 앞문으로 타고 내리는데 문이 넓고 철재 봉으로 구역이 나뉘어 승하차 승객끼리 부딪칠 염려가 없다. 버스가 사거리에서 신호를 기다리는 동안 내릴 준비를 하기 위해 문으로 이동했다. 생각보다 긴 신호에 멀뚱멀뚱 창밖을 보는데 버스 기사 아저씨가 말을 걸었다. 공항에서 출발했기에 여행자임을 아는 아저씨는 더블린이 처음이냐 물었고 나는 세 번째 방문이라 답했다. 무엇 때문에 또 왔어 하길래, 당연히 기

네스 아닌가요? 되물었다. 소리 내 웃던 그는 코너 돌아 나오는 모퉁이 펍을 꼭 가보라며 내가 내릴 때까지 다시 한번 위치를 알려주었다.

숙소에 짐만 훌렁 던져 놓은 채, 나는 당연하게 추천 펍으로 향했고 1시간 후엔 동네 할아버지들로부터 기네스를 얻어 마시며 켈틱음악에 맞춰 전통춤을 사사받고 있었다. 기네스 광고의 시나리오가 아닐까 싶은 이 스토리는 실제로 내가 겪은 더블린에서의 첫날이다. 모든 아일랜드 사람이 기네스를 좋아하는 건 아니겠지만 나는 참 운이 좋았다. 자칭으로 시작해 이제는 주변 사람들도 많이 알아주는 기네스 팬이지만 처음부터 기네스를 좋아했던 건 아니다. 오히려 너무 별로여서 맛없는 맥주로 기억하는 게 기네스의 첫인상이었다.

때는 대학교 1학년, 맥주를 처음 마셔본 그 여름에 지인으로부터 기네스 4캔을 선물 받았다. 다양한 맥주가 수입되던 시절도 아니었고 맥주 또한 아는 게 없지만 고급스러운 검은 캔이 어찌나 멋지던지 얼른 집으로 들고 가 부모님께 자랑했다. 기대에 부풀어 잔에 따르는데 거품이 너무 많다. 한 모금씩 나눠마시는데 다들 반응이 영 탐탁지 않다. 맥주가 왜 쓰면서 또 밍밍하고 김이 다 빠졌지? 그 뒤로 나머지 3캔은 꽤 오랫동안 냉장고에서 자리만 차지했다. 행방이 기억나지 않을 만큼 무관심하다가 어학연수로 접한 아이리시 펍에서 기네스 참맛에 눈을 떴다.

전용 잔을 45도 기울여 황금색 하프로고가 있는 곳까지 따른 후 119.5초를 기다렸다가 다시 잔을 채워야 완벽한 기네스 드래프트 한 잔이 완성된다. 그냥 2분이라고 해도 되는 거 아냐 하겠지만 기네스는 푸어링에 진심인 곳이다. 전용 잔 벽을 따라 흐르는 갈색 폭포수가 검은 파도로 바뀌는 대류 현상을 서징Surging이라고 하는데 볼 때마다 신기하고 멋있어서 관망하게 된다. 이러한 현상은 기네스 안에 질소가 들어있기 때문인데 이산화탄소보다 입자가 작아 조밀한 거품을 만들어내고 톡 쏘지 않는 부드러운 질감을 선사한다.

1935년 처음으로 캔맥주가 유통된 이후 캔에 든 맥주는 점차 수요가 늘어갔다. 가정에서도 똑같은 맛과 질감을 선사하고픈 기네스는 100억이 넘는 개발비를 들여 1985년 위젯Widget을 발명했다. 기네스 캔을 흔들면 달그락 소리가 나는 이유다. 첫 발명 시에는 납작한 디스크 같은 모양이었다가 점차 현재와 같은 작은 구멍이 뚫린 공 모양으로 변했다. 맥주를 캔에 담는 과정에서 질소와 위젯을 같이 넣어 포장한다. 맥주에 녹지 않는 질소는 위젯에 뚫린 구멍 안으로 들어가 있다가 캔을 따면 압력에 의해 분출되며 조밀한 거품을 만들어 낸다. 1991년 영국 여왕이 수여하는 기술 발전상을 수상했고, 2003년 영국인이 뽑은 지난 40년간 가장 뛰어난 발명품으로 무려 인터넷을 제치고 선정되기도 했다. 최근에는 캔만 넣으면 자동으로 따라주는 기네스 마이

크로 드래프트Guinness Microdraught 라는 디스펜스도 개발했다. 이 역시 규모나 설비와 관계없이 전 세계 어느 곳에서든 같은 맛을 보여주려는 기네스의 의지이다. 펍 전용으로만 디스펜스가 공급되는 건 아니고 현지에서는 가정용으로도 구입할 수 있다. 집에서 완벽한 기네스 드래프트를 마실 수 있다니… 상상만으로도 설렌다.

영국 속담 중에 기다리는 자에게 복이 있나니Good things come to those who wait 라는 말이 있다. 기네스에서는 이 속담을 인용해서 광고도 여러 차례 했었는데 완벽한 기네스를 위해 119.5초를 기다리는 우리에게 이만큼 잘 어울리는 광고문구는 없을 듯하다.

1755년 레익슬립Leixlip이라는 더블린 근교 도시에서 처음 양조장을 열었던 아서 기네스는 본래 대주교의 비서였다. 온갖 굳은일을 성실히 수행하던 그에게 대주교는 유산으로 그 당시 평균 4년 치 연봉에 해당하는 100파운드를 남겼다. 새어머니의 펍과 레익슬립 양조장에서 차근히 실력을 늘린 그는 사업을 확장하고자 새로운 부지를 알아보기 시작했다. 중세 더블린은 성문이 있는 큰 도시였다. 서울처럼 사대문을 지나야 들어올 수 있었는데 서쪽에는 St. James Gates를 통과해야 했다. 성문 바로 옆에는 같은 이름의 폐업한 양조장이 있었는데 1200여평 땅에 양조시설이 그대로 남아있었다. 리피강을 접하고 있는 이곳이 화물 운송에 유리할 것이라 판단한 아서 기네스는 9000년 동안 연간 45파운드를 지불하는 전무후무한 파격적인 임대계약을 맺으며 1759년 더블린에 자리를 잡았다.

기네스의 시작은 에일이었다. 하지만 당시 영국에서 인기를 끌던 포터에 관심을 갖게 되었고 점차 에일 생산은 중단된다. 맥아에 무거운 세금을 부과하는 조세제도를 피하기 위해 싹이 트지 않은 보리를 고온에서 로스팅하여 사용하고 맛과 풍미를 강화해 영국식 포터와는 다른, 스타우트라는 새로운 스타일을 만들었다. 1821년에 처음 선보인 이 맥주가 현재 기네스 오리지널로 판매되고 있다. Stout는 strong의 뜻이 있으나 오늘날 포터와 스타우트는 사실상 별 차이가 없다. 오히려 스타일 정의에 의한 분류보다 양조자 의도가 더 중요한 요즘이다.

맥주의 색이 노란빛이 아니고 검게 되는 건 스페셜 몰트Special Malt 중 색이 있는 맥아를 사용하기 때문인데, 끓이거나 로스팅한 정도에 따라 종류는 매우 다양하다. 검은색의 맥주라고 해서 전량 색이 있는 스페셜 몰트를 사용하는 건 아니고 일부, 아주 소량만 사용한다. 기네스의 오래된 레시피를 보면 페일 몰트 96.8%, 로스팅 몰트 3.2%를 사용했다는 기록이 있다. 이렇게 소량만으로도 색이 검어지고 특유의 맛과 향이 전달된다. 기네스에서는 현재 3대째 가업을 잇는 지역 농부들과 협력하여 아일랜드산 보리를 섭씨 232도로 직접 로스팅하여 사용하는데 온도가 조금만 낮아도 풍미가 살지 못하고, 자칫 높아 버리면 타버릴 수 있다. 이 로스팅 몰트에서 기네스 특유의 쓰면서도 단맛이 있는 몰트와 커피 풍미가 나온다. 효모 역시 대대로 내려온 효모를 사용하며 유사시를 대비해 금고에 소량 보관 중이다.

기네스 하면 떠오르는 이미지가 당연하게 드래프트여서 한 종류만 있다고 생각하기 쉽지만, 현재 20여 종의 맥주를 생산하고 있다. 스타우트 말고도 질소를 넣은 IPA나 블론드 에일, 라거, 배럴 에이징 스타우트, 무알코올 맥주 등 종류가 다양하다. 국내에는 3가지 타입의 기네스가 소개되었고 현재는 질소 서빙이 특징인 4.2% ABV의 기네스 드래프트와 도수와 풍미를 높이고 탄산이 첨가된 5% ABV의 엑스트라 스타우트가 판매되고 있다. 기네스는 50여 개국에 양조장을 두고 있는데 한국에 수입되는 제품은 모두 아일랜드에서 생산한다. 공장의 특성에 따라 지역 재료가 들어가는 경우도 있고 도수에도 차이가 있으니 여행 시 기네스가 보이면 새로 시도해보는 것도 좋겠다.

1759년 설립 이후로 1838년에는 아일랜드에서 가장 큰 양조장이 되었고 1886년에는 세계에서 가장 큰 양조장이 되었다. 양조장 내에 소방서, 병원, 발전소는 물론 철도까지 있는 작은 도시와 같은 이곳을 일부 개조하여 2000년 기네스 스토어 하우스로 대중에게 공개하였다. 오랜 시간 동안 맥주가 이동하던 커다란 게이트가 열리니 현재까지 2천만명이 넘는 방문객들이 다녀갔을 정도로 더블린의 명소이다. 특히 꼭대기 층인 7층 그래비티 바에 오르면 더블린 시내가 한눈에 내려다보이고 입장료에 포함된 드래프트 한 잔을 마실 수 있다. 높은 건물이 많지 않은 더블린에서 360도 투명한 통창으로 도시를 구경할 수 있는 기회는 흔치 않다. 거기다 손에는 기네스 한 잔이 들려 있지 않은가! 아이보리색의 크리미한 거품이 내려앉은 기네스를 받아 빛을 향해 높이 들어보면 검붉은 빛을 띤다. 흔히 흑맥주라 부르기에 검다고 생각하기 쉽지만 오해다. 입으로 가져가면 첫 모금에 부드러운 단맛이 느껴지고 입 안 가득 로스팅 향이 퍼지다 마지막 목 넘김에 잔잔한 쓴맛이 느껴진다. 좋은 밸런스로 여러 잔 마셔도 쉬이 질리지 않는다. 기분에 취해 마시다 보면

처음 보는 여행객과도 쉽게 대화가 오가는데, 내가 처음 방문했던 2008년에는 와사비빈 한 봉지도 손에 들려있었다. 더블린에 오기 전 라이언에어가 취항하는 독일 브레멘을 여행하고 있었는데 시청 앞 광장 마켓에서 연두색의 와사비빈 한 봉지를 샀다. 매운맛에는 쥐약이지만 유럽 살면서 매운맛이 잠시 그리웠나 보다. 하지만 역시나 매워서 서너알 먹다 포기하고 가방에 넣었는데 이걸 그래비티 바에서 꺼내게 될 줄 몰랐다. 드래프트의 부드러움이 와

사비빈의 알싸함을 덮어주니 매운맛 구세주가 따로 없었다! 나의 이런 모습을 보던 외국인이 나눔을 요청했고 도란도란 앉아 와사비빈과 기네스를 함께 마셨다. 그 이후로 나는 매운 음식을 먹을 때면 혀를 식혀 줄 드래프트를 곁에 둔다. 언제나 든든한 나의 소방수.

그리고 기네스는 고기와 페어링이 참 좋다. 간장양념도 좋고 숯불 향이 나면 더 좋고. 그릴에 구운 두툼한 패티가 있는 버거도 잘 어울린다. 나는 간편하게 육포랑 자주 즐기는 편이다. 그리고 마지막으로 빼놓으면 서운할 페어링 꿀팁을 알려드리겠다. 바로 음악이다. 아이리시 전통음악을 들으며 마시면 그 맛은 배가 되는데 '아이리시펍', '켈틱뮤직', '더블리너' 등을 검색하면 어울리는 음악을 찾을 수 있다. 우리나라 아이리시 펍에서도 전통음악이 자주 나왔으면 좋겠는데 의외로 찾기가 힘들어 아쉽다.

3월 17일은 아일랜드의 수호성인인 성 패트릭 축일이다. 이날을 즈음해서 축제가 펼쳐지곤 하는데 국내에서도 한국 아일랜드협회를 통해서 행사가 열리고 아이리시 펍이 많은 이태원에서도 초록 물결의 파티가 끊이지 않는다. 거기에 당연히 기네스가 빠질 수 없는데, 몇 년 전 축제를 즐기기 위해 방문했던 펍에서 뜻밖의 인물을 만났다. 바로 아일랜드 기네스 본사에서 출장 온 드래프트 품질 관리사였다. 전 세계를 구역화해서 해당 지역의 펍을 돌아다니며 기네스 품질을 체크하는 사람이다. 세상에, 해외를 돌아다니며 기네스를 마시는 게 직업이라니! 너무나 부러운 직업이다. 한편으론 이렇게 열심히 품질관리를 하는구나 싶어 브랜드에 대한 애정이 커졌다.

19세기 중반, 맛과 세금 문제로 펍에서는 나무통에 담긴 여러 양조장의 맥주 받아다 섞어서 판매했었다. 맛있게 섞어 팔수록 유명세를 날렸지만, 그로 인해 맥주 맛은 언제나 한결같지 않았고, 맛을 내기 위해 다양한 찌꺼기가 들어가는 경우도 있었으며 유명 맥주로 속여 파는 일도 잦았다. 그리하여 기네스는 대중이 위장할 수 없도록 병에 직접 라벨을 인쇄하고 공급했다. 그래서 지금까지도 기네스 병과 캔에는 언제나 브랜드명 GUINNESS와 창립자 아서 기네스의 서명, 전설적인 하프 문양이 들어간다. 기네스가 맥주로도 유명하지만, 또 하나 전 세계인이 다 아는 게 하나 있다. 바로 기네스북이다.

1951년, 당시 사장이었던 휴 비버Hugh Beaver가 사냥을 나갔다가 친구와 가장 빠른 사냥용 새를 두고 언쟁이 붙었다. 어딜 뒤져도 답이 나오지 않자, 이런 기록을 담은 책을 내면 인기가 있으리라 생각했다. 처음엔 광고용으로 제작해서 펍에 무료로 풀었고 예상은 적중했다. 그래서 정식 출간한 이듬해 영국 베스트셀러 1위에 올랐다. 그 후로 해마다 출간하여 세계에서 가장 많이 팔리는 저작권 있는 연속 출간물로 기네스북 자체가 기네스북에 올랐으며 그 덕분에 기네스라는 브랜드 역시 전 세계적으로 널리 알려지게 되었다.

생각이 많아지면 콧물부터 흐르는 기묘한 신체를 가져서 글쓰기가 두려운 사람이지만, 기네스를 향한 나의 마음을 전달하고자 용기 내 적어 보았다. 글을 쓰기 위해 얼마나 많은 휴지가 사용됐는지 모른다.(훌쩍) 생각을 하면 콧물이 흐르는 사람 부문으로 기네스북에 실릴지도 모르겠다. 그럼에도 모두에게 기네스를 마셔야겠다 충동이 들었다면 나의 글쓰기는 성공이다. 기네스를 찾아 편의점으로, 펍으로, 더블린으로 함께 가요! Sláinte!

GUINNESS DRAUGHT
기네스 드래프트

브루어리	기네스 브루어리
스타일	아이리쉬 스타우트
알코올	4.2%
외관	뚜렷한 검은색(으로 보이지만 사실 검붉은색), 약 300만개의 풍부한 거품이 돋보이는 크리미한 헤드
향미	커피, 맥아 향과 어우러진 달콤한 향
마우스필	쌉싸름한 맛과 단맛의 완벽한 조합, 벨벳처럼 부드러운 바디
푸드페어링	스모크한 육류나 밀크초콜릿 (화이트초콜릿X), 매운 감자칩

#스타우트 #더블린 #아일랜드 #질소거품 #위젯 #크리미헤드 #하프문양
#9000년임대계약

플로리다는 원래 이상해

스페니시 시더 하이 알라이 : SPANISH CEDAR JAI ALAI

2020년 가을부터, 지방살이하는 직장인이 부지런하게도 매주 서울에 올라왔던 건 비어도슨트 강의 때문이었다. 시음이 포함된 즐거운 맥주 수업임에도 우리는 마음 편히 마시거나 동기들 얼굴조차 제대로 마주하기 어려웠다. 코로나19에도 수업을 진행하며 5개월 가량 흘러 어드밴스드 과정이 모두 끝나갈 즈음, 맥주 하나를 정해 프레젠테이션을 해야 하는 과제로 깊은 고민에 빠졌다. 여러 날 내 머릿속 상상의 펍에선 다양한 맥주들이 나타났다 사라지다 결국엔 하나가 남았다. 그건 바로 시가 시티 브루잉의 스페니시 시더 하이 알라이었다. 그해 맛본 맥주 중 가장 독특하고 낯설어서 쉬이 잊을 수 없는 새로운 맛이었기 때문이다.

아직 미대륙을 밟아보지 못한 내가 이해하는 미국이란, 10대부터 20대 중반까지는 백스트리트 보이즈와 메이저리그, 건축이었고 그 이후 현재까지는 크래프트 맥주라 할 수 있다. 미국이 50개 주로 이루어진 것은 알지만 각 주의 위치는 언제나 머릿속에서 뒤죽박죽 알쏭달쏭하다. 두 발로 걸어야만 위치가 파악되는 내 뇌의 한계일지도 모르겠다. 그럼에도 플로리다의 위치는 정확히 안다. 왜냐? 백스트리트 보이즈의 고향이기도 하고 김병현, 최희섭 등 한국인 야구선수들이 뛰었던 마이애미 말린스Miami Marlins와 탬파베이 레이스Tampa Bay Rays 야구팀이 있어 내 덕질의 주 무대였기 때문이다. 이렇듯 내적 친밀감이 남다른 플로리다에 시가 시티 브루잉Cigar City Brewing이 자리하고 있다.

스페인어로 '꽃으로 가득한'이라는 뜻의 플로리다는 스페인의 폰세 데 레온이 발견하여 이름 붙여진 뒤 스페인의 지배를 받았다. 1819년 미국에 할양

되고 1845년 미국의 27번째 주가 되었다. 은퇴자들의 낙원이라 불리는 만큼 인구는 약 2천만명이 넘어 캘리포니아, 텍사스 다음으로 인구가 많으며 면적은 한반도의 85% 정도 된다. 아메리카 원주민, 식민지 시절의 스페인 사람, 유럽계 개척자, 흑인 노예, 카리브해 출신 흑인 등 다양한 인종이 사는 미국 내에서도 가장 다양한 문화가 섞여 있는 곳으로 유명하다. 미국 남동쪽 권총 모양의 반도는 대서양과 멕시코만을 가르고 있어 지도에서 찾기도 쉽다.

겨울에도 맑은 날이 많을 정도로 1년 내내 따뜻하고 습한 온대 기후에 속한다. 농, 목축업이 주요 산업인데 특히 오렌지와 자몽은 제2의 생산량을 기록하는 캘리포니아보다 몇 배나 많을 정도다. 1896년 처음으로 플로리다 브루잉이 자리를 잡으면서 맥주 생산의 역사가 시작된다. 설립 조건의 규제가 바뀐 2001년 이후로는 가파르게 새로운 양조장이 생겨나 현재 250개 이상의 양조장이 플로리다를 거점으로 하고 있다. 미국양조가협회의 2020년 통계에 따르면 크래프트 맥주 산업의 경제적 영향력으로 Top 5에 플로리다가 있다. 국내에 수입될 정도로 유명한 플로리다 내 양조장으로는 J.웨이크필드 브루잉J. Wakefield Brewing, 3 선즈브루잉3 Sons Brewing Co, 시빌 소사이어티 브루잉 Civil Society Brewing 등이 있다.

플로리다주 서부 해안의 심장인 탬파는 1885년 시가 공장이 세워지면서 쿠바, 스페인, 이탈리아 이민자들에 의해 만들어진 도시이다. 그래서 탬파의 별명 역시 Cigar City이다. 5대 째 탬파 토박이로 사는 조이 레드너Joey Redner는 이곳의 독특한 문화, 역사, 요리를 모두에게 전달하고픈 마음을 담아 2007년 시가 시티 브루잉을 설립했다. 그의 생각을 고스란히 맥주에 담아 줄 양조사 웨인 웸블스Wayne Wambles가 팀에 합류하여 2009년 그들의 첫 맥주, 마두로 브라운 에일을 출시했다. 플로리다의 이국적인 문화에서 영감을 받은 맥주가 잇달아 출시되었고, 그레이트 아메리칸 비어 페스티발Great American Beer Festival을 비롯해 각종 대회에서 상을 받으며 미국 내뿐만 아니라 전 세계적으로 사랑 받는 맥주가 되었다.

그들의 라인업을 찬찬히 살펴보면 맥주에 담겨있는 그들의 문화와 정체성이 보인다. 대표작 몇 개만 설명하자면, 시가 시티 브루잉 전체 매출의 50%

이상을 차지한다는 '하이 알라이Jai Alai'. 어찌 읽어야 하나 잠시 고민이 들기도 하는데 스페인 바스크 지방의 핸드볼 비슷한 인기 스포츠의 이름이다. 하이 알라이를 즐기며 꾸준히 플로리다의 전통을 이어가는 선수와 지역민에게 감사의 마음을 표현하고자 그들의 대표 맥주에 이름을 담았다고 한다.

비제이시피 잉글리시 브라운 에일BJCP English Brown Ale 부문의 상업 예시이기도 한 '마두로Maduro'는, 시가를 말 때 사용하는 담뱃잎이다. 그 색과 향미를 맥주로 표현했는데 양조장에서는 독특하게 시가와의 페어링도 추천하고 있다. 이쯤 되니 시가 애호가들의 의견이 궁금해진다. 그렇다면 '팬시 페이퍼스Fancy Papers'는 무엇일까? 그것은 바로 시가 상자를 포장할 때 사용되는 종이다.

'구아야베라Guayabera'는 라틴 아메리카 지역에서 입는 주머니 4개 달린 전통 상의를 부르는 말인데 맥주에 사용된 시트라 홉의 다재다능함을 빗대어 표현했고, 맥덕들의 버킷리스트 중 하나인 '후나푸Hunahpu'는 마야 신화 속에 나오는 아버지의 원수를 물리치고 해와 달이 되었다는 쌍둥이 영웅 중 한명의 이름이다. 1주년 기념 맥주로 임페리얼 스타우트가 출시되었고 매년 후

나푸가 나오기만을 바라는 팬들로 후나푸 데이는 양조장의 큰 이벤트가 되었다.

어마어마한 양의 홉을 넣고 도수를 높여 트로피컬 한 아로마가 특징인 더블 IPA '플로리다맨Florida Man'도 뺄 수 없다. 온갖 기괴한 사건이 일어나면 '또 플로리다 아냐?' 하는 말이 있다. 자조 섞인 말투로 그게 뭐 어때서, 하는 듯한 작명을 보니 플로리다 출신답다는 생각이 든다. 이외에도 모든 라인업에서 그들의 문화가 녹아있어 식도를 따라 플로리다가 흐른다.

하이 알라이는 진한 구릿빛을 띠는 7.5% ABV의 인디아 페일 에일이다. 6가지 홉의 조합에서 오렌지, 귤 등의 시트러스 함이 풍부하게 느껴지고 몰트의 단맛이 탄탄하게 뒤를 받쳐주어 묵직하게 넘어간다. 홉 조합이나 맛이 다소 예스럽다는 평가도 있지만, 어차피 사람 입맛은 돌고 돌 뿐이다.

스페니시 시더 하이 알라이Spanish Cedar Jai Alai는 하이 알라이를 원주로 사용해 스페인 삼나무를 첨가했다. 시가 보관 시 온, 습도를 조절하는 장치인 휴미더Humidor는 영화나 드라마에서 시가를 꺼내는 나무 상자로 한 번쯤은 다들 봤을 것이다. 그 나무 상자의 재료로 가장 많이 사용하는 게 스페인 삼나무다. 우선, 시가 벌레가 스페인 삼나무의 향을 싫어한다. 그리고 스페인 삼나무 향이 시가에 배어들어 맛과 향을 더욱 더 좋게 하기에 다른 나무보다 자주 사용된다. 이렇듯 시가와는 떼려야 뗄 수 없는 스페인 삼나무이기에 부재료로 선택된 것이 당연했을지 모른다.

하지만 아무리 좋은 조합이라 해도 우리는 어차피 맛을 즐기는 사람이 아니던가. 맥주와 시가는 다를 테니까. 간혹 우디Woody하다고 표현되는 맥주들이 있는데 보통은 살짝 힌트만 주고 가는 경우가 대부분이다. 그렇지만 이 맥주는 정말로 나무 향이 진하게 난다. 아마 누군가는 너무 강한 맛에 한 입으로 충분하다고 손사래를 칠지도 모른다. 그래도 첫 모금이 그리 나쁘지 않았고 새로운 맛에 즐거움이 느껴졌다면 다시 한번 마셔보자. 옅은 꽃내음을 따라 피톤치드 가득한 숲으로 들어간다. 이끼 낀 바닥에 앉아 도시락을 열었더니 방금 갈아 신선한 흑후추 향이 확 올라온다. 그러다 오렌지 껍질의 상큼함과 캐러멜 같은 단맛이 입안을 메운다. 쌉쌀한 삼나무 향이 긴 여운을 남긴다. 맥주 한 모금 마셨을 뿐인데 산림욕을 하는 것 같은 놀라운 맛의 경험이 펼쳐진다. 그래서 그해 몇 백 개의 맥주를 마셨음에도 가장 인상에 남았나 보다.

스페니시 시더는 연중 생산되는 제품은 아니다. 1~2년에 한 번 정도 출시되고 있는데 아직은 수입이 잘 되는 편이니, 다음 수입 분을 노려보는 게 좋겠다. 그리고 하이 알라이를 원주로 화이트 오크가 첨가된 버전도 간혹 생산된다. 하이 알라이, 스페니시 시더, 화이트 오크까지 3종류를 놓고 비교하면서 마셔보는 것도 좋은 경험이자 공부가 될 수 있다.

이렇게 맛이 강한 스페니시 시더를 더 맛있게 먹을 방법이 무얼까 생각해봤다. 그러다 문득 떠오른 버섯! 좋아하는 버섯을 여러 종류 구매해 잘게 다져 기름에 볶는다.(후추는 넣어도 되고 안 넣어도 맥주에서 향이 나기도 한다.) 살짝 구운 빵 위에 올려 버섯 브루스케타를 만든다. 하몽이나 콩테 치즈가 있다면 더좋다. 그럼 지금 내가 어디에 있든지 피톤치드 가득한 숲속 피크닉이 연상될 것이다.

맥주를 즐기는 방법에 옳고 그름이 있을 수 없다. 무더위 속 목마름을 가시기 위해 생명수로 벌컥벌컥 들이킬 수도 있고, 한 모금 한 모금에 재료는 무엇이 들어갔을까 추측을 해 볼 수도 있다. 왜 이런 이름을 지었을까 하며 양조사나 양조장에 관해 검색을 할 수도 있다. 이 양조장이 어디 있을까 하며 다음 번 여행의 목적지가 될 수도 있다. 사람들이 다양한 맥주를 마시고자 하는 건 이런 다양한 경험을 하기 위함이 아닐까 생각한다. 작은 맥주 한 캔이 얼마나 많은 이야기를 담고 있는지 잠시 관심을 기울인다면 우리는 어디서나 즐거운 이야기보따리를 펼칠 수 있다. 입까지 즐거운 채 말이다.

나는 오늘 이 맥주 덕분에 플로리다에 대한 내적 친밀감은 더 높아졌고 시가에 대해 새로이 알게 되었다. 선샤인 스테이트The Sunshine State라는 기후적 별칭처럼 열대지방의 기운이 느껴지기도 하고, 플로리다 위어드Florida Weird라는 온갖 이해 못할 행동을 할 때 사용하는 표현처럼 생각도 못 한 부재료로 독특한 맛을 느껴보았다. 그래서 언젠가 미국에 가게 된다면 플로리다를 빼놓을 수 없을 것이다. 재밌게도 그 관문이 될 수 있는 탬파 국제 공항 안에 시가 시티 브루잉 펍이 있다. 공항 안에 펍이 생긴 건 미국에서 이곳이 처음이라고 한다. 역시 그들답다. 새로운 곳에서, 또는 새로운 곳으로의 시작점인 공항에서 맛있는 로컬 맥주 마실 날을 그려본다.

SPANISH CEDAR JAI ALAI
스페니시 시더 하이 알라이

브루어리	시가시티 브루잉
스타일	인디아 페일 에일
알코올	7.5%
외관	투명하고 진한 구리빛 바디와 아이보리 색 거품
향미	흑후추, 샌달우드, 귤 및 시트러스 껍질
마우스필	몰트에서 오는 캐러멜 풍미와 시트러스 한 홉의 풍미가 긴 여운을 남기는 미디움 바디
푸드페어링	버섯 볶음, 오랜 숙성의 경성 치즈류

#삼나무 #시가상자 #플로리다 #탬파 #라틴문화 #이국적 #다문화 #자유분방

모닝커피? 아닌 모닝맥주

에히트 슈렝케를라 라우흐비어 메르첸 : AECHT SCHLENKERLA RAUCHBIER MÄRZEN

커피는 이제 대부분의 사람에게 없어서는 안 될 음료가 되었다. 나도 모닝 커피 한 잔을 마시며 하루를 시작하는 것이 일상이 되었다. 갑자기 모닝커피 이야기라……. 맥주 책에서 커피 소개를 하겠다는 걸까?

2019년 7박 9일 여정으로 독일에 패키지여행을 가게 되었다. 평소 짜여있 는 패키지 여행보다는 자유 여행을 선호하기에 모든 여정을 직접 계획해서 다니는 편이다. 그러나 독일의 여러 지역을 짧은 시간에 다양하게 돌아 볼 수 있는 기회가 될 것 같아 이번에는 패키지 여행에 몸을 실어 보기로 했다. 하루 에 2개의 도시를 바쁘게 움직였다. 쾰른 지역을 시작으로 뤼데스하임, 로텐부 르크, 헤힝겐, 퓌센, 뮌헨, 킴제, 뉘른베르크, 드레드덴, 밤베르크, 포츠담, 프 랑크푸르트까지……. '독일' 하면 맥주가 떠오를 만큼 가는 곳마다 지역별 대 표 맥주들이 있어서인지 패키지 여행이었음에도 맥주 여행을 간 것처럼 다양 한 맥주를 경험해 볼 수 있는 일거양득의 기회이기도 했다. 그 중 기억에 남는 곳인 밤베르크와 그 지역의 대표 맥주인 '훈연 맥주'에 대해 얘기하고자 한다.

밤베르크 지역은 독일 바이에른주에 있는 소도시로 세계대전 당시 폭격을 당하지 않아 구시가지의 오래된 건물이 잘 보존되어있다. 유네스코 지정된 곳으로 반나절 정도면 둘러볼 수 있을 만큼 작고 아담하다. 또 독일의 베네치 아라고 불릴 만큼 운하를 따라 세워진 예쁜 집들도 있고 여기저기 골목들을 구경하다 보면 마치 중세의 타임머신을 탄 느낌을 주는 곳이다.

이곳에서 꼭 만나봐야 할 맥주는 바로 바비큐 향이 나는 '훈연 맥주'이다. 영어로는 'Smoked beer'라고 불리고 독일어로는 연기Rauch라는 의미인 '라우흐비어Rauchbier'라고 한다. 맥주에서 '바비큐 향'이 난다고? 이 맥주를 처음 접하게 된 것은 브루 펍인 정동 독립 맥주 공장에서 한국 맥주 문화 협회 주최로 '맥주 인문학 강의'가 있었는데 그때 마신 시음 맥주였다. 그 당시 이 맥주를 처음 맛보며 "이게 뭐지?" 하면서 맥주에서 바비큐 향이 나는 것이 참 신기하긴 했지만, 개인적으로 돼지 바비큐 요리를 별로 좋아하지 않기에 처음에는 호감이 가는 맥주는 아니었다.

그렇지만 독일을 여행하며 밤베르크 지역의 대표 맥주이기도 하고 훈연 맥주를 직접 양조해서 팔고 있는 유명한 '슈렝케를라 펍Schlenkerla,the historic smoked beer brewery'이 마침 그날 방문하려던 관광지에서 얼마 떨어져 있지 않았다. 패키지 일정에는 포함되어 있지 않았지만, 가이드에게 잠시 양해를 구하고 혼자 방문해 보기로 하였다. 근데 문제는 밤베르크 지역을 관광하는 시간이 아침 9시라는 거! 두어 시간 돌고 다른 도시로 옮겨야 하는 일정으로 아침 일찍 밤베르크 관광을 시작해야 했기 때문이다. '과연 아침 시간에 펍을 열까?' 생각하며 검색을 해보았다. 다행히 아침 9시 반부터 오픈이라고 적혀 있었다. 다른 일행은 밤베르크 대성당을 구경하는 사이에 나는 잠시 펍을 방문했다. 4월이라고 하기는 조금 쌀쌀한 아침이었다. 작은 골목길을 걷다 보니 금색의 펍 이름이 적힌 건물이 눈에 띄었다. 워낙 유명한 곳이라 평소에는 사람들로 북적이던 사진들을 보았는데 아침 시간이라 그런지 골목은 한산한 편이었다. 혼자 그 펍을 방문하는 상황이라 "아무도 없으면 어쩌지?" 하고 스쳐 간 생각은 잠시, 그런 걱정은 전혀 할 필요가 없었다는 듯 눈앞에 신기한 광경이 펼쳐졌다.

우리나라에서는 펍의 모습을 떠올리면 느지막한 오후 시간에 오픈하여 퇴근 후 맥주 한 잔을 기울이는 사람들의 모습이 익숙하다. 이곳에서 본 모습은 아침 시간에 동네 노인들이 펍에 와서 서빙을 기다리며 신문을 읽거나 이야기를 나누고 있었다. 낮고 어두운 색깔의 천장과 나무 탁자들이 놓여 있었고 벽에는 가문의 흔적을 볼 수 있는 액자들이 걸려 있었다. 6대에 걸쳐 한 가문이 운영하는 곳이어서인지 편안한 가정집과 같은 분위기도 느껴졌다. 조금 후 서빙을 보는 여자 한 명이 와서 맥주를 마실 것인지 의사를 물어본 후 맥주를 한 잔씩을 쭉 돌리는 것이었다. 안주 주문도 없이 갈색의 맥주 한 잔과

슈렝케를라 펍 아침 풍경

함께 신문을 보는 노인들의 모습이 마치 우리가 아침에 카페에서 모닝커피 한잔 마시는 풍경과 너무 흡사했다. "아…!! 이곳에서는 아침에 이렇게 모닝맥주를 마시는구나!" 라는 신선한 충격과 함께 왜 독일이 '맥주의 나라' 라고 하는지 실감이 되는 순간이기도 했다.

이 양조장의 역사는 '푸른 사자의 집'으로 알려진 술집이 있던 1405년으로 거슬러 올라간다. 그 이후 긴 역사를 거쳐 1866년 콘라트 그라저Konrad Graser 가 세운 줌 헬러Zum Heller 양조장을 시작으로 6대째 이어져 내려오고 있다. 양조장의 공식적인 이름도 헬러 브로이Heller-Bräu이다. 1875년에 양조장을 인수한 안드레아 그라저Andrea Graser가 사고로 절룩거리며 걸었다고 한다. 그 이유로 '아무렇게나 흔들다'라는 뜻의 '슈렝케른Schlenkern'이라는 별명을 갖게 되면서 사람들이 그곳을 '슈렝케를라'라고 불렀다. 그리고 현재까지 우리에게 더 친숙한 이름으로 사용되고 있다. 유명한 상호 뒤에도 누군가의 아픔이 숨어 있는 법이다.

'라우흐비어'는 주재료인 맥아를 구울 때 '너도밤나무'를 태워 맥아에 그 특유의 훈연 향을 입혀 만들어 바비큐와 소시지향과 맛이 나는 맥주이다. 많이 알려진 '에히트 슈렝케를라 라우흐비어 메르첸'도 역시 밤베르크 특산 맥주답게 전통적인 방식으로 양조 되어 독특한 풍미를 가지고 있다. ABV 5.1 도수와 IBU는 30 정도의 하면 발효 맥주로 강한 훈연 향 뒤에 몰트의 구수함

슈렝케를라 펍 전경

아침에 펍에서 마신 '에히트 슈렝케를라 라우흐비어 메르첸'

이 있고 뒷맛이 깔끔한 라거이다. 여기서 메르첸Märzen은 3월이라는 뜻의 독일어로, 냉각 시설이 존재하기 전 더운 계절에 부패를 방지하기 위해 약간 높은 도수로 만들어진 맥주이다, 이것을 시원한 곳에 저장 숙성하여 9월 말 옥토버페스트 기간에 마시게 되면서 '옥토버페스트 비어'라고 불리기도 한다.

그곳에서 마신 '라우흐비어Rauchbier'의 맛은 어땠을까? 또 '아침이라 맥주를 마실 수 있을까?'라는 생각도 나의 기우였다. 오크 배럴에서 막 뽑아내어 마신 라우흐비어의 신선함은 정말 말로 표현할 수 없을 만큼 좋았고, 평소 즐기지 않던 그 훈연의 바비큐 향도 그곳에서는 정말 다르게 다가왔다. 훈연 몰트를 만드는 방식도 전통 화덕 방식을 그대로 따라 자체적으로 몰트를 만들어 사용하고 있다. 이것이 이곳만의 독특한 훈연 맥주를 만드는 비결이기도 하다. 또 가까운 곳에 있는 양조장에서 잘 숙성된 맥주를 오크 배럴에 담아와 직접 따라주니 그 신선함은 남다른 것 같다. 부드러운 목 넘김과 적당한 탄산감에 꿀꺽 꿀꺽……. 순식간에 한 잔이 비워졌다. 또 훈연 몰트에서 나오는 바

맥주 한 잔 할까요?

비큐 향과 구수한 몰티함이 잘 균형 잡혀 마치 근사한 바비큐 요리의 식사를 한 것 같은 든든한 느낌을 주기도 했다.

독일 사람들은 실제 이것이 아침 식사이기도 하다. 또 외관도 아이스 아메리카노와 비슷한 느낌으로 맥주를 마치 모닝커피처럼 마시는 노인들의 모습을 보면서 먼 훗날 '나도 이런 아름다운 도시에 살면서 모닝 맥주를 한잔 마시는 할머니의 모습이어도 좋겠다' 라는 행복한 상상도 펼쳐 보았다. 아침 시간이라 안주 주문이 되지 않아 아쉽게도 다른 음식과 함께 마셔 보지 못했지만, 독일의 대표 음식인 슈바인 학센이나 소시지 빵과 함께 라면 정말 훌륭한 한 끼 식사를 경험해 볼 수 있을 것 같다. 또 훈제 연어와도 잘 어울리는 조합이다.

라우흐비어Rauchbier와 짧은 만남을 아쉬워하고 그 펍을 나오려는데 입구에서 병으로 된 맥주를 팔고 있었다. 비행기에 싣고 와야 하는 부담감은 있었지만 6병 세트로 된 한 박스를 구매 후 한국에 돌아가 지인들과 함께 나눌 생각에 무거움도 잊은 채 일행이 있는 곳으로 발길을 옮겼다.

AECHT SCHLENKERLA RAUCHBIER MARZEN
에히트 슈렝케를라 라우흐비어 메르첸

브루어리	헬러 브로이
스타일	메르첸
알코올	5.1%
외관	짙은 갈색과 아이보리색 거품
향미	스모키 우디(나무향), 베이컨 향 토스트와 캐러멜의 복합적인 향, 가벼운 과일향, 맥아의 단맛과 훈연향이 조화로움, 소시지와 같은 맛
마우스필	중간 정도의 바디감, 적당한 탄산감과 부드러운 목넘김, 스모키한 치즈의 느낌
푸드페어링	훈제소시지나 바비큐 요리, 훈제 연어 샐러드

#아침 #모닝맥주 #맥주여행 #밤베르크 #슈렝케롤라 #라우흐비어 #훈연맥주
#독일여행

생맥주 보물찾기, 럭키케그를 찾아서

호가든 : HOEGAARDEN

"얘들아 지금부터 보물찾기 시작할거야. 여기서 보물을 찾는 사람한테 특별한 상을 줄게."

선생님의 말이 끝나기 무섭게 아이들은 뛰어다니며 돌 밑이나 나뭇가지, 화단의 꽃밭을 샅샅이 찾아 다니던 시절이 있었다. 생각해보면, 특별한 상에는 별 것이 없었다. 색연필 세트나 책받침, 그리고 실내화 가방 등등이 전부였다. 그럼에도 불구하고 그 시절의 나는 그것이 마치 내 전부인 양 온 힘을 다해 보물을 찾았다.

성인이 되어서는 무언가를 열심히 찾는 일은 점점 뜸해졌다. 군대에 있었을 때, 사격 중 탄피를 잃어버려서 죽기 살기로 찾은 적은 있어도 어릴 적 보물찾기 같이 특정 물건을 찾아 다닌 적은 없었다. 하지만 한 때 내가 간절히 원했던 것이 있었으니 그건 바로 호가든 맥주였다. 그것도 펍이나 매장에 가서 마실 수 있는 호가든 생맥주를 원했다. 맥주를 즐기는 사람들에게 호가든 맥주는 친숙한 브랜드이다. 동네 마트, 혹은 편의점만 가더라도 손쉽게 접할 수 있다.

호가든 맥주의 유래는 15세기, 1445년부터 시작된다. 벨기에 수도인 브뤼셀에서 약 50km 떨어진 호가든 마을 수도사들이 그 지역의 밀을 넣어 맥주를 만들기 시작하였다. 당시 중세 유럽에서는 수도사들이 고품질의 맥주를 직접 양조하고 많이 마셨다. 만드는 과정에서 네덜란드 퀴라소 섬에 있는 향이 독특한 오렌지 껍질Orange Peel 넣고, 거기에 코리엔더 씨앗Coriander Seed[1]을 추가로 첨가하니 맥주 맛이 은은하고 부드러워졌다. 이렇게 해서 호

1　코리엔더 씨앗은 고수 씨앗을 말하는데 씨앗은 향긋한 오렌지 향이 난다.

가든 마을 수도사들이 탄생시킨 맥주가 벨기에 식 밀맥주인 윗비어Wit beer
가 되었다. 윗은 영어로 흰색White과 같은 의미로 하얀 맥주를 밀맥주라고 이
야기 하였다.

이렇게 호가든 마을은 밀맥주로 아주 유명해졌는데, 1700년대에서 1800
년대 후반까지 마을의 30개가 넘는 양조장에서 모두 밀맥주를 양조할 정도
로 온 마을에 양조장이 매우 많았다. 하지만 유럽을 휩쓸었던 제 1,2차 세계
대전을 뒤로 많은 양조장 시설이 파괴되었고, 남아있는 양조장 마저 황금빛
필스너를 필두로 한 라거Lager 맥주의 인기에 밀려 대부분 문을 닫고 있는 실
정이었다. 하지만 현재 호가든의 아버지라 불리는 피에르 셀리스Pierre Celis가
마을의 마지막 남은 밀맥주 양조장을 1966년에 사들였다. 그는 전통적으로
내려오는 밀맥주 레시피를 연구하였고, 그렇게 탄생한 맥주가 마을의 이름
을 딴 호가든 맥주가 되었다.

호가든 맥주가 처음으로 한국에 들어온 해는 2002년이다. 밀맥주라는 말
조차도 생소한 시기였다. 당시만 하더라도 일반 호프집에서 호가든 맥주와
같은 다른 스타일의 맥주를 발견하기란 쉽지 않았다. 왜냐하면 국내 맥주 스
타일의 대부분이 미국의 아메리칸 페일 라거에 국한되어 있기 때문이다. 아
메리칸 페일 라거는 '버드와이저', '밀러', '쿠어스' 로 대표되는 미국의 대중
맥주 스타일이다. 이와 더불어 국내 소비시장 역시 카스, 하이트 등 대기업이
이와 같은 맥주 스타일을 만들었기 때문에 종류가 한정적일 수밖에 없었다.
대학시절이었던 당시, 나는 처음으로 아르바이트를 하게 된 펍에서 국내 맥
주와 더불어 다양한 종류의 생맥주를 접할 기회가 생겼다. 특히 펍의 생맥주
라인업 중 주력 맥주는 단연 '호가든'이었다. 이유는 당시 일하는 펍에는 자
칭 '호가든 마스터'라 부르는 매니저 형이 있었기 때문이다.

이 '호가든 마스터'의 솜씨 덕분인지 당시 펍은 부산에서 호가든 생맥주 맛
이 훌륭하기로 유명했다. 맥주가 가지고 있는 아로마와 플레이버를 잘 나타
내게 하려면 맥주에 대한 관리와 서빙에 대한 적절한 이해가 필요한데, '호
가든 마스터'에 따르면 호가든의 맛을 좌우하는 것은 2가지라고 한다. 우선
호가든의 케그Keg. 맥주를 담는 스테인리스 통는 항상 서늘한 곳에 뒤집어서 보관해

호가든 병

　맥주 한 잔 할까요?

야 하며, 두 번째로 맥주 서빙 시 잔 각도를 동일하게 맞춰서 맥주 액이 휘몰아치듯 잔에 따라 서빙 해야 한다는 것이다. 당시에는 이유를 잘 몰랐었는데, 지금 도슨트가 되어 생각해보니 이에 대한 몇 가지 합당한 이유를 생각해 볼 수 있게 되었다.

첫 번째로 호가든은 효모를 필터링하지 않은 맥주이다. 때문에 케그 밑 부분에 대부분의 효모가 가라앉기 일쑤이다. 그렇기에 뒤집어 놓고 보관해두었다가 디스펜서에 연결 시 정방향으로 돌려 한번 맥주액을 순환하면서 내부의 효모가 잘 섞인 상태로 서빙을 한다면 최적의 상태를 유지할 수 있다. 두 번째로, 호가든은 라거 스타일의 맥주보다 아로마와 플레이버가 중

호가든 20L 케그

요시 되는 맥주이기 때문에 이를 잘 살리기 위해선 잔 속에 한번 휘몰아치면서 서빙을 해줘야 한다. 이렇게 하면 훨씬 더 호가든 만의 특색을 살린 향과 맛을 생생히 만끽할 수 있게 된다.

이 기회를 빌려 이야기하자면, 나는 그 동안 서빙 시 원탭[2]을 고집하였다. 왜냐하면 대부분의 손님들이 원탭 서빙을 원하였고, 나 역시 맥주를 한 큐에 따를 수 있어야만 전문가라고 생각했기 때문이다. 하지만 원탭 방식은 맥주 거품이 거칠고 길게 지속되지 않는다는 단점이 있었다. 몇몇 부드러운 거품을 원하는 손님에게는 투탭[3]으로 서빙 한 경우가 훨씬 좋은 평을 받을 수 있다는 사실을 여러 시행착오를 겪으며 알게 되었다. 이처럼 나만의 서빙 노하우를 습득한 이후로 호가든을 더욱 맛있게 마실 수 있게 되었다.

그렇다면 '호가든 마스터'가 서빙한 호가든 생맥주는 일반적인 라거 맥주와 달리 어떤 풍미가 느껴졌을까? 우선 잔에 따른 호가든 맥주의 외관은 일반 라거에 비해 훨씬 더 밝은 노란색을 띄며, 더불어 밀과 효모가 포함된 맥

---

2 한번에 잔과 거품의 비율을 맞춰 서빙하는 방식
3 맥주액을 맥주기계 내부의 미세구멍으로 부셔서 조밀한 거품을 내어 서빙하는 방식

호가든 생맥주

주이기 때문에 흐릿한 빛깔이 나온다. 코에 닿는 거품과 맥주의 아로마는 호가든의 부가물 재료의 특징이 확연하게 드러난다. 오렌지 향과 더불어 코리엔더 씨앗의 은은한 향 역시 치고 올라온다. 마시면 단맛이 주를 이루고 목으로 넘어갈 때 밀맥주 특유의 부드러운 질감과 함께 향긋한 향미가 입안에 맴돈다. 밀맥주의 또 하나의 특징은 풍성한 거품인데, 호가든을 마실 때 잔이 비워질 때까지 거품층이 유지되며 잔에 남아있게 된다.

'호가든 마스터'의 손에 의해 만들어진 호가든은 그 동안 마셔왔던 국내 대기업 맥주 스타일과는 전혀 다른 맛과 향을 가지고 있는 맥주였다. 그만큼 '호가든 마스터'가 서빙 하는 호가든은 특별하였고, 일을 하지 않는 날에도 매장에 찾아가게 할 만큼 호가든에 빠져들게 했다. 특히나 호가든 생맥주의 케그를 교체하는 경우에는 시음을 통해 맥주 상태를 확인하곤 하는데, 어느 날 직원들로부터 평소에는 볼 수 없는 신기한 반응들이 나왔다.

"오! 이번은 럭키 케그다."

럭키 케그? 처음 듣는 용어였다. 하지만 이미 주위에 있던 직원들은 그것이 무슨 의미인지 아는 냥 다들 입가에 미소를 띠고 있었다. 여기서 말하는 소위 '럭키 케그'란, 한 모금 마시자마자 입안에 향긋한 오렌지 향과 코리엔더 씨앗의 들꽃 향이 폭발하듯이 풍기며 마지막엔 입안 가득히 맥주가 목에 넘어가는 순간까지 플레이버가 유지되는 맛을 의미했다. 이런 럭키 케그가 바로 지금 눈앞에 펼쳐진 순간이었다. '호가든 마스터'에 따르면 본인도 수없이 많은 케그를 교체하면서 시음하였지만, 이 정도의 럭키 케그는 손에 꼽을 정도로 흔치 않다고 하였다. 왜 이정도 럭키 케그를 경험하는 것이 쉽지 않다고 한 것일까? 펍에서 일할 당시만 해도 호가든 생맥주는 벨기에에서 직수입해왔다. 하지만 벨기에 제품들은 케그마다 상태가 약간 다른 경우가 많았고, 그렇기에 아로마와 플레이버가 확실히 차이가 있는 케그들이 종종 있었다. 특히 이 날은 이런 모든 우연들이 순간적으로 모여 '럭키 케그'를 시음할 수 있는 날이었던 것이다.

그 날 이후로 나는 이 때 경험한 럭키 케그가 뇌리에서 한시라도 잊혀지지 않았다. 그래서 다른 럭키 케그를 맛보기 위하여 부산 전역에 있는 호가든 생맥주 점을 돌아다니며 마셔보았다. 역시나 매장 마다 호가든의 맛과 향은 천차만별이었다. 하지만 안타깝게도 그 중에서 그 때 느꼈던 럭키 케그에 견줄 만한 케그는 찾을 수 없었고, 럭키 케그에 대한 향수만을 더욱 깊게 할 뿐이었다. 이는 마치 어린 시절 소풍에서 보물찾기를 하는 것만 같았다. 보물찾기를 한다면 당연히 꽝도 있기 마련이다. 지금 회상해보면 아마도 나는 당시에 수많은 꽝을 찾지 않았나 싶다.

물론 펍의 호가든 상태가 괜찮은 가게의 경우 맛이 그나마 괜찮았지만, 대부분은 관리가 제대로 안된 (가령 케그 교체 후 오랜 시간이 지나 맥주에서 쇠 맛Steel이 배어 이취[4]가 되어버린)일명 '꽝'인 펍이었다. 이렇게 나는 한 달간 매주 2곳 이상의 펍을 찾아 돌아다녔고, 결국 럭키 케그를 발견하지 못한 채 쓸쓸한 발걸음을 돌렸던 기억이 있다. 이후, 마치 내가 마신 맥주중의 보물인 마냥 자리 잡은 럭키 케그 찾기는 지금까지 추억 속으로 남아있게 되었다. 물론 맥주에 대한 관심이 높아진 요즘은 언제든지 호가든 전문 펍에 방문해서 럭키 캐그처럼 상태가 훌륭하고 맛있는 호가든 생맥주를 마실 수 있지만 말이다.

벨기에 전통 밀맥주인 호가든은 부담 없이 즐길 수 있는 향긋한 아로마를 가진 맥주로써, 맥주의 쓴맛보다는 단맛이 강조되고 탄산감도 적당하여 음용성이 훌륭한 맥주이다. 대부분 펍에서 판매하는 안주인 소시지와도 좋은 궁합을 이룬다. 왜냐하면 맥주의 단맛은 음식의 단맛을 더욱 부각시켜주고 짠맛과도 균형을 적절하게 이뤄주기 때문에 소시지와 함께 페어링 한다면 호가든을 마시는 즐거움은 배가 될 것임에 틀림없다.

지금과 같이 코로나19 팬데믹 시대에, 펍에 가기 힘들다면 집에서 손쉽게 만들 수 있는 미역무침과 함께 호가든을 즐겨보는 것은 어떨까? 호가든은 효모를 필터링 하지 않은 맥주여서 생맥주와 병 그리고 캔맥주 간에 맛 차이의 많지 않다는 장점을 가지고 있다. 때문에 반드시 펍을 가지 않아도 호가든을 충분히 즐길 수 있다. 미역을 먹기 좋은 크기로 썰고 채 썬 오이와 소금 그리고 식초로 함께 버무린 뒤, 호가든과 함께 먹는다면 무침의 기분 좋은 신맛과 맥주의 단맛 그리고 적당한 탄산 감이 입안에서 어울려져 상긋한 기분을 느끼기에 충분할 것이다.

현재 국내서 유통되고 있는 호가든은 모두 국내 OB공장에서 생산하고 있다. 이유는 국내 OB맥주와 벨기에 호가든 양조장은 AB-InBev(앤하이저-부쉬 인

---

4 이취off-flavor란 맥주에서 나면 안 되는 향과 향미를 나타내는 용어

호가든 오리지날과 호가든 로제

베브) 라는 다국적 기업의 같은 자회사이기 때문이다. 2020년도부터는[5] 캔과 병, 그리고 20L 생맥주 라인까지 모두 OEM[6]으로 제작한다. 이렇게 OEM으로 호가든을 제작하는 곳은 벨기에 본사와 한국이 유일하다. 이 말은 곧 본

---

5   캔과 병은 2008년부터 생산하기 시작했다. 2017년도에 잠시 3년간 벨기에 생산으로 바꾸고, 2020년도부터 생맥주까지 추가로 모든 생산품을 국내생산으로 전환하였다.
6   주문자 상표 부착생산

사와 동일한 수준으로 호가든을 만들기 때문에 가격도 저렴하고 막 생산한 신선한 맥주를 보다 쉽게 접근할 수 있다는 이야기다. 이전부터 호가든은 국내 소비자들에게 다양한 종류를 선보인 바 있다. '호가든 레몬', '호가든 유자', '호가든 체리' 등등 지속적으로 신제품을 출시하였고, 21년도에 출시한 '호가든 보타닉'은 세계 최초로 한국시장에 가장 먼저 선보이는 제품이었다.

이렇게 다양한 모습의 호가든은 나의 첫 번째 수입 맥주이자 가장 좋아하는 맥주가 되었다. 호가든의 탁월한 접근성과 호가든만이 가지는 특유의 단맛과 정제된 거품에서 느껴지는 그 단아함과 부드러움은 여타 맥주와는 다르게 나에게 있어 보물과도 같은 멋진 맛을 선물해준다. 이번 글에 나의 추억이 깃든 맥주를 소개한 만큼, 호가든에 대한 좋은 추억이 있는 분들이라면 지금 그때의 추억들을 찾아 떠나는 여행에 동참해 보면 어떨까?

HOEGAARDEN
호가든

브루어리	호가든 브루어리
스타일	벨지안 윗비어
알코올	4.9%
외관	밝은 황금색을 띤 불투명한 외관과 빡빡하면서 밀도 있는 부드러운 거품
향미	오렌지 향, 들꽃 향, 약간의 효모에서 나오는 스파이시 향, 중간 정도의 단맛
마우스필	미디엄 바디감, 적당한 탄산감
푸드페어링	자극적인 음식과 잘 어울리면서 생선요리나 무침과도 궁합이 좋음

#벨기에맥주 #역사적전통의밀맥주 #럭키케그 #호가든마스터 #벨지안윗비어
#오렌지껍질 #코리엔더씨앗 #부드러운맛과거품

그 겨울 따뜻한 맥주를 잊지 못해

예버 필스너 : JEVER PILSENER

여행지에서의 로망이라고 하면 새로운 인연을 만나는 일이다. 하지만 서로 낯선 환경에서 우연하게 일정이 맞아 인연이 될만한 사람을 만나는 것은 드물다. 나에게는 2019년 겨울의 유럽배낭여행이 그러하였고, 스페인에서의 여행이 끝나갈 무렵 그 분을 처음 만났다. 우리는 그렇게 5일 정도의 일정을 같이 하였고, 각자의 여행길로 떠나기 전 나중에 베를린에서 다시 만나기로 하였다. 자칫 기약 없는 약속이 될뻔한 우리의 만남은 3월 초에 이루어졌다.

"잘 지냈어요? 여기서 또 보니까 너무 반갑다!"

우리는 그렇게 다시 만났다. 아직은 코끝이 찡할 만큼의 찬 공기가 주변을 에워 싸는 3월의 겨울 밤이었다. 유럽의 겨울날씨는 변덕이 심하다. 낮에는 구름 한 점 없을 만큼 햇볕이 좋았는데 막상 밤이 되니 이슬비가 추적추적 내리고 있었다. 베를린 '미테Mitte'의 한 지하철역에서 작은 우산을 구매하고 약속 장소에 도착하였다. 우리는 이런저런 안부인사를 건네며 전구 빛 가로등이 드문드문 거리를 밝히고 있는 한 골목길로 들어갔다. 안쪽의 작은 일본 라멘집에서 저녁을 해결하고 간단하게 한잔 할 가게를 찾고 있었다. 비가 내리는 거리를 걷던 도중, 한 가게가 보였다. 이름은 'Anna Koschke' 라는 가게였다. 이 때 난 예버Jever맥주를 처음 보았다.

예버는 독일 북부의 예버Jever 지역 명을 딴 예버 브루어리의 대표 맥주이다. 독일에는 역사적 전통을 가진 양조장들이 굉장히 많은데 예버의 프르슬란트 양조장 또한 1848년부터 시작하여 약 170여년이 된 양조장이다. 독일은 전통 라거의 이미지로 잘 알고 있는데 이는 독일식 밝은 색 라거인 헬레

예버필스너 병

맥주 한 잔 할까요?

스Helles를 말하며, 예버 필스너는 보헤미안 필스너를 기반으로 한 독일식 필스너 스타일로 보통 필스Pils로도 많이 불린다. 독일 필스의 기본적인 특징은 밝은 황금색을 띤 투명한 맥주로 깔끔한 맥아 향과 독일산 노블홉의 허브향을 아로마를 느낄 수 있으며, 무엇보다 홉의 쓴맛이 확실하게 나타난다. 특히 예버 필스너는 다른 독일 북부지방의 필스에 비해 쓴맛이 더욱 돋보인다. 또한 맥주 양조 시 사용되는 깨끗한 물을 강조하는데 1898년부터 양조장에서 4km 떨어진 곳에서 수도관을 설치해 제공함으로서 더 질 좋은 필스너를 제조하는데 있어 강점이 되었다.

가게 문을 열고 몇 개의 계단을 내려가니 독일의 어느 한 가정집에 온 듯 내부 인테리어가 눈에 띄었다. 조명도 천장 한 가운데에 있는 게 아닌 전구색 벽부등 몇 개가 전부였다. 각기 다른 모양들의 테이블과 의자가 뒤엉켜 있는 듯하지만 묘하게 조화로운 느낌이 들었다. 테이블 위에 빨강색 양초와 재떨이가 놓여져 있었고, 이 중 짙은 나무 색상의 사각형 테이블에 앉았다. 벽면에는 오랜 세월을 느낄만한 어떤 인물의 사진들과 주변 풍경의 사진이 제각기 다른 모양 액자에 걸려있었고, 화장대에 있을법한 반원모양의 커다란 거울도 걸려있었다. 사장님으로 보이는 할머니께서 직접 초에 불을 켜주시면서 메뉴판을 가져다 주었다. 메뉴판엔 이런 글귀가 적혀져 있었다.

'Willkommen im Anna Koschke(안나 코스케에 온 것을 환영합니다).'

사실 이 가게를 들어오려고 마음먹었던 이유는 건물 외벽에 있는 예버 맥주 돌출 간판 때문이었다. 그래서 가벼운 피시앤칩스로 메뉴를 선택하고 예버 필스너를 주문했다. 뒤를 돌아보니 할머니께서 직접 맥주를 따르고 있었다. 한국에서는 보기 힘든 모습이다. 잠시 후 전용 잔에 맥주가 서빙되었다. 밝은 빛깔의 아주 투명한 황금색 맥주였다. 많은 양의 탄산이 올라오는 기포가 보이고, 특히 인상 깊었던 것은 잔 위로 봉긋하게 올라온 거품이었다.

일명 '스노우 헤드'로 불리는 풍성한 거품인데, 스노우 헤드는 일종의 눈이 쌓인 산봉우리처럼 보이는 거품의 모양에서 비롯된 것이다. 스노우 헤드는 맥주거품의 장점을 그대로 지닌다. 맥주의 탄산이 빠져나가는 것을 방지해주고, 자체의 향을 지속적으로 유지시켜 줌으로서 맥주 본연의 맛을 유지시켜준다. 무엇보다 스노우 헤드는 솟아오른 거품을 보는 재미도 쏠쏠하다.

하지만 이 서빙 방법은 시간이 오래 걸리는 이유로 일반적인 펍에서는 보기 힘들다. 왜냐하면 몇 단계로 나누어서 맥주를 따라야 하는데, 첫 번째 거품이 꺼질 때까지 기다리고 다시 맥주를 따라야 하니 시간이 오래 걸리기 때문이다. 맥주잔에 따르는 것을 지켜보니 처음에 쭉 따르고 기다리다가, 거품이 약간 가라앉으면 맥주를 따르고, 다시 기다리기를 몇 번 반복하였다. 아무래도 손님이 우리뿐이어서 그랬는지 몰라도 나이 드신 할머니가 정성스럽게 맥주를 서빙해주는 모습을 보니 독일인의 맥주사랑과 더불어 대접받는 느낌이 들어 기분이 좋았다.

나는 거품 안에 코를 집어넣다시피 하여 맥주 한 모금을 마셨다. 첫 혀에 닿았을 때 맥아의 구수한 보리 맛과 홉의 허브 향이 은은하게 들어온다. 뒤이어 맥주를 목에 삼키고 나니 강렬한 쓴맛이 거칠게 다가왔다.

"와, 이 맥주 정말 씁쓸하네."

예버 필스너의 첫인상은 강렬한 씁쓸함으로 다가왔다. 하지만 이 씁쓸함 덕분인지 입안에 굉장히 상쾌한 느낌이 지속되었다. 서로 맥주에 대해 어떤 느낌인지를 얘기하고 있는 동안 주문한 요리가 나왔다. 샛노란 튀김 옷을 입은 생선 덩어리 하나와 감자튀김이 둥근 접시에 나왔다. 바로 튀김을 가르니 하얀 대구속살이 모락모락 연기를 뿜으며 나왔고, 한 조각을 집어 먹고 다시 맥주를 한 모금 마셨다. 맥주가 입안에 남아있는 기름기를 모두 씻어내는 듯이 너무나 개운한 느낌을 주었다. 난 그 자리에서 예버 필스너를 3잔이나 마셨다.

안나 코스케 메뉴판

다음날 아침, 일정대로라면 나는 다른 도시로 출발하는 버스에 탑승하고 있었을 것이다. 하지만 전날 새벽에 발생한 하나의 사건 때문에 그러지 못했다. 내가 묵었던 호스

텔에서 가방 안의 현금을 도둑맞았던 것이다. 그래도 천만다행인 것은 여권과 다른 물건들은 화장실 휴지통에서 발견할 수 있었다는 점이고, 잃어버린 것은 가방 안의 현금 뿐이었다는 점이다. 큰돈은 아니어서 안도의 한숨을 쉬었고, 난 어쩔 수 없이 베를린에 하루 더 있어야만 했다. 사정을 이야기하자 상대방도 시간을 하루 더 나와 같이 보내주었다.

우리는 날이 어두워질 무렵에 또 다시 'Anna Koschke'에 방문하였다. 이 날도 같은 자리에 앉았는데 메뉴판을 가져다 주신 할머니도 알아 봤는지 반가운 인사를 하였다. 두 번째 방문에는 마치 고향의 시골집에서 맥주를 마시는 것처럼 포근한 느낌이 들었다. 난 다시 예버 필스너를 주문하였다. 어제처럼 비는 오지 않았지만 밖에 오래 돌아다녀서 몸이 으슬으슬 추위를 느꼈는데, 예버 필스너의 강렬한 쓴맛과 입안에 남는 씁쓸함 때문인지 맥주가 온기를 주는 느낌을 받았다.

안나 코스케 내부

안나 코스케의 소시지(부어스트)

이와 더불어 독일의 대표적인 음식인 소시지, 부어스트Wurst를 주문했다. 부어스트 자체는 맛이 매우 훌륭했다. 강하게 훈연 된 나무냄새와 고기가 어울려져 샐러드와 빵과 함께 잘 어울렸지만, 피시앤칩스 보다는 맥주와 어울리지 못했다. 그렇지만 굉장히 잘 주문한 안주였다. 테이블 위에 놓인 빨강색 촛불과 가게의 오래된 전구 색 조명들, 여기에 예버 필스너를 곁들이니 한 겨울의 따뜻함을 선물 받은 것 같았다. 게다가 오전의 일도 맥주와 함께 내 머릿속에서 깨끗하게 씻겨 내려갔다.

우연처럼 두 번이나 방문한 가게 덕분일까, 이 곳에서 난 예버 필스너에 푹 빠졌다. 추후에 한국으로 돌아와 예버 맥주에 대해 알아보던 중 흥미로운 두 가지 사실을 발견하였다. 첫 번째는 역사적 연결점이다. 독일에서 체코 보헤미안 필스너 스타일을 기반으로 만든 최초의 독일식 필스너,필스Pils는 라데베르거Radeberger맥주이다. 라데베르거는 철혈재상으로 유명한 비스마르크가 좋아한 맥주로 유명하며 굉장히 유서가 깊은 양조장이다.

이 라데베르거 그룹은 2004년 예버의 프리슬란트 양조장을 인수하여 현재 예버 필스너를 소유하고 있다. 최초의 필스를 만든 양조장이 현재 예버 양조장도 운영한다니 흥미롭게 느껴졌다. 두 번째로는 바로 '이탈리안 필스너'와의 연결점이다. 필스너 스타일의 분류로는 각각의 나라로 대표하고 있는데 원조인 체코 필스너, 독일식 필스너, 미국식 필스너 그리고 이탈리안 필스너까지로 나뉘어진다. 그렇다면 이탈리안 필스너는 어떤 스타일일까? 이 점이 예버와 관련되었는데, 역사를 살펴보면 1996년에 독일식 필스, 즉 예버 필스너와 유사하게 맥주를 만드려고 했던 한 이탈리아 양조장에서 시도했지만 실패했고, 오히려 그 최종결과가 더 좋아 오히려 하나의 스타일로서 강렬한 쓴맛을 유지하면서 후미의 홉 향이 중심이 되는 맥주를 만들었다고 한다.

이 맥주가 이탈리안 필스너 스타일이 되었고, 비교적 최근에 들어서 유명세를 타고 있다.

그렇다면 필스너 스타일을 더 즐길 방법에는 어떤 것이 있을까? 음식과 페어링을 추천한다면 가게에서 같이 먹었던 피시앤칩스와 같이 기름기가 적당히 있는 튀김음식과 궁합이 좋은데, 튀김음식 중에도 약간 매콤한 양념치킨과 곁들이기를 추천한다. 필스너가 주는 홉의 쓴맛이 양념치킨의 매운맛과 균형을 이루며 적당한 양의 탄산감이 기름진 입안을 개운하게 만들어 양념치킨과의 조화가 훌륭하다. 추가로 필스너가 주는 입안의 깔끔함 덕분에 메인식사 전 애피타이저와 함께 한다면 더욱 즐길 수 있는 페어링이 될 수 있다.

개개인마다 여행지에 대한 즐거운 추억과 반대로 안 좋은 추억들을 가지고 있다. 물론 전자의 경우가 오래 기억에 남을 것이다. 좋아하는 사람들과, 또 그 곳이 좋아하는 장소라면 더더욱 그렇게 남는다. 나에게는 베를린 미테의 'Anna Koschke'에 대한 추억이 그러하다. 그날 밤의 예버 필스너는 따뜻한 맥주처럼 기억에 남았다. 그 겨울의 따뜻한 예버 필스너를 잊지 못한다. 같이 방문했던 사람은 지금의 여자친구가 되었다. 우리는 겨울철이 되면 이

따금씩 그 얘기를 하곤 한다. 겨울철에 마시는 맥주를 사랑하는 사람과 함께 즐긴다면, 이 맥주가 필스너라면 색다른 느낌의 추억을 선물한다고 믿어 의심치 않는다.

JEVER PILSENER
예버 필스너

브루어리	예버 브루어리
스타일	독일식 필스너
알코올	4.9%
외관	아주 밝은 옅은 노랑에 가까운 황금색, 매우 투명하고 거품이 풍성하다
향미	깔끔한 맥아향과 중간중간의 허브향과 은은한 풀향이 나오며, 뒷맛에 강한 쓴맛이 존재
마우스필	청량한 라이트 바디감, 입안에 쓴 잔향이 오래 지속됨
푸드페어링	약간 매콤한 튀김음식과 샐러드, 해산물 요리와 궁합이 좋다

#독일북부맥주 #저먼필스 #안나코스케 #이탈리안필스너 #3월달의베를린
#피시앤칩스와소시지 #멋진할머니 #연인

와인보다 좋았던 스페인에서의 맥주

마오우5스타 : MAHOU 5STAR

"Have I become boring?(내가 지루해졌어?)"

영화 〈어나더 라운드〉의 주인공 마르손이 아내에게 물었다. 마르손은 일과 일상의 반복된 패턴 속에서 열정이 사라지고 하루하루 우울감에 무엇을 하고 싶은 의지가 생기지 않는다. 나도 이와 같은 상황이 있었다. 마르손처럼 중년은 아니지만, 첫 직장에 대한 회의감이 들어 매일매일이 똑같은 고민이 들었다. 이 일이 나에게 맞는지에 대한 것이다. 마르손은 탈출의 방법 중 하나로 '음주'를 택했다. 적당량의 혈중 알코올 농도를 유지하면 술이 주는 즐거움과 해방감, 용기, 자신감이 생겨 일상의 활력을 준다는 실험을 친구들과 진행한다. 영화 내에서는 술에 대한 긍정적인 요소와 부정적인 요소, 술의 양면성을 모두 보여준다.

나는 그 고민을 해결하지 못한 채, 결국 일을 그만두고 2019년 1월에 배낭을 메고 스페인으로 떠났다. 대학도서관에서 우연히 본 'Camino de Santiago(산티아고 가는 길)'에 관한 책을 본 후 오랫동안 머리 속에 버킷리스트로 자리잡은 그 길을 걸으러 갔다. 재미있게도 이곳에서 난 맥주에 빠졌다.

보통 우리가 아는 스페인은 포르투갈, 프랑스, 이탈리아와 더불어 와인벨트Wine Belt로 유명하다. 하지만 스페인 내에서 가장 많이 소비하는 술은 맥주이다. 생산량도 유럽 내에서 4번째에 해당할 만큼 맥주에 대한 관심도 대단하다. 산티아고 순례길을 걸으면서 맥주에 관련된 몇 가지 특별한 장면들이 생겼다. '어나더 라운드'에서 주인공들이 겪은 술에 대한 모습처럼 그곳에서 경험한 나의 장면들을 이야기 하고자 한다.

마오우5스타

첫 번째 장면

순례길에서 숙박은 '알베르게Alberge'라는 시설을 이용한다. 각 마을마다 봉사자들이 운영하는 공립 알베르게가 있고 개인이 사설로 운영하는 알베르게도 있다. 순례자들은 값싼 비용으로 이 시설을 사용할 수 있다. 마을마다 다수의 알베르게가 운영되지만 내가 간 겨울 시즌에는 순례자들이 적어 문을 연 알베르게가 드물고, 대부분이 여름시즌을 준비하면서 문을 닫는다. 이 때문에 겨울철 순례길은 일정만 같다면 길 위에서 만난 사람을 다음 알베르게에서 다시 만나곤 한다. 출발지에서는 혼자였지만 세계 여러 나라에서 온 순례자들을 만나 같은 길을 걷게 된다. 각각 출발하는 시간이 다르고 걷는 속도마다 차이가 있지만 그날 밤에 다시 만나기도 하고, 며칠이 지난 뒤 같은 알베르게에서 다시 마주치는 일이 일어나기도 한다.

나에겐 특별한 인연이 있었는데 바로 스페인 사람인 '안드레스'이다. 안드레스는 셋째 날 마을에서 처음 만났다. 그렇게 지나가면서 스치는 여러 사람

중 한명일 줄 알았는데 그 뒤로 길 위에서, 알베르게에서도 계속 만나다 보니 어느새 간단한 인사를 건네는 사이가 되었다. 순례길에서는 식사를 직접 해결해야 했는데 전날 마트에서 간단히 음식을 사 먹는 것이 아니라면 지나가는 마을의 바에서 식사를 해결하곤 했다. 바에서는 간단한 식사와 주류를 판매하였다. 안드레스와는 길 위에서 만나기 보다 바에서 마주치는 일이 많았다. 그럴 때마다 안드레스의 손에는 항상 와인과 맥주가 들려있었고 바 주인과 만담을 하고 있었다. 그는 늘 얼큰하게 취한 얼굴로 사람들과 이야기 하는 것을 정말 좋아했다.

평소 일정대로라면 한 마을을 더 가야 하지만 무릎 상태가 좋지 않은 날이었다. 이 날은 그 동안 일정을 같이 했던 사람들과 잠시 떨어져 작은 마을의 알베르게에 짐을 풀었다. 마을 이름은 보아디야 델 카미노Boadilla del camino였다. 간단한 체크인을 하고 올라가니 수 많은 빈 침대가 날 반기고 있었다. 오늘은 온전히 혼자서 있어야겠다고 생각하고 어두워지기 전 마을 한 바퀴를 돌고 들어왔다. 들어오니 알베르게 주인과 누군가 말하는 소리가 들렸다. 안드레스였다. 이제 막 왔는지 배낭을 맨 채로 주인과 얘기하고 있었다. 반가운 마음에 인사를 했다.

"Hola!(안녕!)"

안드레스는 영어를 잘 못했다. 그 때문에 여러 번 마주치면서도 인사 외엔 다른 대화를 잘 하지 못했다. 같이 숙박을 했던 사람들 중에 한국사람과 여러 명의 외국인들이 섞여있어서 크게 불편한 점은 없었지만, 오늘은 단 둘이 숙소에 있게 되니 무슨 얘기를 해야 하나 걱정이 되었다. 잠시 후 주인 분이 저녁 준비를 한다고 자리를 비우고 1층에는 우리 둘만 남았다. 안드레스는 혼자 와인을 마시고 있었고, 난 다음날 일정을 확인하고 있었다. 어색한 분위기가 올라올 무렵에 안드레스가 맥주 한 캔을 건넸다. '마오우Mahou' 맥주였다. 고맙다는 말을 건네고, 바로 캔을 따고 잔에 따랐다. 깨끗한 황금색의 투명한 맥주였다. 냉장고에서 막 꺼낸 맥주는 탄산기포가 넘쳐났고, 한 모금을 마시니 몸 속으로 맥주가 들어오는 게 느껴진다. 순간의 주변 어색한 기운과 자잘한 걱정들이 시원하게 내려갔다. 곧이어 저녁식사가 나왔고 안드레스와 난 그날 먹고 마시며 즐거운 저녁시간을 보냈다.

안드레스가 건네준 마오우 맥주

　서로 말이 안 통하지만 번역기를 사용해 참 많은 대화를 나눴다. 어떤 일을 하는지, 이곳에 왜 왔는지, 그리고 스페인과 포르투갈 사이의 역사 이야기까지 핸드폰 사이로 많은 말이 오고 갔다. 그리고 제일 좋아하는 음악을 추천해 주었고 그날 밤을 마무리하는 음악이 되었다. 낯을 많이 가리는 나로선 맥주 한 캔이 소소한 걱정과 무거운 분위기를 깨주었고, 말을 걸 용기를 북돋아 주었다. 이 때의 맥주가 기억에 남는다.

　마오우 맥주의 정식 명칭은 마오우 5스타Mahou 5Star 이다. 스페인을 대표하는 맥주로서 많이 알려져 있고, 수도인 마드리드에 양조장을 두고 스페인 전역으로 판매한다. 1890년에 시작되어 현재 스페인 내 점유율 32% 를 담당하는 '마오우-산미구엘Mahou-Sanmiguel 그룹'의 대표 맥주다. 그룹 이름에서 알 수 있듯이 2000년에 필리핀의 대표 맥주회사인 산미구엘을 인수하였다. 또한 마드리드를 대표하는 프로 축구팀인 아틀레티고 마드리드와 레알 마드리드의 공식 후원사로 알려져 있어 축구를 좋아하는 사람들에게는 익숙한 로고로 유명하다.

　마오우 5스타의 스타일은 페일 라거Pale Lager 로서 국내 맥주 카스와 하이트처럼 우리가 흔히 아는 라거의 종류이다. 외형은 깨끗하고 투명한 황금색을 띠며, 풍성하고 부드러운 거품이 특징이다. 은은한 보리향과 같은 곡물의 향이 지배적이며, 적당한 탄산감이 두드러지고 목넘김과 맛이 굉장히 드라이하여 쉽게 마실 수 있다. 재미있는 점 중 하나로 마오우 5스타의 홈페이지에 가면 맥주에 대한 정보와 따르는 방법은 물론이고 맥주와 어울리는 요리 제조법이 무려 16가지나, 그것도 아주 자세하게 나와있다. 자기네 맥주를 보다 맛있게 먹기를 원하는 진심이 느껴졌다.

국내에서는 마오우 5스타가 정식 수입되어 현재 대형마트와 편의점에서 찾을 수 있다. 또한 페일 라거 스타일 이외에 미국의 파운더스 브루잉Founders Brewing과의 협력으로 제작한 마오우 5스타 세션 IPASession India Pale Ale도 구매할 수 있어 다양한 마오우 5스타 맥주를 즐길 수 있다.

두 번째 장면

순례길에서 가장 힘든 점이라고 한다면 배낭의 무게이다. 최소한의 짐만 챙겨서 왔다고 생각했는데 막상 무게를 재어보니 10kg이 넘어버렸고, 걸으면서 마실 음료와 간단한 음식을 챙겨 가야 했기에 평소 무게는 15kg에 육박했다. 이 날은 아침에 출발하면서부터 각오를 하고 걸었다. 마을에서의 나선 길은 평지였지만 20km 지점 이후로 다음 목적지가 산 정상에 있는 마을이었다. 목적지는 오 세브레이오O-Sebreio라는 마을이었다. 스페인 서북부 지역인 갈리시아 주로 넘어오는 길목이었는데 겨울이고 산 속이라 마을에 문을 연 바를 찾기가 힘들었다. 오전에 한 번 들린 바에서는 커피만 한잔하고 지나갔지만, 이후 걷는 4시간 동안 문을 연 바는 없었다.

산 사이를 굽이굽이 지나 오르막길이 시작되는 지점에서 잠시 쉬었다. 다행히 어제 사 놓은 초코바를 점심 삼아 먹고 산길을 오르기 시작했다. 평지는 어느 정도 적응이 되어 괜찮았지만, 배낭을 맨 채로 산길을 오르는 것은 잠시만 가도 금새 숨이 차게 된다. 게다가 어제 밤에 비가 내려서 물기를 먹은 진흙으로 길이 범벅 되어 있었고 어느 정도 올라가니 눈이 하나도 녹지 않은 채 그대로 쌓여있었다. 그 동안 비바람이 치거나 눈보라가 내리는 날도 많았지만 이 날의 길이 제일 악조건이었다. 산길 중간에 마을이 하나씩 나왔음에도 불구하고 들어갈 바가 없었다. 초코바의 에너지도 진작에 다 써버린 듯 했다.

갈리시아 맥주

　맥주 한 잔 할까요?

눈길 위 바퀴자국을 따라 올라가는데 목적지에 가까워질수록 점점 쌓인 눈은 깊어졌다. 산길을 올라간 지 3시간정도가 지나자 눈 위에서 놀고 있는 아이들과 사람들이 보였다. 그리고 드디어 목적지인 정상에 도착하였다. 생각지도 못한 꽤나 큰 마을이었다. 마을 사람들이 많았는데 알고 보니 나는 산 뒷길로 올라오는 옛날 길을 걸었었고, 큰 도로가 나있는 입구는 반대편에 있었다.

공립 알베르게에서 체크인을 하고 들어오니 숙소엔 아무도 없었다. 평소대로면 먼저 도착하고 뒤에 걸어오고 있는 일행들을 기다렸다가 같이 저녁을 먹거나 쉬고 있었을 텐데 난 한가지 생각밖에 없었다. '맥주, 맥주, 맥주' 올라오면서 간절히 생각한 것은 맥주 한 잔이었다. 나는 침대 아무곳에 배낭을 던져버리고 곧바로 마을의 바로 향했다. 기진맥진해서였을까 막상 바에 도착하니 배고픈 생각이 사라졌다. 일단 맥주부터 주문했다.

"Una, Cerveza!(맥주 한잔이요!)".

그리고 쵸리조[1]를 추가하였다. 맥주병과 잔이 함께 나왔다. '에스트레야 갈리시아Estrella Galicia' 라는 투명한 황금빛 라거 맥주였다. 바로 한 모금을 마셨다. 속이 텅 빈 상태에서 맥주가 들어가니 약간의 탄산 감에도 온몸이 짜릿해졌다. 올라오면서 겪었던 몸의 피로가 맥주와 함께 떠내려가는 느낌이다. 그리고 스페인에서 맥주와 함께 먹으면 너무나 잘 어울리는 쵸리조까지 먹으니 한 병을 금새 마셔버렸다. 그 뒤로 맥주를 2병 더 연거푸 마셨다.

저녁시간인데 안주만 시켜서 먹고 있던 날 보더니 바 주인이 간단한 음식거리를 만들어 주었다. 순례길을 걸으면서 가장 맛있게 먹었던 저녁식사였다. 알베르게 입구에서 이제 막 도착한 일행들을 만났다. 다들 너무 힘들었다며 밤이 깊어지기 전에 도착해서 다행이었다고 서로를 축하해 주었다. 가장 힘들었던 날에 간절한 마음으로 마셨던 그 날의 맥주는 또 다른 모습으로 나에게 남았다.

에스트레야 갈리시아 맥주는 이름에서도 알 수 있듯, 마드리드의 대표 맥주인 마오우 5스타 맥주처럼 스페인 서북부에 위치한 갈리시아 지역을 대표하는 맥주이다. 에스트레야Estrella는 스페인어로 별을 의미해서 맥주라벨에

---

1 양념에 절인 소시지

도착한 바에서 마신 갈리시아 맥주와 안주

커다란 별이 그려져 있다. (마오우 5스타도 5개의 별이 그려져 있는데 스페인어로 마오우 씬코 에스트레야스Mahou Cinco Estrellas 이다. 별을 참 좋아하는 스페인 맥주이다.) 이 맥주는 1906년부터 시작되 지금까지 갈리시아 지방의 코루냐A Coruna에 위치한 히 호스 데 리베라Hijos de Rivera 양조장에서 생산한다. 스타일은 페일 라거로 마 오우 5스타와 동일하다. 하지만 맥주라벨을 자세히 보면 Cerveza Especial 라고 적혀있는데 스페셜 맥주로 지칭한다. 이는 스페인 맥주구분을 보면 알 수 있는데, 같은 페일 라거 스타일이라도 도수에 따라 4.6~4.8% 인 클래시카 Clasica, 5.5% 인 에스페셜Especial, 6.1~6.4% 인 엑스트라Extra로 분류된다. 에 스트레야 갈리시아와 마오우 5스타 두 맥주는 도수가 5.5%로 페일 라거에 서 스페셜 맥주이다.

맥주는 밝고 투명한 황금색을 띄며, 거품이 많지 않다. 향에서는 마오우 5 스타와 비슷하게 약한 곡물 향이 느껴지며, 맥주를 마시면 적당한 탄산 감에 굉장히 깔끔하고 드라이한 바디감을 가져 청량감을 준다. 끝에서 약간의 쓱 쓸한 맛이 입안을 채운다. 국내에서는 몇 년 전까지만 해도 마트에서 간간히 보였었는데 최근에는 논알코올인 에스트레야 갈리시아 0.0을 판매한다. 이 름 때문이지만 스페인 바로셀로나 지역으로 대표되는 카탈루냐 지역의 에스 트레야 담Estrella Damm 맥주와는 다른 맥주이다.

세 번째 장면

순례길을 시작했다면 제일 기대되는 순간은 목적지인 산티아고 대성당에 도달하는 것이다. 산티아고 가는 길은 한가지가 아닌 대단히 많은 종류가 있 다. 내가 간 길은 프랑스길이라고 해서 생장피에드포르Saint-Jean-Pied-de-Port 라 는 프랑스 작은 마을에서 시작해 산티아고로 가는 여정으로 순례자들이 가 장 많이 찾는 유명한 길이다. 그 외 출발지나 가는 길목에 따라 북쪽길, 프로 투갈길, 프리미티보길 등등 각기 다른 길이 있다.

나는 총 799km 의 프랑스길을 32일 만에 도착하였다. 사람들마다 걷는 속 도나 컨디션에 따라 걸리는 시간이 차이가 있지만, 겨울철 순례길 특징 상 문 을 연 알베르게가 많지 않아 일정이 동일한 경우 꽤 오랫동안 같이 걷게 되 는 일행이 생기게 된다. 물론 처음부터 끝까지 함께 가는 것은 아니지만 스쳐

지나가는 사람들보다 돈독해지게 된다. 순례길 초반에 일행들과 20여일을 함께 하였다. 그 후 남은 기간엔 또 다른 일행들과 만나 산티아고로 향했다.

순례길의 매력은 굉장히 다양한 것들로 채워지지만 그 중의 하나로 원형 그대로를 유지하고 있는 오래된 건축물들이 있다. 수없이 많은 작은 마을과 중간중간에 나오는 대도시들을 지나가면서 항상 있는 것은 성당이었다. 순례길이란 이름에 걸맞게 크고 작은 성당들이 즐비했고 실제로 대도시의 성당은 그 규모나 역사적 유래, 아름다운 건물에 압도당하기도 하였다.

산티아고 대성당은 예수의 12제자 중 한명인 성 야고보의 무덤이 있는 곳으로 순례길의 종착지이다. 산티아고는 초입부터 수많은 사람들이 보였고, 굉장히 큰 도시였다. 도착한 순간 성당의 웅장한 모습에 감탄하는 것도 잠시, 성당 앞 광장에는 순례길의 끝을 즐기는 사람들로 가득했다. 난 아무 생각이 나지 않았다. 머리 속엔 드디어 목적지에 도착했다는 기쁨만이 가득했다. 이날 밤에 일행들과 함께 저녁에 나와 완주를 축하했다. 일정을

야간의 산티아고 대성당

계속 같이 한 일행과 더불어 같은 날 도착한 사람들까지 합류했다. 규모가 큰 바에서 우리는 각자 맥주가 가득 든 잔을 잡고 서로의 도착을 축하했다. 이탈리아, 독일, 체코, 불가리아, 그리고 한국까지 다양한 국적의 사람들이 함께 맥주를 마셨다. 단체가 모여 다같이 마시는 술 중에서는 맥주만한 게 없다. 맥주를 마신 후, 다같이 바에서 나와 대성당의 밤 풍경을 배경으로 산책하였다. 일찍 들어가기가 싫은 즐거운 밤이었다. 마지막 날의 마무리를 함께 한 맥주가 좋은 인상으로 남았다.

산티아고로 가는 순례길이 끝났다고 머리 속의 고민이 해결되진 않았다. 그러나 확실한 것은 자신에 관해 돌아보고 생각할 충분한 시간을 나에게 선물로 줬다는 것이다. 그 뒤로 좋아하고 하고 싶은 일을 하려고 노력할 수 있

었고, 힘든 일이 있을 때 걷고 있는 내 모습을 회상하면서 포기하지 않으려고 했다. 맥주가 좋아 관심을 가지기 시작하여 현재는 비어도슨트가 되었다. 스페인에서의 맥주에 대한 좋은 장면들이 도슨트가 되는데 시작이 되었다는 생각을 하였다.

스페인도 크래프트 비어 산업이 활성화 되어있고 자체 비어행사도 크게 주최할 정도로 시장이 형성되어있다. 그렇지만 가장 많이 팔리는 맥주는 국내와 마찬가지로 페일 라거 스타일의 맥주이다.

　소개한 2가지 맥주도 그렇다. 우리가 흔히 아는 맥주와 비교해서 특별하게 향과 맛이 다르거나, 색이 다르지 않다. 그럼에도 불구하고 내가 순례길에서 느낀 이 맥주에 대한 이미지와 좋은 장점들에 대해서 같이 즐기고 공감할 수 있길 바란다. 현재 국내 유통되는 유명한 스페인 맥주로는 마오우 5스타, 에스트레야 담, 알함브라 등이 있다. 산티아고를 다녀온 사람들에겐 추억을, 스페인을 가보지 않은 사람들에겐 여행의 기대를 맥주와 함께 가져보면 좋겠다.

MAHOU 5STAR
마오우 5스타

브루어리	마오우 브루어리
스타일	페일 라거
알코올	5.5%
외관	밝은 황금색의 투명한 맥주, 풍성한 거품이지만 유지력이 좋지 않다
향미	은은한 곡물 향이 주가 되며, 마실 때의 약한 홉 향이 두드러진다
마우스필	굉장히 드라이하며 가벼운 바디감
푸드페어링	기름진 음식과 잘 어울리며, 신선한 치즈나 과일 및 야채와도 좋은 궁합

#스페인맥주　#페일라거　#100년넘은역사의양조장　#세르베자　#순례길　#799km
#에스트레야　#산티아고대성당

냉장고 속 구원

레페 브라운 : LEFFE BRUNE

최근 한국의 편의점에는 아주 다양한 맥주들이 있다. 과거, 몇 종류밖에 되지 않았던 맥주들이 있던 곳엔 언제부터인가 새롭고 다양한 맥주들로 가득 차있다. 이제 편의점은 맥주들의 천국이 되어버린 것이다. 수시로 드나들었던 나도 한 몫 했다고 자부한다. 편의점에 종종 들려 둘러보다 보면 깜짝 선물처럼 숨겨진 새로운 맥주들을 발견하기도 한다. 그러다 어느 날은 추억이 깃든 반가운 맥주를 만나기도 한다. 오늘도 늦은 저녁 퇴근길 습관처럼 편의점에 들른다. 주류 냉장고를 열고 새로 들어온 맥주가 없나 둘러본다. 편의점에서 만나는 레페 브라운은 참으로 반갑다. '오늘은 너로구나' 캔 하나를 들고 흐뭇하게 집으로 온다. 편한 옷으로 갈아입고 맥주를 꺼내 식탁에 앉는다. '치익~ 탁!' 캔이 열리는 경쾌한 소리를 들으며 맥주를 잔에 천천히 따른다.

다크 브라운 컬러의 맥주는 부드럽고, 섬세한 거품은 풍성하다. 처음부터 확 달려드는 달콤한 캐러멜 아로마는 편안함을 준다. 하루 종일 종종거렸던 나에게 이제 쉬는 시간임을 알려주는 신호탄이다. 입 안에 한 모금 머금으면 구운 맥아에서 오는 초콜릿, 약한 커피 등 곡물의 고소함이 함께 느껴진다. 입 안에서 느껴지는 진중한 무게감과 실키Silky한 부드러움을 느끼다 보면 어느새 기분 좋은 한 모금이 끝이 난다. 이렇게 천천히 맥주를 마시다 보면 맥주와 함께 했던 오래된 기억이 떠오른다.

누구나 그렇겠지만 나의 이십대는 무척이나 서툴렀고 조급했다. 그리고 치열했다. 그 때의 나를 지배하는 단어는 '완벽'이었다. 어느 곳에서든 너무나도 열정적이었고 의욕적이었다. 그리고 필사적이었다. 모든 잘못은 내 탓이고 모든 문제는 내 노력이 부족하기 때문이라 생각했다. 앞만 보았고 뒤 돌아보지 않았다. 내 선택을 믿었고 오류를 자책했다. 타인은 도움이 안 된다고 생각했던 것 같다. 하지만 그렇게 열심히 달리던 나는 어느 지점에서 멈추고 말았다. 그 속에 내가 없었던 것이다. 알맹이가 없는 '나'는 얼마나 위태로운 것 인지, 누군가의 입방아에도 깊은 상처를 입고, 누군가의 눈길에도 타 들어 갔다. 너무나 열심히 달려 나조차 보이지 않던 그때. 나는 사라지고 싶었다. 그리고 여권을 들고 공항에 섰다. 그렇게 유럽으로 떠났다.

어디를 갈 것 인가 망설일 때 문득 떠오르는 분이 있었다. 그 분에게 연락을 했고 그 분은 나를 반갑게 불러 주셨다. 한동안 그 분 가족들과 함께 지냈다. 손수 지어 주신 귀한 밥상도 받고, 곱게 펴주신 이불을 덥고 잠도 잤다. 함께 쇼핑을 하면서 시간도 보냈다. 그 분은 왜냐고 묻지 않았고, 나도 무엇 때문이라고 말하지 않았다. 그냥 따뜻한 밥 한 그릇을 먹고 맥주 한 모금을 꿀꺽 넘겼다. 따라 놓은 한 잔은 너무 가볍지도 너무 무겁지도 않았다. 맥주는 위태로운 나와는 다르게 무게 중심이 잘 잡혀 있었다. 그 분은 맥주 한 잔을 마시며 맥주의 신세계를 알게 되었다며 웃었다. 그러면서 한국에서도 살 수 있는지를 물었다. 맥주를 함께 마시고 음식을 나눠 먹고 이야기하는 사이에 나도 웃을 수 있게 되었다. 나는 그렇게 나았다. 그때의 맥주가 바로 레페 브라운이었다.

레페는 벨기에 에비Abbey 맥주이다. 흔히 수도원 맥주라고 알려져 있는 트라피스트 수도원에서 생산하는 맥주와는 다른 맥주이다. 에비 맥주는 수도원에서 만들던 레시피를 사용해 맥주 회사에서 생산하는 맥주를 말한다.

당연히 수도원은 맥주 회사와 정당한 계약을 맺고 레시피를 전수한다. 벨기에가 고향인 레페는 약 800여 년의 긴 역사와 복잡한 스토리를 가진 맥주이다. 레페 양조의 시작은 1152년 벨기에 노트르담 드 레페 수도원이었다. 레페 맥주는 수도원에서 수도사들이 양조한 맥주지만 수도사들만을 위한 것은 아니었다. 그 당시 유럽에서는 많은 전쟁이 있었고 전염병도 창궐했다. 그로 인해 사람들에게는 깨끗한 물과 식량이 절실하게 필요했다. 이때 수도원은 그들이 양조한 맥주를 주민들과 순례자들에게 제공하였다. 맥주는 오염되지 않고 안전한 음료로써, 쉽게 섭취 가능한 에너지원으로써 아주 훌륭한 역할을 해냈다. 수도원 맥주는 이렇게 많은 사람들에게 큰 도움이 되었다.

그러나 레페의 역사는 순탄하지만은 않았다. 1460년경 대홍수로 인해 수도원과 마을 전체가 큰 수해를 입기도 했고, 또 1466년에는 큰 화재로 마을 전체가 전소되기도 했다. 이런 불행한 사건들로 인해 불가피하게 양조장은 문을 닫아야만 했다. 이후 레페 수도원과 양조장은 재건되었고, 그 후로 300년 이상 맥주를 만들었다. 그러나 양조는 또다시 중단될 수밖에 없었다.

18세기 말 나폴레옹 전쟁과 프랑스 혁명을 거치며 수도원은 재산을 몰수당하고 건물이 파괴되었기 때문이다. 당연히 맥주 양조는 또다시 중단되었다. 그럼에도 불구하고 레페는 사라지지 않았다. 시간은 흘러 1987년 레페 수도원은 벨기에 인터브루와 계약을 맺게 된다. 이때부터 사람들은 노트르담 수도원이 아닌 인터브루 양조장에서 생산하는 레페를 마시게 되었다(현재 인터브루는 AB-InBev에 합병되었다).

우여곡절을 겪으면서 여전히 살아남은 레페는 중세의 생명수로 중세인들을 구원했다. 그리고 우울과 공황의 늪에 빠졌던 어린 날의 나를 구원했고, 오늘날에는 편의점 생명수로 목마른 현대인들을 구원하고 있다. 레페는 나의 20대의 마침표와 같은 맥주였다. 레페는 위태로웠던 그 시간대의 나에게 위안이 되었고, 휴식이자 응원이었다. 지금의 나에게는 추억이고, 그리움이자 따뜻함이다. 사진 한 장 남길 여유가 없었던 그때의 흐렸던 하늘도, 그 집 앞에 피었던 작은 흰 꽃도, 모두 내 기억에만 존재한다. 레페 브라운을 보면 그때의 싸늘했던 날씨와 따뜻했던 한 모금 그리고 조용했던 구원의 시간이 되살아난다.

LEFFE BRUNE
레페 브라운

브루어리	AB-InBev 벨지엄
스타일	두벨, 에비에일
알코올	6.5%
외관	다크 브라운 컬러의 바디와 섬세한 거품
향미	구운 맥아에서 오는 초콜릿, 약한 커피 등 곡물의 고소함
마우스필	진중한 무게감과 실키한 부드러움
푸드페어링	진한 풍미가 배인 부드러운 소고기와 감자 등이 어울리는 굴라쉬 를 추천함. 마시다 남은 레페 브라운이 있다면 한 잔 넣고 걸쭉하게 끓여 파스타에 올려 함께 마시면 좋음

#레페 #에비맥주 #벨기에맥주 #노트르담 #수도원맥주 #퇴근길 #편의점맥주
#냉장고속

PART 2

맥주와 일상

일상에서 맥주를 즐기며 정보도 함께 나누는 이야기

—

#신맛 #가족 #위스키 #취향 #안식처

#예술 #소맥 #상상

맥주도 누군가의 '무엇이' 되고 싶다

깐띠용 괴즈 : CANTILLON GUEUZE

　나는 신맛을 싫어한다. 귤이나 오렌지는 선뜻 손이 가지 않으며 신 김치는 질색이다. 냉면에 식초를 넣거나 연어에 레몬을 뿌리는 것은 나와 먼 이야기다. 이런 나에게 신맛이 도드라지는 맥주는 신성모독과 같다. 어떻게 맥주에서 식초 같은 신맛이 날 수 있단 말인가. 더구나 이런 맥주를 즐기는 사람들이 있다니, 이건 충격과 공포와 다름없다.

　맥주 역사가 수천 년이 넘고 그 스타일도 백여 가지가 되니 신맛 나는 맥주도 당연히 존재한다. 사실 신맛은 맥주의 주인공이었다. 발효 기술이 발달하지 않았던 시절, 신맛을 내는 젖산균은 맥주 발효 곳곳에 관여했다. 그 시작은 인류 문명의 발상지인 메소포타미아다. 지금의 이란, 시리아가 있는 이 지역은 8천 여전만 해도 유프라테스와 티그리스 강이 만나 비옥한 옥토를 생성했고 수렵 생활을 하던 인류는 이 지역에서 농사를 지으며 정착했다.

　이 지역은 강수량이 적어 밀과 보리를 경작하기에 적당했다. 인류는 야생 밀과 보리 씨앗을 심었고 비옥한 옥토는 지금까지 경험하지 못한 놀라운 생산량을 선물했다. 메소포타미아는 이런 농업 생산량을 바탕으로 천문학, 관개시설, 댐, 숫자, 바퀴 그리고 문자가 발명되었고 도시 문명을 이뤘다. 맥주 또한 이런 문명의 산물이다. 다양한 가설이 있지만 밀과 보리로 만들어 먹던 빵과 곡물죽이 우연히 물에 젖게 되었고 이때 우연히 발효가 진행되며 맥주가 탄생했다는 이야기가 유력하다. 인류 최초의 맥주, 메소포타미아 언어로 시카루Sikaru라 불린 이 음료는 신맛이 가득했다. 바로 젖산균 때문이다.

　김치 발효의 주인공이기도 한 이 작은 마법사는 수천 년 동안 맥주 발효의 중심 역할을 했다. 메소포타미아 사람들은 이 맥주를 사랑했다. 시카루의 신맛과 단맛은 몇 잔을 마셔도 지루하지 않게 했고 pH가 낮아 물보다 안전했다. 더구나 2% 정도의 알코올은 마시면 기분도 좋아지게 만들었으니 이를 어찌 사랑하지 않을 수 있었을까. 그들은 식수와 노동주로 맥주를 마셨을 뿐만 아니라 좋아하는 사람들과 함께 왁자지껄 떠들며 이 음료를 즐겼다.

하지만 인류의 기술이 발전하고 맥주도 변화하며 신맛은 더 이상 맥주의 주연에서 멀어진다. 19세기 이후 파스퇴르가 미생물의 존재를 증명한 이후 인간은 점차 맥주 효모를 길들이기 시작한다. 강한 신맛을 내는 젖산균과 이상한 향을 만드는 야생 효모는 배척되고 지금 우리에게 익숙한 맥주 향미를 만드는 효모들이 주인공이 되었다. 현재 맥주에서 발생하는 약간의 신맛은 발효 시 발생하는 미량의 유기산 또는 낮은 pH에 의한 것일 뿐, 젖산균에 의한 경우는 드물다.

그렇다고 해서, 강한 신맛이 나는 맥주가 모두 사라진 것은 아니다. 벨기에 일부 지역에서는 여전히 젖산균과 야생 효모가 주인공인 전통 맥주들이 존재한다. 특히 람빅Lambic은 수천 년 전 메소포타미아 사람들이 즐기던 시카루의 흔적을 품고 있다. 이 맥주에서 인간의 역할은 몰트에서 추출된 당즙, 즉 맥즙Wort을 쿨쉽Coolship이라 불리는 입구가 오픈된 통에 담는 것까지다. 람빅 양조사들은 맥즙을 만들 때 보리 몰트 70%, 밀 30% 정도를 사용하는데, 이 비율은 시카루와 유사하다. 이후 과정은 양조장 곳곳에 붙어있는 미생물이 담당한다. 눈에 보이지 않지만 오랜 시간 양조장에서 살아왔고 적응한 이 작은 친구들은 인간이 만든 맥즙을 먹고 마법을 부리기 시작한다. 젖산균은 오랜 한을 풀 듯 시큼한 산미를 만들고 근처에 있던 야생 효모들은 지금의 맥주에서 느낄 수 없는 꿈꿈하고 찌릿한 향을 뿜어낸다. 마치 수천 년 전 인류와 처음 조우했던 시카루처럼 람빅은 거칠고 날 것의 모습을 갖고 있다.

혀와 목을 짜르르 울리는 신맛은 단순히 '신맛'Sourness이라고 표현하기보다 '시큼한 산미'Tartness라고 하는 편이 나을 게다. 야생 효모가 만드는 향은 맥주에서 한 번도 경험해보지 못한 것들이다. 영어로는 외양간Barn-yard, 말안장Horsey, 땀냄새Sweaty 혹은 이 모든 것을 통칭해 꿈꿈함Funky으로 표현할 수 있는 향을 느낄 수 있다. 또한 젖산균과 야생 효모는 맥주 효모와 달리 모든 당을 섭취할 수 있어 절제된 단맛에 청량하며 깔끔한 마우스필Mouthfeel을 갖고 있다. 쓴맛도 약한데, 이는 홉을 쓴맛이 아닌 잡균 번식을 막기 위한 항균용으로 몇 년을 묵힌 것들을 넣기 때문이다.

신맛을 좋아하지 않는 나는 당연히 람빅에 눈길도 주지 않았다. 야생 효모가 만드는 향도 굉장히 생소했다. 맥주에서 어떻게 이런 향이 나는 건지... 게다가 이 맥주는 가격도 만만치 않다. 쿨쉽에서 진행되는 발효는 한 달 이상 걸리며 숙성 기간도 거의 1년 반이 넘는다. 맥주 한 병이 탄생하는데 거의 2년이 걸리니 비쌀 수밖에. 또한 매번 똑같은 맥주가 나오지 않아 일반적으로 빈티지Vintage도 가지고 있다. 이런 이유로 람빅은 코르크 마개로 출시되며 낮게는 3만 원에서 높게는 수 십만 원에 달하는 가격표를 달고 있다.

나에게 람빅은 맥주 전문가와 소믈리에로서 테크니컬Technical하게 마시는 맥주였다. 기계적으로 테이스팅 노트를 쓰고, 공부하듯 마시는 맥주의 하나일 뿐 즐길 수 있는 맥주는 아니었다. 수많은 람빅을 마셨지만 이 녀석들은 내 테이스팅 노트와 기억에 남겨두기 위한 목적에 불과했다. 하지만 단 하나의 람빅은 예외였다. 7년 전, 우연히 마신 그 람빅은 '맥주신맛불가'가 신조인 내 인생의 기적과 같았다.

깐띠용 괴즈Cantillon Gueuze, 난 이 람빅을 사랑, 아니 애정한다. 이 맥주를 처음 접한 날은 화창한 봄이었다. 나는 지쳐있었고 피폐해있었다. 2016년 나는 서울 상암동에 플라츠Platz라는 펍을 차렸다. 취미가 업이 되는 상황, 누구에게는 꿈과 같은 일을 마흔이 넘어서 저지르고 만 것이다. 그러나 자영업자는 쉽지 않았다. 사람을 상대하고 몸을 쓰며 돈을 버는 일은 익숙하지 않았고 밤낮이 바뀐 생활에서 오는 스트레스에 자괴감이 들었다. 그럴 때 나를 도운 건, 다양한 맥주들이었다. 주로 영업을 끝낸 새벽 2시, 혼자 오롯이 맥주를 마시며 기록했다. 혼자 맥주와 소통하는 시간은 피곤을 푸는 유일한 방법이었다. 하지만 그때도 람빅은 여전히 분석 대상일 뿐, 그 무엇도 아니었다. 그런데 그날은 낮부터 맥주를 꺼냈다. 아마 많이 힘들었을 거고, 무언가 풀 것이 필요했을 테다. 왜 그랬는지 그리고 왜 그 맥주를 꺼냈는지 기억나지 않지만, 내 손에 들려있는 건, 람빅인 깐띠용 괴즈였다.

깐띠용Cantillon은 1900년 폴 깐띠용Paul Cantillon이 벨기에 브뤼셀에 설립한 람빅 양조장이다. 가장 전통적이고 오리지널에 가까운 람빅을 만들어 온 깐띠용은 120여년 동안 양조 장비와 방식을 바꾸지 않았다. 곳곳에는 람빅을 위해 헌신한 미생물들이 숨어있고 이 미생물들은 1900년 이후 지금까지 깐띠용 맥주에 관여하고 있다. 깐띠용의 모든 람빅은 1년 이상 오크통에 숙성되며 서로 다른 오크통의 람빅들과 블랜딩을 거쳐 세상에 나온다. 괴즈Gueuze는 이렇게 블랜딩 된 람빅의 한 카테고리로 18세기 수도사 돔 페리뇽이 여러 화이트 와인을 섞은 샴페인에 착안해 벨기에 람빅 양조사들이 만든 람빅이다.

일반적으로 괴즈Gueuze는 18개월 숙성 람빅과 6개월 숙성 람빅을 블랜딩한 후, 이차 발효Second fermentation를 통해 만들어진다. 이차 발효란 병 안에

당과 효모를 넣어 추가적인 발효를 하는 것으로, 샴페인에서 시작된 공법이다. 람빅을 블랜딩해 괴즈를 만드는 이유는 마시기 쉽게 하기 위해서다. 젖산균과 야생 효모가 만든 람빅은 거칠다. 람빅 양조사들은 서로 다른 람빅을 섞어 이 '거칠음'을 부드럽게 만들고자 했다. 당을 넣어 단맛을 올린 파로Faro같은 람빅도 있고 체리나 라즈베리를 넣은 크릭Kriek이나 프람보아즈Framboise도 있다. 이 중, 괴즈는 오리지널 람빅을 가장 편하게 즐길 수 있는 카테고리로 모든 람빅 양조장의 시그니쳐이기도 하다. 이 맥주들은 빛이 들지 않고 일정한 온도가 유지되는 곳에 보관되면 20년이 지나도 마실 수 있다.

뚜껑 속에 숨어있는 코르크를 열자 야생 효모의 흔적인 쿰쿰한 향이 올라왔다. 시큼한 향과 함께 흐릿한 과일향은 살구였다. 햇살이 쏟아지는 잔에 맥주를 따르자 불투명한 황금색이 가득했다. 입 속으로 밀려드는 깐띠용은 차가웠지만 또렷했다. 강한 신맛과 쿰쿰한 향이 입안을 지배할 거란 예상을 깨고 멋들어진 살구와 자두, 그리고 부드러운 산미가 느껴졌다. 아담과 이브가

먹었던 선악과가 이런 모습이었을까? 이 마법의 음료는 힘없이 처져있던 나를 깨우고 있었다. 청량하고 깔끔한 마우스필은 마치 미네랄과 같았고 적절한 단맛은 신맛과 조화를 이루며 몇 잔이고 마실 수 있는 용기를 불어넣었다. 게다가 5.5% 알코올은 한낮에 즐기기에 적당했다. 가장 싫어하던 맥주가 힐링 맥주가 되다니, 이건 맥주의 힘일까, 깐띠용의 힘일까.

난 여전히 신맛이 강한 맥주를 선호하지 않는다. 그리고 내 맥주 냉장고에는 수많은 사우어 맥주Sour beer들이 잠자고 있다. 대부분은 즐기기 위한 것이 아닌, 기록을 위한 것들이며 아마 테이스팅이 필요한 시기에 내 입안으로 들어올 것이다. 단, 깐띠용 람빅만은 예외. 깐띠용 람빅은 나를 위해 마시는 유일한 람빅이다. 물론 깐띠용이라 할지라도 신맛을 싫어하는 내 입맛을 바꾸지는 못할 게다.

김춘수 시인의 '꽃'에는 '우리들은 모두 무엇이 되고 싶다. 너는 나에게 나는 너에게 잊혀지지 않는 하나의 눈짓이 되고 싶다'라는 구절이 있다. 깐띠

용 괴즈는 신맛을 싫어하는 나에게 이런 말을 하고 싶었던 게 아닐까. 그래서 그 순간 나에게 '무엇이' 되고 싶어 다가온 게 아닐까? 힘들었던 순간, 나에게 다가온 맥주, 바람처럼 깐띠용 괴즈는 힐링 맥주로 나의 곁에 있을 것이다. 마치 8천 년 넘게 맥주가 인류에게 그러했듯이.

CANTILLON GUEUZE
깐띠용 괴즈

브루어리	깐띠용 브루어리
스타일	람빅 괴즈
알코올	5.5%
외관	불투명한 황금색
향미	우아한 살구와 자두 같은 과일향, 야생 효모에서 오는 반야드, 꿈꿈함, 젖산 발효에서 오는 강한 신맛, 옅은 나무향
마우스필	미디움 바디, 미네랄과 같이 청량하고 깔끔한 느낌
푸드페어링	연성 피막 치즈, 과일 치즈, 건살구

#람빅 #야생발효 #최초의맥주 #벨기에 #야생효모 #젖산균 #신맛 #괴즈 #깐띠용
#쿨쉽 #자연발효 #자연발효맥주 #메소포타미아 #시카루

그 여행의 색은 루비였다

풀러스 런던 프라이드 : FULLER'S LONDON PRIDE

아들의 두 눈이 동그랗게 커졌다. "이게 3만 원이야?" 아내와 나는 조용히 고개를 끄덕였다.

아침 10시 런던 버킹검 궁에서 멀지 않은 '풀러스 에일&파이'Fuller's ale&pie 에서 주문한 '잉글리시 브랙퍼스트English breakfast'는 20파운드짜리 만찬이라 기에는 한숨 나오는 비주얼이었다. 하지만 이런 불만도 잠시, 이내 아내와 아 들은 '잉글리시 브랙퍼스트' 사진을 찍느라 바빴다. 원래 여행에서 가격은 경 험이라는 미명 아래 관대해지기 마련이다. 아직 크리스마스 조명이 남아있 는 런던의 펍, 영국 아침 식사에 호들갑 떠는 둘을 바라보며 나는 조용히 런 던 프라이드 캐스크 에일London Pride Cask Ale을 주문했다.

코로나가 닥치기 바로 전인 2019년 12월 말. 6개월 전만 해도 가족 유럽 여행 을 가는 건 꿈만 같은 일이었다. 엘리트 중학교 축구 선수였던 아들은 방학마 다 전지훈련과 대회에 참가했고 우리 부부도 아들을 따라 영덕, 울진, 남원 등 전국을 쏘다니기 바빴다. 하지만 전국 대회 우승을 한 2019년 여름, 아들은 더 이상 축구 선수를 하지 않겠노라고 말했다. 초등학교 5학년부터 축구 선수를 자신의 꿈으로 믿던 아이는 우승 트로피와 함께 다른 미래를 선택한 것이다.

허탈감과 불안감에 휩싸인 가족을 이끈 건 아내였다. 아내는 아이가 축구 를 그만두자, 유럽행 비행기 티켓을 끊었다. 지금까지 아이를 위해 모든 것을 희생하고 뒷바라지하느라 누구보다 힘들었을 아내는 오히려 절망의 순간을 희망의 시간으로 바꾸고자 안간힘을 쓰고 있었다. 엄마만이 보여줄 수 있는 담대함이 위대할 수밖에 없는 이유이리라.

계획이 서자, 2020년 새해를 런던에서 보내기 위한 움직임이 시작됐다. 프리미어리그 직접 관전하기, 빨강 이층 버스 타기, 드라마 셜록의 집 방문하기, 대영 박물관과 내셔널 갤러리 관람하기 그리고 피시 앤 칩스 먹어보기와 같은 구체적인 목표 아래, 아내는 비행기 표와 숙소를, 나는 축구장 티켓과 레스토랑을 예약했다. 우리 가족에게 이번 영국 여행은 축구라는 오랜 잠에서 깨어나기 위한 기지개였고, 묵은 먼지를 하루라도 빨리 털고자 하는 몸부림이었다.

코로나가 오기 전 12월 런던은 화려하고 북적였다. 미리 세운 계획을 실현한 우리는 악명 높은 영국 음식 앞에서도 두려움이 없었다. 부실한 감자튀김 위에 놓인 피시&칩스Fish&Chips는 기름에 절어있었고 에그 베네딕트Egg benedict는 허접하기 그지없었으며 삶다 만 야채와 마른 메쉬드 포테이토Mashed potato를 곁들인 고기 파이는 느끼했지만 여행의 허기로 충분히 극복할 수 있었다. 하지만 이 모든 것을 잊게 만든 최악의 시련이 있었으니, 바로 잉글리시 브랙퍼스트였다.

20파운드, 우리 돈 3만 원에 육박하는 '풀러스 에일&파이' 잉글리시 브랙퍼스트는 그 자체로 재앙이었다. 토스트 한 조각, 말라비틀어진 에그 스크램

블, 작은 햄과 베이컨, 통조림 레드 빈과 검게 그을린 버섯 그리고 눅눅한 블랙 푸딩이 과연 아침 식사로 적합한지 의문이 들 정도였다. 아들의 당황한 눈과 나의 불만 섞인 표정으로 순간 정적이 흘렀지만 이것도 여행의 일부라는 아내의 말에 조용히 포크와 나이프를 들었다.

사실 고백건대, 나는 이런 영국 식사가 처음이 아니었다. 런던의 부실한 아침 식사는 이미 몇 번 경험했다. 그럼에도 불구하고 내가 풀러스 에일&파이를 고른 이유는 허접한 잉글리시 브랙퍼스트가 아닌 맥주였다. 구름 낀 영국 아침, 펍에서 마시는 런던 프라이드. 이건 나 같은 맥주 환자가 원하는 최고의 로망 중 하나다.

아침 10시였지만 나는 당당하게 런던 프라이드 1 파인트(약 473ml)를 주문했다. 한국 같으면 상상도 못 할 모닝 맥주지만, 여기서는 자유롭다. 평소 같으면 잔소리가 폭발할 텐데, 런던은 아내의 마음도 여유롭게 만든 것일까? 못 본 척하는 아내와 못마땅한 아들의 눈빛을 뒤로하고 거품 없는 런던 프라이드 캐스크 에일을 손에 들었다.

런던 프라이드는 이름 그대로 런던의 자존심인 맥주다. 1845년 런던 템즈강 근처 올드 치스윅Old Chiswick에 세워진 풀러스 브루어리Fuller's Brewery가 만드는 이 맥주는 잉글리시 페일에일English Pale Ale의 대명사와 같다. 잉글리시 페일에일은 17세기 런던을 중심으로 만들어진 스타일로 당시 유행하던 검정색 맥주인 포터Porter보다 밝은 색을 띤 것에서 스타일이 유래했다.

맥주 색이 밝아진다는 건, 밝은 색 몰트를 사용한다는 의미였다. 몰트란 싹이 난 보리를 건조시킨 것으로 맥주를 만들기 위해서 필요한 재료다. 산업혁명 이전까지만 해도 인류는 다양한 몰트를 만드는 기술이 부족했다. 밝은 색 몰트를 위해서는 적정한 온도로 건조시켜야 하고 까만 색 몰트를 위해서는 보리가 타지 않을 정도로 구워야 하는데 나무는 불의 세기를 세밀하고 일정하게 조절할 수 있는 재료가 아니었다. 그래서 산업혁명 이전 대부분의 몰트는 어정쩡한 어두운 색을 띠었고 맥주의 색도 짙은 갈색이었다.

그러나 산업혁명을 거치며 나무 대신 사용한 석탄은 섬세하고 일정한 온도 조절을 가능하게 했다. 이전보다 밝은 몰트가 만들어졌고 런던의 양조사들은 이를 사용해 맥주를 만들었다. 수천년 동안 거무튀튀하던 맥주가 밝은 색을 갖게 된 것이다. 사람들은 밝은 색 맥주에 환호했고 색은 맥주의 중요한 부분이 되었다. 하지만 페일Pale이라는 이름이 붙었다고 지금처럼 맥주의 색이 황금빛은 아니었다. 여기서 페일, 즉 창백하다는 뜻은 당시 검정색 맥주인 포터에 비해 밝다는 의미일 뿐, 이 맥주는 구릿빛과 같은 앰버Amber 또는 갈색을 지닌다.

색과 더불어 잉글리시 페일 에일의 가장 큰 매력은 바로 영국 에일 효모가 만드는 과일 에스테르Fruity-ester다. 약간 비릿한 과일 껍질과 건자두와 비슷한 이 독특한 향은 영국 맥주의 정체성이다. 은근하지만 섬세하게 올라오는 이 향은 한때 세계를 호령했던 이 맥주의 태생과 근원을 명확하게 전달한다. 영국 노블홉Noble Hop에서 따라 나오는 꽃과 풀향은 고귀함을 보여주며 낮은 탄산과 가벼운 바디감은 좋은 음용성을 선사한다. 알코올은 4~5%지만 음용 온도는 라거보다 높은 섭씨 10도 정도가 적당하다.

풀러스 런던 프라이드도 아름다운 구릿빛을 가지고 있다. 4.2%의 알코올, 섬세한 과일 에스테르와 건자두 향, 뒤에 올라오는 옅은 건초 향과 적절한 쓴맛은 잉글리시 페일에일의 매력이다. 게다가 낮은 단맛과 드라이한 바디감을 가지고 있어 누구나 마시기 쉽다. 아마 이 맥주 스타일을 처음 접하는 한국 사람들은 십중팔구 밍밍하다는 느낌을 받을 테다. 라거에 비해 탄산은 낮고 시음 온도는 상대적으로 높아 익숙지 않은 면이 있을 수도 있다. 그러나 이런 점이 또 잉글리시 페일에일의 매력이다. 마치 밍밍함이 치명적 매력인 평양냉면과 비슷하다고 할까?

더군다나 한국이 아닌, 영국 펍에서 마시는 런던 프라이드에는 결정적인 차이점이 있다. 바로 리얼 에일Real Ale이라는 것. 리얼 에일은 캐스크Cask라는 통에서 이차 발효와 숙성을 하는 영국 전통 에일이다. 캐스크 에일이라고도 불리는 이 맥주는 양조장에서 발효가 종료되면 바로 펍으로 보내 추가적인 발효 또는 숙성을 진행한 후 서빙된다.

리얼 에일은 한 때 라거에 밀려 사라질 위기를 겪었다. 멸종 직전의 리얼 에일을 되살린 건 1971년 결성된 캄라CAMRA; Campaign for Real Ale였다. 이 조직은 라거에 두드려 맞고 뒷골목에 찌그러져 있는 영국 맥주를 살리기 위해

다양한 활동을 진행했다. 심지어 '영국 전통 방법을 따르지 않는 맥주를 맥주로 규정하지 않는다'라는 극단적인 방법까지 사용하며 영국 전통 맥주의 부활을 진두지휘했고 정부와 시민들의 지지 아래 리얼 에일을 영국 문화의 하나로 안착시켰다.

리얼 에일은 탄산의 압력이 아닌, 전통적인 핸드 펌프를 통해 서빙된다. 샴푸를 펌핑하듯이 캐스크에 펌프질을 하면 공기 압력이 맥주를 밀어내는 방식이다. 이 과정에서 맥주와 산소가 만나는데, 이는 산화라는 결정적인 결함을 발생시킨다. 그래서 오픈하면 48시간 안에 소진되어야 하며 품질을 관리하는 전문가가 필요하다. 캄라는 이 까다로운 관리를 위해 캐스크 마크Cask Marque를 만들었고 이 인증을 받은 펍에서만 리얼 에일을 판매하도록 했다. 버킹검 궁에서 멀지 않은 '풀러스 에일&파이'는 바로 런던 프라이드 리얼 에일을 즐길 수 있는, 캐스크 마크를 받은 곳이었다.

산업혁명 이후, 해가지지 않는 나라로 세계를 지배했던 영국은 맥주 역시 약 200여 년 간 위세를 떨쳤다. 20세기 이후 미국의 부상과 라거의 성장으로 영국 맥주는 지금 박물관 구석에 있는 박제 취급을 받고 있지만 우리는 여전히 영국 펍에서 런던 프라이드를 들고 있는 모습을 상상한다. 이때 마시는 영국 에일은 맥주가 아니라 정체성을 마시는 것과 같다.

영국 에일 옆, '피시&칩스'는 또 다른 로망이다, 누가 봐도 구릿빛 런던 프라이드와 노란 '피시&칩스'는 깐부다. 가볍고 드라이한 바디감과 중간 정도의 쓴맛은 '피시&칩스'의 느끼함을 씻어주고 갈증을 달래준다. 물론 '피시&칩스'가 없다 해도 너무 고민할 필요 없다. 체다 치즈나 꽁떼 치즈는 최고의 궁합이니까.

런던 프라이드 한 모금에 치즈 한 조각은 고소한 견과류와 풍부한 우유 풍미를 만든다. 이런 조합이 생경하면 향이 강하지 않은 기름진 음식, 예를 들어 감자튀김이나 생선전도 좋다. 또한 단맛이 없고 곡물향이 있는 빵도 새로운 즐거움을 얻을 수 있는 조합이다. 점심 식사로 곡물빵 샌드위치와 런던 프라이드 한 잔이면 한번도 경험하지 못한 최고의 만찬을 즐길 수 있을 테다.

2019년 12월 마지막 날 런던의 아침, 런던 프라이드는 맛있었다. 어느덧 잉글리시 브랙퍼스트에 대한 불만은 이미 사라진 지 오래였고, 우리는 런던에서 맞을 새해와 다음 날 맨체스터에서 볼 축구 경기로 들떠있었다. 일체유심조라 했던가? 아무리 악명 높은 음식도 사랑하는 사람과 행복한 마음만 있다면 어찌 안 좋을 수 있겠는가.

런던 프라이드는 나에게 가족과의 행복한 순간을 떠올리게 한다. 영국 여행 내내 마신 그 수많은 영국 에일들은 머릿속 기억이 아닌 가슴속 추억으로 남아있다. 잔에든 런던 프라이드를 가만히 바라보면, 아내의 웃음과 아들의 희망 그리고 나의 행복이 보인다. 코로나가 끝난 지금, 우리는 다시 그 곳에서 새로운 추억을 만들 꿈을 꾸고 있다. 주마등처럼 지나가는 그날의 그림은 런던 프라이드 속 아름다운 루비 색이다.

FULLER'S LONDON PRIDE
풀러스 런던 프라이드

브루어리	풀러스 브루어리
스타일	잉글리시 페일에일
알코올	4.2%
외관	구리빛이 감도는 앰버
향미	섬세한 과일 에스테르향과 건자두, 견과류와 흐릿한 풀향
마우스필	라이트 미디움 바디, 가볍고 깔끔한 질감
푸드페어링	피시앤칩스, 체다치즈, 견과류

#영국 #코로나 #잉글리시페일에일 #런던프라이드 #비터 #캐스크에일 #리얼에일
#런던 #유럽여행 #펍 #피시앤칩스 #영국음식 #영국요리 #가족 #가족여행식

황제의 맥주, 버번위스키를 품다

구스 아일랜드 버번 카운티 스타우트 : GOOSE ISLAND BOURBON COUNTY STOUT

마르슬랭은 얼굴이 빨개진다. 특별히 아프지도, 불편한 것도 없지만 단지 얼굴이 빨개진다는 이유로 이 아이는 늘 혼자다. 하지만 이 아이는 슬프지 않다. 그냥 얼굴이 왜 빨개지는지 궁금할 뿐이다. 장 자끄 상뻬의 '얼굴 빨개지는 아이'는 의지와 상관없이 얼굴이 빨개지는 마르슬랭이 시도 때도 없이 재채기를 하는 르네와 만나 서로의 다름을 공감하며 아름다운 우정을 나누는 동화다. 아무 정보 없이 서점에서 제목만 보고 이 책을 집은 건, 아마 마르슬랭에서 나를 보았기 때문일 게다.

소주 한 잔에 얼굴이 빨개지는 나. 술자리에서 남들보다 유난히 빨개지는 것을 알게 된 후, 불타는 고구마로 변하는 얼굴과 숙취로 괴로워하는 몸뚱이는 적잖은 콤플렉스였다. 술을 안 마시면 된다는 아주 단순한 해답은 '그럼에도 너는 술을 좋아하잖아'라는 자조적인 답변과 함께 오답이 되어 돌아왔다. 적은 알코올 분해 효소를 물려주신 조상님이 원망스러운 건, 아마 이때가 처음이리라.

얼굴 빨개지는 내가 술을 좋아하게 된 건, 아이러니하게도 위스키 때문이었다. 알코올만 느껴지는 25도짜리 희석식 소주와 맹물 같은 한국 맥주와 달리 위스키는 그 불같은 느낌 속에 다채롭게 피어 나오는 향이 있었다. 그 향들은 때론 부드럽게 혀와 코를 간지럽혔고 가끔은 진득하고 우아하게 입 안 전체를 물들였다. 바닐라, 나무, 꿀, 견과류, 건자두, 자극적인 향신료 향들로 인해 술도 아름다울 수 있었다. 나에게 그건 즐기며 향유할 수 있는 '미지의 무언가' 였다.

위스키를 함께 마셨던 사람들은 중학교 때부터 친구였던 녀석들이었다. 소주와 맥주를 너무 오랜 시간 마셨던 탓인가, 언젠가부터 우리는 수유역 근처 '연'이라는 바에 모여 고급진 위스키를 먹을 궁리를 했다. 손에 돈이 생기는 날이면 어김없이 'n분의 1' 마법을 동원하며 위스키를 탐했다. 그러나 이리저리 머리를 굴려도 해답은 값싼 버번위스키였다.

미국의 버번위스키Bourbon Whiskey는 유럽의 스카치위스키Scotch Whiskey보다 상대적으로 저렴했다. 가끔 아르바이트비를 받는 날이면 그 이름도 거룩한 밸런타인Ballantine's 12년의 성은을 입었지만 대부분 마초적이고 직선적인, 그러나 우리의 주머니를 부끄럽지 않게 하는 버번을 마셨다. 특히 와일드 터키 101Wild Turkey 101이나 짐빔Jim Beam, 메이커스 마크Maker's Mark는 빈자를 위한 축복이었다. 그 시절 버번위스키는 얼굴 빨개지는 내가 술의 매력을 깨닫게 한 각성의 순간이며 20년 전 젊던, 그 시절의 향수다. 구스 아일랜드Goose Island 맥주인 버번 카운티Bourbon County를 마셨을 때 수년간 잠자던 이런 기억들이 깨어났다. 14도의 알코올을 가지고 있는 이 까만 맥주는 잊고 있던 그 시절을 선명하게 했다.

버번 카운티, 이 맥주는 시카고에 있는 구스아일랜드의 역작이다. 2014년 이 맥주를 만났을 때, 본능적으로 버번위스키를 떠올렸다. 하지만 당시만 해도 맥주와 위스키가 만나는 모습은 나의 짧은 경험으로 상상할 수 없었고 구스 아일랜드라는 브루어리는 영국 맥주 스타일을 베이스로 한 마시기 편한 IPA나 스타우트, 밀맥주를 만드는 곳이라고 생각했다. 구스 아일랜드에서 이런 파격적인 스타일을 만든다고? 그러나 나의 이런 어리석은 질문과 달리, 이 브루어리는 1992년에 이 놀라운 매직을 시작하고 있었다.

구스아일랜드는 미국 시카고에서 시작한 2세대 크래프트 브루어리다. 창업자인 존과 그레그 홀은 영국 맥주를 재해석한 크래프트 맥주를 만들기로 결심하고 1988년 시카고 링컨 파크 근처에서 브루펍Brew Pub을 시작한다. 시카고 강에 있는 인공섬인 구스 아일랜드의 이름을 붙인 이 브루펍은 매니아가 아닌 블루 컬러 노동자를 위한 맥주를 만들었다. 구스IPA, 홍커스, 구스312 등은 누구나 편하게 즐길 수 있는 대표작들이었다.

이렇게 일상 속에서 편하게 마시는 크래프트 맥주를 만드는 구스 아일랜드가 버번위스키를 담았던 오크 배럴에 맥주를 숙성시킨 건 도전이었다. 일반적으로 버번위스키를 숙성시킨 배럴은 폐기된다. 1992년 이들은 버번위스키 메이커 짐빔에서 받은 배럴에 맥주를 넣는 우연한 실험을 했고 이내 새로운 가능성을 알게 된다. 그리고 1995년 마침내 기존에 볼 수 없었던 맥주와 위스키의 놀라운 조합을 선보이며 '버번 카운티'Bourbon County라는 맥주를 선보였다. 곧 이 맥주는 혁신을 되었고 버번 배럴 숙성 맥주라는 새로운 장르를 만들었다.

버번위스키를 담았던 오크 베럴에 맥주를 숙성하는 이유는 단순하다. 맥주가 나무 배럴 켜켜이 남아있는 버번의 향과 알코올을 만나 화학적 결합을 만들어 내는 것. 이는 인간이 의도하지 못한 미지의 향과 맛의 세계를 창조하는 것과 같다. 맥주에 비해 많은 알코올과 향을 머금고 있기에 배럴에서 숙성되는 맥주 또한 강해야 한다. 그래서 선택된 맥주가 바로 임페리얼 스타우트Imperial Stout다.

　임페리얼 스타우트는 알코올 도수가 8%가 넘는, 검정색 에일 맥주인 스타우트를 의미한다. 이 맥주는 17세기 영국에서 러시아 황실로 수출한 에서 유래한다. 러시아 황제들에게 보내는 스타우트는 진하고 강했다. 그 시작은 러시아 표트르 대제였다. 그는 산업혁명을 배우기 위해 영국에 머무를 때, 맥주에 대한 매력을 알게 되었고 알코올이 높은 보드카보다 맥주 양조와 음용을 장려하기로 결심했다. 러시아로 들어온 영국 맥주는 예카테리나 2세 시대에 전성기를 맞게 된다. 이들은 보드카의 민족답게 높은 알코올을 선호했고 러시아로 가는 험난한 여정에서 살아남기 위해서라도 높은 알코올은 필수였다. 알코올은 긴 여정에서 발생할 수 있는 오염과 부패로부터 맥주를 보호했다. 점차 이 스타우트는 앞에 러시아 황제를 뜻하는 '러시안 임페리얼Russian Imperial'이라는 별칭이 붙었고 이후, 영국 맥주 시장에서 알코올 도수가 높다는 의미를 갖게 되었다.

　임페리얼 스타우트를 비롯한 몇몇 알코올 도수가 높은 맥주 스타일만이 배럴 속에 남아있는 버번위스키 잔당들과 맞짱 뜰 수 있다. 보통의 스타우트보다 훨씬 진한 단맛과 쓴맛을 장착하고 눅진한 다크 초콜릿 향을 머금은 임페

리얼 스타우트는 배럴 속에서 때론 투쟁하고 때론 수용하며 진화한다. 버번 카운티의 모주는 많은 양의 몰트를 사용할 뿐만 아니라 4시간 동안의 끓임 과정을 거쳐 그 어떤 임페리얼 스타우트 보다 진하다. 이후 맥주는 8~14개월 동안 배럴 속 버번위스키를 만나 더 많은 알코올을 품게 되며 바닐라와 오크 향도 머금는다. 이때 인간이 할 수 있는 일은 기다림뿐이다.

구스아일랜드는 최초의 버번 배럴 숙성 임페리얼 스타우트를 성공한 후, 그 이름에 버번 카운티를 붙였다. 버번 카운티는 미국 켄터키 주에 있는 도시로 버번위스키의 고향이다. 버번위스키가 되기 위해서는 세가지 조건이 필요한데, 미국 옥수수를 51% 이상 사용해야 하며 반드시 아메리칸 오크나무를 이용한 새 배럴에 숙성하고 마지막으로 미국에서 만들어져야 한다. 재료와 조건에서 보듯이 버번위스키는 미국의 자부심이다. 구스아일랜드 최초의 배럴 숙성 맥주에 버번 카운티를 네이밍하여 헌정한 것은 미국적 자존심의 발로가 아닐까. 유럽 맥주를 사랑하던 나 또한 2014년 버번 카운티를 처음 마셨을 때 새로운 아름다움에 눈을 떴다.

고혹적인 흑색, 빛이 적절히 분산되는 투명도는 암흑의 우주 그 자체다. 진득한 다크 초콜릿과 섬세한 검은 과일의 향 그리고 중간부터 이어지는 구운 견과류, 쿠키 같은 향은 입 안 구석구석을 물들인다. 이런 진한 몰트향은 맥즙을 4시간 이상 끓이며 나온 결과물이다. 이윽고 우아한 바닐라와 오크향, 그리고 직선적이고 강건한 버번위스키 향이 밀려온다. 버번위스키의 숨결을 만난 임페리얼 스타우트가 만들어내는 마법이다. 게다가 위스키의 알코올이 더해진 14%의 뜨거운 알코올은 불편하지 않고, 오히려 이 모든 향들을 온몸 곳곳으로 퍼뜨리고 있었다.

맥주의 쓴맛을 표현하는 IBU는 무려 60이 넘는다. 보통 40이면 미뢰를 꽤 자극할 정도로 높은 쓴맛인데, 60이니 혀를 짜르르 울릴 정도로 쓰다. 그러나 묵직한 단맛이 이런 쓴맛의 날카로움을 다듬어 이내 균형을 맞춘다. 입 안을 꽉 채우며 비단과 같이 흐르니 한 모금씩 머금고 그 아름다움을 누리기에 충분하다. 어차피 버번 카운티는 벌컥벌컥 마시는 맥주가 아닌, 온도에 따라 변하는 향의 다채로움을 천천히 즐기는 맥주가 아닌가.

버번 카운티는 높은 알코올과 진한 다크 초콜릿 풍미가 있기에 디저트용 맥주로 마시기에 좋다. 하지만 맥주와 함께 하는 음식은 우리의 행복 지수를

몇 배 올리곤 한다. 생 다크 초콜릿은 반박할 수 없는 최상의 조합이며 치즈 함량이 높은 케이크와 진한 브라우니도 우리를 행복하게 한다. 블루치즈는 생경하지만 다채로운 즐거움을 선사한다. 짠맛은 단맛과, 펑키함은 초콜릿, 바닐라, 오크 그리고 알코올과 만나 부드럽게 변한다. 버번 카운티와 블루치즈의 만남은 가장 독특하고 훌륭한 경험이라고 단언할 수 있다. 평범한 맥주에서 경험할 수 없는 낯선 놀라움을 잠시만 견뎌보자. 인내 뒤에는 고통을 견딘 이들만 즐길 수 있는 새로운 세계가 펼쳐질 테니.

매년 조금씩 달라지는 숙성의 결과로 인해 이 맥주는 와인과 같은 빈티지를 갖는다. 가격은 어떤 맥주보다 사악하나, 버번 카운티의 아름다움에 마음을 뺏긴 후, 난 매 해 빈티지를 수집하고 있다. 전문가로서 수백 종의 맥주를 테이스팅하고 프로 양조사로서 맥주를 만들고 있지만 여전히 버번 카운티는 특별하다. 소주 한잔에도 얼굴이 빨개지는 내가 맥주의 길을 걷는 인생의 아이러니, 그리고 맥주와 위스키가 만드는 예측 불가능함이 서로 닮은 구석이 많기 때문 아닐까? 맥주가 선사하는 다양한 이야기와 불확실성은 그래서 흥미롭다. 꼭 우리 인생처럼.

GOOSE ISLAND BOURBON COUNTY STOUT
구스 아일랜드 버번 카운티 스타우트

브루어리	구스 아일랜드
스타일	버번 배럴 에이지드 임페리얼 스타우트
알코올	14%
외관	우주와 같이 진한 흑색
향미	눅진하고 깊은 다크 초콜렛, 바닐라, 오크, 진한 단맛과 높은 쓴맛, 섬세한 알코올 향
마우스필	무겁고 입안을 가득 채우는 바디감, 실크와 크림같은 부드러움
푸드페어링	생 다크초콜렛, 블루치즈, 건자두

#위스키 #버번 #임페리얼스타우트 #배럴에이지드맥주 #배럴 #숙성 #미국
#크래프트맥주 #오크통 #오크배럴 #높은알코올 #빈티지 #빈티지맥주

라면엔 청따오, 그녀만의 비밀 레시피

칭따오 : TSINGTAO

그녀가 첫 애정을 준 맥주는 하이트 맥스였다. 깔끔하지만 밍밍하지 않은 끝 맛이 다른 맥주와 다르다나. '맥주 탐욕자'인 나를 남편으로 둔 덕분에 다양하고 고급진 맥주를 마실 수 있음에도 그녀는 330ml 용량의 맥스를 좋아했다.

우리 집에는 4개의 맥주 보관소가 있다. 특별히 정하지는 않았지만 각각의 공간은 나름의 목적을 갖고 있다. 우선, 냉장고 음료 칸은 차가운 맥주들을 위한 공간이다. 주로 마트에서 구입한 4캔 만원 맥주들이 이 곳에 있으며 대부분 2~3일 내에 사라질 운명을 갖고 있다. 뒷 베란다는 박스로 구매된 맥주들이 쉬고 있는 장소다. 보통 12~24캔으로 포장되었거나 보틀숍Bottle Shop에서 낱개로 박스에 담겨 온 맥주들이다. 거실에 있는 소형 냉장고는 나의 전용 맥주 보관소로 시원한 상태에서 장기 보관해야 하는 맥주들의 안식처다. 2012년부터 10년 째 잠자고 있는 사우어 에일Sour Ale부터 적어도 3~4년 정도 숙성된 값비싼 람빅Lambic들이 여기에 있다.

마지막으로 거실 선반은 고도수 알코올 가진 깜장 맥주들의 휴식처다. 대부분 10% 이상의 알코올 가진 임페리얼 스타우트Imperial Stout, 올드 에일Old ale, 쿼드루펠Quadrupel 따위가 잠자고 있다. 매일 선반 위를 보며 오늘은 기필코 마시리라 결심하지만 결국 오픈을 못하는 신기루와 같은 맥주들이다. 만약 그녀가 나처럼 맥주 탐욕자였다면 이 맥주들은 조용히 사라졌을 지도 모른다. 그리고 나의 맥주 엥겔지수는 지금보다 몇 배는 높아졌겠지. 하지만 불행 중 다행히 그녀는 언제나 대중 라거를 고집했다. 한 병에 몇 만원짜리 맥주부터 한정판까지 여러 맥주를 권해보고, 때로는 억지로 마셔보게 했지만, 돌아오는 답은 '나한테 안 맞아'였다.

마트에서 흔한 라거 맥주를 살 때도 우리는 패턴과 취향이 다르다. 나는 칼스버그, 필스너 우르켈, 슈파텐, 하이네켄 같이 서로 다른 맥주로 4캔을 채우는 반면 그녀는 같은 맥주를 낱개로 샀다. 그렇지 않으면 6캔이 한 팩으로 되어 있는 맥스를 선호했다. 그런데 언제부터일까 그녀의 손에 맥스가 아닌 초록색 맥주가 보이기 시작했다. '무슨 맥주지?' 그녀의 이런 변화는 맥주 전문가인 나의 궁금증을 자극했다.

　　칭따오였다. 아니 필스너 우르켈, 칼스버그, 하이네켄 같은 기라성 같은 유럽 맥주가 아닌 중국 맥주 칭따오라고? 사실 나는 대중 라거를 마실 때 큰 고민을 하지 않는다. 깔끔하고 청량한 라거는 호불호를 가리지 않고 즐길 수 있는 맥주라고 생각하기 때문이다. 하지만 그녀는 나와 달리 자신만의 기준이 있는 게 분명했다. 맥스를 대체할 수 있는 라거가 도처에 깔려 있음에도 왜 칭따오를 선택한 것일까? 어느 날 저녁 칭따오를 마시고 있는 그녀에게 그 이유를 물었다.

"칭따오는 마시기 편하면서도 밍밍하지 않고 끝에 살짝 씁쓸한 맛이 있어. 다른 맥주 보다 더 맛있네."

아니 이건 전문가 뺨치는 소견 아닌가. 그녀의 대답을 듣자 난 다른 맥주에 대한 의견도 궁금했다. 우선 칼스버그는 너무 밍밍하고 특징이 없다고 했다. 마시기 편하지만 딱히 좋지도 않단다. 필스너 우르켈은 어떨까? 너무 진한 맛이 부담스럽단다. 너무 쓴맛이 강해 그냥 마시기도 음식과 함께 먹기도 어울리지 않는다고 했다. 그럼 기네스의 홉하우스 13은? 이 맥주가 그나마 칭따오와 비등한 수준이란다. 적절한 쓴맛과 뭔지는 모르나, 뒤에 올라오는 향이 전체적으로 어울린다고 했다. 그럼 카스와 하이트는? 그녀는 망설임 없이 차라리 탄산수를 마시겠노라고 일갈했다.

술에 큰 관심 없는 그녀가 자신이 마시는 맥주에 관해서는 확고한 기준을 갖고 있는 모습을 보니 웃음이 났다. 맥주라는 술이 이래서 다양할 수밖에 없구나. 그러고 보니 한국이 중국에 비해 유일하게 고개를 못 드는 분야가 바로 맥주다. 칭따오는 중국 맥주지만 누구도 함부로 중국산이라 치부하지 못한다.

칭따오가 그런 자격을 갖는 데에는 중국을 식민지로 만들려고 했던 독일의 흔적이 숨어있다. 독일은 19세기 후반 빌헬름 1세와 비스마르크의 강력하고 철저한 계획 하에 통일을 한다. 비스마르크는 다른 유럽 열강들과 달리 식민지 확장을 포기하고 독일 제국을 위해 내부적 역량을 집중하는 정책을 썼다. 그는 식민지 경쟁으로 다른 열강의 심기를 건드리지 않는 것이 독일 제국 안정에 중요하다고 생각했다. 그러나 빌헬름 1세가 죽고 독일 제국이 안정되자 빌헬름 2세는 비스마르크를 해임하고 식민지 정책에 열을 올리기 시작했다. 독일의 선택은 중국 산둥반도 칭따오였다. 아니나 다를까 1903년 독일인들은 조계지인 그곳에 맥주 양조장을 계획했고 풍부한 유량과 좋은 수질의 광천수를 가지고 있는 라오산을 낙점했다.

이렇게 20세기 초 독일에 의해 양조된 중국의 첫 맥주가 바로 칭따오다. 초기 칭따오는 독일 맥주 순수령에 따라 물, 홉, 몰트, 효모를 재료로 한 라거를 만들었으나 독일의 식민지 정책이 실패하고 중국으로 주인이 바뀌면서 아시아 재료와 음식에 맞는, 쌀 전분을 사용한 라거를 양조했다. 여기서 중요한 건 칭따오가 100년이 넘는 역사의 우여곡절 속에서도 자신의 정체성과 혜리

　맥주 한 잔 할까요?

티지Heritage를 잃지 않았다는 것이다. 마치 오랜 유럽 맥주처럼 자신의 이름을 건 맥주를 백 년 넘게 이어온 것은 분명 한국 맥주 브랜드가 갖지 못한 부분이다. 중국 맥주지만 전 세계에서 인정한 맥주로 성장한 건 아마 신뢰 때문이리라. 그리고 그 결과, 지금은 누구도 부정할 수 없는 명실상부한 아시아 대표 맥주가 되었다.

다양한 칭따오 맥주가 있지만 아내가 좋아하는 스타일은 초록색 라벨을 가진 아메리칸 어드정트 라거American Adjunct Lager다. 아메리칸 어드정트 라거는 쌀이나 옥수수 전분이 부가물로 첨가된 밝은 색 라거 맥주를 의미한다. 알코올은 4% 정도이며 쓴맛은 낮고 부가물로 인한 매우 가벼운 바디감을 갖고 있다. 이 스타일은 19세기 미국으로 넘어간 독일 이민자와 그곳의 풍부한 옥수수가 만나 시작되었다. 그리고 세계 대전 이후 미국이 강국으로 부상하자 영향력을 확대했다. 리바이스, 코카콜라, 맥도날드 같은 미국 브랜드들이 60년대 이후 가장 힙한 문화로 전 세계로 퍼질 때, 버드와이져와 밀러 같은 아메리칸 어드정트 라거도 현대 맥주의 대명사로 자리 잡았다.

수많은 맥주 스타일이 있음에도 왜 아메리칸 어드정트 라거가 맥주 세계의 패권을 가져간 것일까? 우선 옥수수와 쌀과 같은 부가물은 보리 몰트에 비해 가격이 저렴해 합리적인 가격으로 맥주를 만들 수 있다. 대중 맥주로서 가장 중요한 덕목은 일단 가격이 아니겠는가. 또한 부가물이 만드는 가벼운 바디감과 청량감이 갈증해소라는 인간의 가장 원천적인 욕구를 해결해 줄 수 있다는 점도 중요하다. 물을 대체할 수 있는 맥주라니, 이 맥주 앞에 인간은 한없이 나약할 수밖에 없다.

아메리칸 어드정트 라거지만 칭따오는 몰트에서 나오는 비스킷 향과 홉에서 나오는 풀 향을 갖고 있다. 이 두 향이 만드는 섬세한 밸런스가 칭따오를 다른 아메리칸 어드정트 라거와의 차별을 만든다. 풍부한 탄산으로 인한 청량감도 좋으며 부드럽게 넘어가는 목 넘김은 라거라는 본질에 충실하다. 자칫 가벼울 수 있는 바디감은 옅은 쓴맛이 잡아준다. 쌀 전분에서 나올 수 있는 잡미도 크게 느낄 수 없다. '라거파'인 아내가 다른 라거보다 솔찬히 칭따오를 좋아하는 이유도 아마 이런 깔끔함과 밸런스 때문일 게다.

각 지역 맥주가 지역 음식과 함께 공존하듯 칭따오도 대부분의 중국 음식과 어울린다. 기름이 많은 중국 요리와 깔끔하고 청량한 칭따오는 찰떡궁합이다. 한국에서 '양꼬치엔 칭따오'라는 광고가 순식간에 유행이 된 건 어느 코메디언의 힘이 아닌, '그 둘이 어울린다'라는 생각이 대중들의 무의식에 존재하기 때문일 것이다. 하지만 아내가 칭따오의 파트너로 선택한 음식은 '중국의 것'이 아닌 '한국의 것'이었다. 바로 라면. 라면을 좋아하는 그녀는 항상 칭따오와 라면을 먹는다. 국물 음식이 맥주와 어울리지 않는다고 믿는 나에게 사뭇 생경한 모습이지만 이 또한 지극히 개인적 취향일 수밖에 없다.

"라면과 함께 먹는 칭따오는 힐링이야. 모르면 말을 하지 마세요."

그렇다. 모르면 말을 하지 않아야 한다. 라면과 칭따오가 창조하는 그 깊은 세계를 알지 못하면서 섣불리 단정하는 건, 21세기적이지 않다. 어떤 것도 연결할 수 있는 초연결 사회이지 않은가. 개인적 문화의 산물인 맥주와 음식의 궁합은 사실 끝을 알 수 없는 초연결과 같다. 물론 나는 라면과 맥주를 함께 먹지 않지만, 아내의 경험과 취향을 존중한다. 이것 또한 맥주가 갖는 힘이니까.

요즘 마트에 가면 4캔 만원에 항상 칭따오를 넣는다. 물론 아내 몫이다. 냉장고에 있는 맥주중 아내가 나의 허락을 구하지 않는 유일한 맥주가 바로 칭따오다. 오히려 내가 마셔도 되는지 눈치를 봐야 한다. 시나브로 칭따오는 내 인생에서 가장 어려운 맥주가 되어 있었다. 그래도 평화로운 맥주 라이프를 이어가기 위한 조공 맥주로 칭따오면 괜찮지 않은가. 감사의 마음으로, 조용히 치얼스.

TSINGTAO
칭따오

브루어리	칭따오 브루어리
스타일	아메리칸 어드정트 라거
알코올	4.7%
외관	투명하고 밝은 황금색
향미	섬세한 비스켓과 풀향, 낮은 쓴맛
마우스필	가벼운 바디감과 청량함
푸드페어링	삼겹살, 곱창, 치킨과 같은 기름진 음식, 마라탕, 훠궈 같은 매운 향신료가 들어간 음식

#중국 #중국맥주 #라거 #아내 #가족 #마트맥주 #편의점맥주 #취향 #취향존중
#다양성 #어드정트라거

바나나 우유 대신, 비투스를

바이엔슈테판 비투스 : WEIHENSTEPHANER VITUS

케렌시아에서 비투스를 처음 만났다.

투우사가 흔드는 붉은 천을 향해 흥분과 분노로 돌진하던 소는 피범벅이 되어 거친 숨을 몰아쉬며 투우장 어느 한 곳을 향해 달려간다. 소가 잠시 위협을 피해 가쁜 숨을 고르며 찾는 곳이 케렌시아다. 케렌시아Querencia는 스페인어로 애정, 애착, 귀소본능의 장소를 뜻한다. 투우장의 소에게 케렌시아가 마지막 일전을 앞두고 힘을 모으는 곳이라면 바쁜 일상에 지친 사람들에게 케렌시아는 누구의 방해도 없이 자신만을 위해 쉴 수 있는 공간일 것이다. 쉼을 위한 곳은 자신의 취향대로 꾸민 집안 어느 곳일 수 있고 카페나 동네 단골 술집일 수도 있고 서점이나 미술관일 수도 있으며 특정한 자연공간일 수도 있다.

나의 케렌시아는 동네 공원 앞 주택가 반 지하 키 작은 공간이다. 천고가 낮아 딱 내 키 만한 출입문을 열고 나지막한 여섯 계단을 고개를 숙이고 내려가야 되는 곳이다. 다행히 작은 쇼윈도와 함께 출입문이 유리로 되어 있어 바로 앞 공원의 꽃과 나무들이 사계절을 보내는 모습과 공원을 오고 가는 사람들의 평온한 정경을 볼 수 있다. 집과 일터에서 잠시 벗어나 그림도 그리고 전시도 할 수 있는 취미공간으로 만든 곳이지만 때론 소규모 행사가 가능한 문화공간으로 이용되었으면 해서 〈공유공간〉이라 부른다. 공유공간에 혼자 있을 때도 있지만 새로운 사람들을 만나고 다양한 이야기를 나눌 때가 많다. 그럴 때면 자연스럽게 맥주가 등장한다. 그동안 처음 맛본 맥주병은 버리지 않고 반 지하 계단 한편에 층층이 줄을 세워 두어 인테리어 소품으로 한

못하고 있다. 가끔은 지나는 사람들이 맥주 집으로 알고 불쑥 들어와서 난감해질 때가 있지만.

8년 전쯤 공유공간에 필요한 것들을 사러 대형마트에 가서 맥주 네 병과 맥주잔 하나가 들어있는 패키지 행사상품을 고른 건 순전히 매력적인 잔 때문이었다. 잔 입구에서 볼록하게 시작된 곡선이 아랫부분으로 갈수록 잘록해 지고 물결같은 회오리 모양의 선이 새겨진 키가 큰 맥주 전용 잔이 마음에 쏙 들었다. 패키지 속 맥주는 바이엔슈테판의 헤페바이스, 크리스탈바이스, 헤페바이스둔켈, 비투스VITUS 였다. 맛과 색이 서로 다른 맥주들을 한 병 씩 마실 때마다 '세상에 이런 맥주가 있다는 걸 왜 나는 이제야 알게 되었는지...' 억울한 마음은 비투스를 마시는 순간 정점에 닿았다.

맥주에 바나나를 넣었나, 어쩜 이런 맛이 나지' 나의 호기심은 비투스의 꼬리를 강하게 물고 이어졌고 비투스는 무지한 나를 맥주의 신세계로 이끌었다. 맥주지도를 사서 대형액자를 만들어 공유공간에 걸어 두고 지도 속 맥주들을 맛보기 위해 부산이며 서울로 찾아다니며 새로운 맥주를 맛볼 때마다 지도에 체크해 나가는 것이 마냥 즐거웠다. 하지만 최대한 일일일맥(하루에 맥주 한 잔)해 가며 맥주지도 속 체크 표시가 꽤 늘어나도 쉬이 가시지 않던 갈증은 결국 맥주전문교육기관을 찾아 정식으로 맥주 공부를 하고서야 정리가 되었다. 어쩌다 보니 나의 사십 대는 되멘스 비어소믈리에, 시서론CICERON, BJCP와 조주기능사 자격증을 따고 지나가 버렸다. 그리고 나는 몇 해 전부터 대학에서 맥주 관련 강의를 하고 있다. 케렌시아에서 만난 내 인생맥주 '비투스' 덕분에.

비투스를 만드는 독일 바이에른 주립 맥주회사 바이엔슈테판Weihenstephan은 현존하는 가장 오래된 양조장으로 기네스북에 등재되어 있다. 서기 725년 성 코르비니안과 12명의 수도사들이 니애베르그에 베네딕틴 수도원을 짓고 맥주를 만들기 시작했으며 서기1040년 프라이징으로 부터 맥주의 양조와 판매에 대한 허가를 받게 된 해를 바이엔슈테판 양조장이 본격적으로 시작된 해라고 한다. 또한 바이엔슈테판은 세계에서 가장 큰 규모의 효모 은행을 운영하고 있다. 맥주의 이름은 수도원 설립 당시 수호 성인이었던 성 비투

바이엔슈테판 바이젠 전용잔

맥주 한 잔 할까요?

스에서 따왔다. 체코 프라하의 성 비투스 대성당 지붕에는 비투스 성인을 상징하는 수탉 동상이 있는데 비투스 맥주 병목 부분 라벨에도 비투스 성인과 수탉이 그려져 있다.

맥주 스타일은 바이젠복Weizenbock이다. 밀맥주를 뜻하는 바이젠Weizen과 강하다는 의미의 복Bock이 합쳐진 의미로 바이젠 맥주에 비해 향미와 알코올 도수를 강하게 만든 맥주이다. 물, 맥아, 밀 맥아, 홉, 효모로 상면발효 후 저온에서 숙성한 비투스는 바이젠과 유사하지만 전체적인 강도나 풍미가 더 강하기 때문에 밀맥주의 끝판 왕, 밀맥주의 황제로 통한다. 알코올 도수는 7.7%로 권장 시음온도는 보통 8~10℃ 정도다. 잔에 따를 때는 밀 맥주 특성상 거품이 많이 생기기 때문에 500ml 한 병을 다 부어 마실 수 있는 큰 병이나 밀 맥주 전용 잔이 좋다. 잔을 기울여 맥주가 잔을 타고 내리도록 4분의 3정도 붓고 병 아래 효모와 함께 가라앉은 맥주를 흔들어 마저 부어야 진한 맛을 느낄 수 있다.

향은 몰트, 효모, 알코올이 잘 어우러져 복합적이고 매력적이다. 바이젠 효모 특유의 기분 좋은 바나나, 클로브, 바닐라 향이 있고 말린 살구 같은 과일향과 밀이 주는 곡물스러움이나 토스트 같은 향도 있다. 강한 알코올 향이나 홉 향은 거의 없다. 외관을 살펴보면 맥주 색은 금색이고 두텁고 무스 같은 거품은 흰색으로 조밀하고 오래 유지된다. 투명도는 밀의 높은 단백질 함양과 효모 침전물로 인해 상당히 뿌옇다.

맛은 향과 비슷하고 쓴맛은 IBU 17 정도로 약하다. 그래서 맛이 좀 더 달게 느껴지는데 피니쉬는 드라이하다. 복비어 치고는 알코올 향도 부담스럽지 않다. 마우스필은 바이젠 보다 묵직한 풀바디이다. 알코올의 온기는 가볍고 탄산화는 높고 상당히 부드럽고 푹신하고 크림 같은 질감을 가지고 있다.

어린 시절 바나나가 귀한 과일이었을 때 바나나 대신 바나나 맛 우유 한 통을 마시는 건 큰 즐거움이었다. 그날은 거의 공중목욕탕 가는 날이었고 깨끗하게 씻고 나와 단지 모양 우유 통에 빨대를 꽂고 보란 듯이 자랑스럽게 마셨다. 우연히 매력적인 잔 하나 때문에 만나게 된 내 인생맥주 비투스. 그날 나의 케렌시아에서 비투스에게 첫눈에 반하게 된 것은 어쩌면 바나나 향에 대한 기억 때문이었는지도 모른다. 맥주가 품은 고유의 향이 추억까지 몰고 온 것일까? 비투스의 바나나 향은 그렇게 나에게로 와서 새로운 나의 인생직업을 만들어 주었다. 벌처럼 보낸 하루 끝 오롯이 나에게 집중할 수 있는 순간 이제 나는 바나나 맛 우유 대신 비투스를 마시며 맥주 한잔의 가치를 생각한다.

WEIHENSTEPHANER VITUS
바이엔슈테판 비투스

브루어리	바이엔슈테판 브루어리
스타일	바이젠복
알코올	7.7%
외관	금색의 불투명한 맥주색, 흰색의 무스같은 거품
향미	바나나, 클로브, 바닐라, 말린 살구, 빵, 토스트 같은 풍부한 곡물향
마우스필	풀바디, 높은 탄산감, 푹신하고 크림 같은 질감, 드라이 피니쉬
푸드페어링	해산물, 생선전, 햄버거, 구운 오리, 바나나 빵

#바나나맥주 #독일식밀맥주 #바이엔슈테판 #비투스 #바이젠복

오 마이 비어, 오 마이 재즈

브라더 델로니어스 : BROTHER THELONIOUS

맥주 맛을 더해주는 안주로 뭐가 좋을까?

고등학교 3학년 야간자율학습시간, 친구들과 학교에서 몰래 빠져나와 처음 먹어 본 치맥 맛은 아직도 잊을 수가 없다. 치킨을 유난히 좋아해서 소풍 때 도시락으로 김밥 대신 치킨을 가져 가기도 했고 대학캠퍼스 커플이었던 남편도 학교 앞 '장모님 치킨집'에서 처음 만났다. 튀김 옷을 입혀 바싹하게 튀겨 낸 치킨 뿐 아니라 부드럽고 쫄깃한 치즈에 각종 채소와 고기가 올라간 짭조름한 피자는 맥주 안주로 인기가 많다. 그래서 안주와 맥주의 첫 글자를 합친 치맥, 피맥이라는 줄임말도 생겼다. 그리고 혼자 맥주를 마신다고 혼맥, 책을 읽으면서 맥주를 마신다고 책맥이라고 한다. 누구나 자신이 좋아하는 조합의 안주나 분위기가 있을 것이다.

나는 가끔 그림을 안주 삼아서 맥주를 즐길 때가 있다. 예를 들면 레드에일을 마시면서 클림트의 작품 〈여자 친구들〉이나 〈다나에〉를 보면 그림이 더 관능적이고 열정적으로 느껴진다. 또 밀레나 고흐가 그린 〈낮잠〉이나 〈씨 뿌리는 사람〉같은 작품을 볼 때면 농가적인 향과 탄산이 가득 올라오는 세종 Saison을 마시면서 그림 속 농부가 되어 잠시 고된 농사일을 멈추고 맥주 한잔 하며 땀을 식히고 한숨 쉬어 가는 상상을 해본다.

영화 속 맥주를 찾아 마셔보는 것도 재미있다. 〈보헤미안 랩소디〉 영화에서 보면 퀸의 Live Aid 공연 때 프레디 머큐리가 연주하는 피아노 위에 올려진 콜라들 사이로 맥주가 있는 걸 볼 수 있다. 실제 공연 도중 맥주를 즐겨 마셨던 머큐리를 따라 그가 좋아한 맥주 하이네캔을 마셔보거나 〈라라랜드〉를 보면서 라이언 고슬링과 엠마 스톤이 재즈클럽에서 마시는 스텔라 아르투아

를 따라 마셔보면 영화가 훨씬 더 풍부하고 현실감 있게 다가온다.

　맥주와 재즈 음악 역시 최고의 조합이다. 〈라라랜드〉에서 이야기한 것처럼 재즈가 전통을 중시하는 동시에 계속 살아서 변화하는 음악이듯 맥주의 역사와 문화 역시 그러하다. 국가 인종 종교를 초월하고 자유롭게 소통하기 좋은 재즈는 다양한 축제에 맥주와 함께 하는데 나 또한 몇 년 전 맥주를 들고 재즈 공연 무대에 서 보는 뜻 깊은 경험이 있다. '삶을 축제로'라는 타이틀을 걸고 다양한 사람들과 만나 서로 문화로 소통하고 공연도 즐기는 자리였다. 오프닝 무대는 당시에는 무명 가수였지만 싱어게인이란 오디션프로그램을 통해 이제는 유명 가수가 된 정홍일님의 멋진 노래로 출발하였다. 나는 〈오 마이 비어, 오 마이 재즈〉라는 주제로 맥주와 재즈에 대한 이야기를 준비해서 김정곤 재즈그룹과 콜라보 무대를 연출했다.

"여러분, 맥주 하면 떠오르는 안주, 뭐가 있죠? 맥주와 어울리는 음식을 고를 때 연결한다는 의미로 푸드페어링이란 말을 쓰는데요, 오늘은 맥주와 잘 어울리는 재즈로 페어링을 해 드리겠습니다. 페어링의 기본은 비슷한 향미끼리 연결하는 건데 맥주와 재즈, 뭐가 비슷할까요?"

내가 먼저 맥주에 대한 상식을 퀴즈와 유머로 이야기하다가 그날 페어링할 맥주와 재즈곡을 맥주 전문가 답게 소개한 후 선곡한 재즈곡을 김정곤재즈그룹의 라이브 잼 세션(즉흥연주)으로 청해 듣는 형식이었다. 맥주와 재즈 페어링이라는 새로운 도전은 예상보다 관객들 반응이 좋았고 다양성이 주는 자극을 즐기는 축제의 장이 되었다.

그때 소개한 맥주 중 하나가 노스 코스트 브루잉North Coast Brewing에서 만든 브라더 델로니어스Brother Thelonious 였다. 노스 코스트 브루잉은 미국 북부 캘리포니아 태평양 연안 포트 브래그에 위치한 크래프트 맥주회사로 인근 해안이 고래 서식지로 유명해서 향유고래가 회사 로고에 그려져 있다. 국내에는 올드 라스푸틴이라는 임페리얼 스타우트 맥주로 유명해진 곳이다. 브라더 델로니어스는 재즈 피아니스트이자 작곡가인 델로니어스 몽크Thelonious Monk에게 영감을 받아 만든 맥주로 몽크는 가장 위대한 미국 작곡가 중 한 명으로 삶의 모든 면에서 개성이 강해서 괴상하고 별난 사람으로 불린다. 그의 독창적인 피아노 연주와 작곡 스타일은 다음 재즈 세대들에게 큰 영향을 주었고 지금까지도 널리 사랑받는 재즈 스탠다드 라운드 미드나잇Round Midnight, 오프 마이너Off Minor, 스트레이트 노 체이서Straight No Chaser와 같은 멋진 작품들을 남겼다.

델로니어스 몽크의 라운드 미드나잇은 마일스 데이비스, 쳇 베이커, 존 콜트레인 등 여러 재즈뮤지션들이 녹음을 했고 버니 해니건이 가사를 붙인 보컬 곡은 사라 본, 엘라 피츠제럴드, 줄리 런던 등 많은 가수들이 불렀다. 1940

년대 중반 미국에서 유행한 자유분방한 재즈 연주 스타일인 비밥Bebop 혁명을 이끈 인물 중 한 명이 몽크였기 때문에 브라더 델로니어스 맥주 병목 부분을 보면 'Bottled Bebop'이라고 병 속에 재즈 비밥이 들어있다는 재미난 문구가 적혀 있다.

비밥이 들어있는 맥주 맛은 어떨까? 몽크라는 성이 수도사를 뜻해서 벨기에 수도원 맥주를 재해석해서 만들었다는데 맥주 스타일은 벨지안 다크 스트롱 에일이다. 맥주색은 짙은 구리색으로 황갈색 거품이 오래 유지된다. 빵이나 토스트, 캐러멜이 살짝 느껴지는 진한 몰트향과 건포도, 건자두, 말린 체리, 무화과 같은 검붉은 과일향이 나고 IBU는 27로 단맛 밸런스가 좋다. 그리고 알코올 도수는 9.4도로 기분 좋은 온기를 느낄 수 있고 조금은 묵직하지만 목 넘김이 부드럽고 깔끔하다. 라벨 표지그림을 보면 수도사 복장을 하고 선글라스를 낀 몽크의 머리 뒤로 종교화에서 신성함이나 거룩함을 상징하기 위해 그리는 후광을 피아노 건반으로 패러디한 것도 재미있고 병 아랫부분 리본에 적힌 'CARPE DIEM VITA BREVIS', '현재를 즐겨라, 인생은 짧다' 는 뜻의 문구도 인상적이다. 그리고 이 맥주가 팔릴 때 마다 재즈교육을 위해

그의 이름을 본 따 만든 델로니어스 몽크 재즈교육기관에 일정 금액이 기부된다고 한다. 몽크의 후손들과 노스 코스트와의 소송으로 판매가 잠시 중단되었던 브라더 델로니어스는 2019년 맥주의 재출시와 함께 라벨과 맥주 수익금에 대한 계약내용이 새롭게 바뀌었다. 하지만 브라더 델로니어스는 여전히 몽크를 상징하는 맥주로 유명하다.

멋진 경험으로 내 기억 속에 고스란히 남아있는 〈오 마이 비어, 오 마이 재즈〉 공연을 떠올려보면 음악과 맥주로 어울리는 게 일상이었던 그 때가 참 아름다운 시절이었다. 오늘밤 추억은 항상 자정 즈음에 시작된다는 라운드 미드나잇 재즈 선율을 안주삼아 그 시절 서로의 꿈과 열정을 응원하며 함께했던 좋은 사람들과의 추억이 담긴 브라더 델로니어스 한잔하며 그리운 마음을 달래보고 싶다.

BROTHER THELONIOUS
브라더 델로니어스

브루어리	노스 코스트 브루잉
스타일	벨지안 다크 스트롱 에일
알코올	9.4%
외관	짙은 구리색, 밝은 황갈색 거품
향미	토스트, 빵, 캐러멜 같은 스위트한 몰트향, 건포도, 건자두 같은 검붉은 과일향
마우스필	미디엄 바디, 높은 탄산감, 부드럽고 분명한 알코올 온기, 드라이 피니쉬
푸드페어링	블루치즈, 구운 고기, 볼로네제 파스타 , 밀크 초콜렛, 아몬드 과자

#애비비어 #재즈페어링 #델로니어스몽크 #어두운 #몰티 #프루티에스테르
#라운드미드나잇 #노스코스트

오늘은 소주 말고 이거 어때?

듀벨 : DUVEL

　나는 소주파였다. 친구들이나 지인 분들과 술자리를 가지면 소주만 주구장창 마신 기억이 있다. 그 당시 나에겐 맥주란 그저 소맥을 먹기 위한 용도 그이상 그 이하도 아니었다. 하지만 우연히 맥주 교육을 알게 되었고 내가 전혀 몰랐던 분야이기에 호기심과 무료함에 덜컥 수강신청을 하게 되었고 이 선택이 나의 술 소비 패턴을 안전히 바꿔놓았다. 수업을 들으면서 수많은 맥주를 마셔봤다. 그 중에서 내 뒤통수를 치는 듯한 느낌의 맥주가 있는데 그게 바

로 듀벨이었다. 나는 이 맥주를 마시고 충격을 꽤 많이 받았다. 그 동안 맥주는 소맥을 위한 용도로만 생각했던 나에게 이 맥주는 신세계였다.

듀벨은 1871년 벨기에의 모어가트 양조장에서 시작되었다. 이 양조장은 가족 단위의 소규모 양조장으로 유지되고 있다가 창업자의 아들 형제가 물려받았고 이 두 형제가 안정적으로 운영하면서 양조장이 호황을 누렸다고 한다. '듀벨'이라는 이름의 유래도 굉장히 신기하다. 듀벨은 프랑스어로 악마라는 뜻이다. 정확히는 '듀벨' 보다는 '두블'이라는 발음이 더 정확하다고 한다. 왜 이런 이름으로 알려져 있을까? 이유는 예전에 누군가 이 맥주를 마셔보고 너무 맛있어서 '이건 악마의 맥주이다'라고 한 것이 시작이라고 한다.

나는 이 말을 듣고 너무 공감했다. 이제까지 맥주를 맛있다고 생각한 적 없던 나에게 맛있다고 생각한 첫 번째 맥주였기 때문이다. 이 양조장은 많은 종류의 맥주를 양조하지 않는다. 듀벨과 듀벨 트리펠 홉 이 두가지를 양조하고 있는데, 트리펠 홉 같은 경우에는 맥주 숙성 과정에서 홉을 추가하는 '드라이 호핑' 과정을 거쳐 만든 맥주이며 일반 듀벨보다 홉을 하나 추가해서 양조한 것이다. 이처럼 역사가 깊은 맥주임에도 대형 마트에 가면 쉽게 볼 수 있는 듀벨. 마트에서 사 마실 때마다 나에게 놀라움을 선사해주는 맥주이다.

듀벨 병을 자세히 보면 맥주를 따르는 방법이 나와 있다. 당신은 의아해 할 것이다. 뭐 맥주, 그냥 따르면 되는 거 아닌가? 그렇게 생각 할 수도 있지만 이 맥주는 당신이 상상하는 맥주의 거품이 아니다. 듀벨을 잔에 따르면 반은 맥주이고 반은 거품이다. 거품이 많다고 걷어내지는 않았으면 한다. 듀벨은 거품이 핵심이다. 듀벨의 거품을 보면 오밀조밀 모여 있어 마치 휘핑크림을 연상케 하며 유지력 또한 훌륭한 편이다. 맥주의 색은 황금빛으로 보기만 해도 기분이 좋아진다. 맥주를 빛에 비춰 아랫부분을 보면 거품이 보일 정도의 밝은 투명성을 가지고 있다. 도수는 8.5%로 높은 축에 속한다. 듀벨을 담은 잔을 들어 코로 향을 맡아보면 바나나와 열대 과일 같은 향 그리고 후추와 같은 향신료 향이 강하게 코를 자극한다. 듀벨을 입에 넣고 목으로 넘기지 말고 입안에서 느껴보면 이 맥주의 특징을 알 수 있다.

듀벨은 탄산감이 있고 무게감이 중간 정도이다. 보통 단맛이 강하면 맥주의 무게감이 높다. 쓴맛은 엄청 강하진 않지만 그렇다고 절대 약하지 않은 중간 정도의 쓴맛을 가지고 있다. 부드럽게 넘어가는 편이고 열대 과일 향과 후추와 같은 향이 올라오고 마지막에 알코올의 향이 몸을 채우는 느낌을 받는다. 내가 소주만 마시는 당신에게 듀벨을 권하는 이유가 여기에 있다. 소주에서 넘어오는 알코올의 향은 자칫 인상이 구겨질 만큼 강하고 간혹 불쾌할 수

있는 향이라면, 목에서부터 올라오는 듀벨의 향은 나를 미소를 짓게 만드는 힘이 있는 것 같다. 많은 사람들이 이 기분을 느껴봤으면 좋겠다. 내 말에 공감이 안 되는 사람들도 있을 것이다. 맛과 향은 사람마다 느낌이 다르기 때문이기도 하지만 맥주의 상태나 맥주의 온도, 맥주를 마시는 날 나의 컨디션 등이 좋지 못한다면 향을 느끼지 못할 때도 있기 때문이다.

보통 맥주를 차갑게 해서 마시는 경우를 많이 봐왔다. 하지만 듀벨은 차갑게 먹는 것을 권장하지 않는다. 그 이유는 듀벨의 향을 온전히 느낄 수가 없기 때문이다. 그래서 되도록 맥주는 상온에 보관하는 것을 추천한다. 그렇게 할 수 없다면 냉장고에서 꺼낸 맥주를 바로 마시지 말고 먹기 전에 미리 꺼내서 상온에서 잠시 둔 다음에 마시는 걸 권장한다. 당신이 구매한 맥주가 에일의 종류라면 차갑게 마시지 말고 상온에서 맥주를 조금 둔 다음 마시면 에일 종류 맥주의 향을 온전히 느낄 수 있을 것이다. 그렇다고 앞의 말처럼 할 필요는 없다. 나는 오늘 듀벨을 차갑게 마셔봐야지 하면 그냥 그렇게 마시면 된다. 그건 그것대로 매력적일 수도 있다. 나도 조만간 듀벨을 완전 차갑게 해서 마셔볼 생각이다.

소주 하면 안주는 보통 기름기가 많은 고기류의 음식을 먹거나 선호하는 것 같다. 그러면 왜 소주에 기름기가 많은 음식을 먹는 걸까? 그 이유는 알코올이 기름기를 중화해주는 역할을 하기 때문이다. 그렇다면 듀벨과 같이 먹으면 어울리는 안주는 무엇이 있을까? 눈치가 빠른 사람은 답을 이미 알고 있을 것이다. 듀벨 또한 보통 소주와 함께 먹는 안주들과 궁합이 잘 맞는 편이다. 기름기가 많은 음식들은 많이 먹으면 질리기 쉽다, 그럴 때 마치 소주 먹듯이 듀벨 맥주를 한잔 마시면 듀벨의 향긋한 열대 과일 같은 향이 올라오면서 마지막에 알코올 향 과 후추와 같은 향신료 향이 자칫 질릴 수 있는 기름기를 중화시키면서 질리지 않게 해준다. 이제까지 고기와 소주를 함께 먹던 때와는 사뭇 다른 느낌을 받을 것이다. 저마다 듀벨을 마셔보고 어울릴 것 같은 안주를 생각해보고 실천하는 것도 굉장히 재미있을 것이다. 내가 생각한 안주와 맥주가 어울릴 때의 그 기분은 정말 짜릿하다. 그리고 이 조합을 지인이나 친구한테 권장해보자. 삶이 더욱 풍성해질 것이다.

요즘 맥주에 관심을 가지고 공부하면서 삶이 변화하는 것을 부쩍 느끼고 있다. 친구들에게 좋은 맥주들을 추천하고 마시면서 사이가 더욱 더 좋아지는 것을 느낀다. 무엇보다 나는 부모님한테 술을 같이 마시자고 한 적이 없었다. 그런 내가 먼저 맥주를 추천하고 어울리는 안주를 같이 먹으면서 사이가 더욱 더 좋아지고 있다. 이처럼 남들이 잘 알지 못하는 맥주의 다양한 부분에 대해서 이야기하고 추천하고 좋아하는 사람들의 모습을 보면 괜히 기분이 좋아진다. 지루하고 재미없었던 삶에도 뭔가 활력을 찾고 있다. 이제 맥주는 내 인생에서 빼놓을 수 없는 존재가 되었다.

DUVEL
듀벨

브루어리	듀벨 모어가트 브루어리
스타일	벨지안 스트롱 골든 에일
알코올	8.5%
외관	밝은 황금색과 휘핑크림 같은 거품
향미	후추와 같은 향신료 향, 바나나와 열대과일 향, 소주와 비슷한 알코올 향
마우스필	적당한 무게감과 풍부한 탄산감
푸드페어링	기름기가 있는 고기종류의 음식

#악마의맥주 #벨기에 #스트롱골든에일 #향신료 #소주 #취향전환 #맥주공부
#맥주경험

상상의 나래를 펼치는 맥주

바이엔슈테판 헤페바이스 : WEIHENSTEPHAN HEFE WEISSBIER

마트나 편의점에서 무슨 맥주를 마셔볼까 고민 하던 때가 생각이 난다. 그 당시에 맥주에 대해서 잘 알지 못했기 때문에 하이네켄 이나 필스너 우르켈 과 같은 역사와 전통이 있는 라거 스타일의 맥주를 매일 먹었다. 그러다가 마트에서 바이엔슈테판 헤페바이스를 구입하고 집에서 마시면서 생각했다. 나는 바이젠 스타일의 맥주를 정말 좋아하는구나! 그러면서 이 맥주를 현지 펍이나 양조장 에서 직접 마시면 얼마나 좋을까? 라고 혼잣말을 하면서 맥주를 마셨다. 일상에 지친 나에게 잠시나마 어디론가 떠나는 상상을 가능하게 하는 소중한 맥주이다.

바이엔슈테판은 725년 베네딕트 수도원의 양조장에서 처음으로 양조되기 시작했다. 이후에 양조장 시설이 파괴되는 사고를 거쳐 공식적으로 바이엔슈테판 양조장이 되었다고 한다. 이후에 바이에른 주에 귀속되어 주의 관리를 받고 있다고 한다. 또한 세계에서 가장 큰 규모의 효모 은행을 운영, 전 세계의 수많은 맥주 회사들이 바이엔 슈테판의 효모를 사용하고 있다고 한다. 이곳은 교육기관으로 도 명성이 높아 뮌헨공과대학의 양조학 연구 교육기관이기도 하다. 그로인해 전 세계의 수많은 양조사들이 바이엔슈테판에서 교육받고 있으며 또한 1,000년이 넘게 이어져오는, 현존하는 가장 오래된 맥주 양조장이기도하다.

양조장이 1,000년 넘게 유지되는 것도 신기하고 바이에른 주에서 관리를 할 정도의 역사를 가지고 있는 것이 놀라울 따름이다.

바이엔슈테판 헤페바이스는 바이젠 스타일의 밀맥주이다. 보통 맥주를 양조할 때는 보리몰트를 기본 재료로 많이 사용한다. 하지만 밀맥주는 밀몰트를 주로 사용한다. 밀몰트 에는 보리몰트보다 단백질 함량이 많아서 맥주의 거품을 풍성하게하고 맥주를 탁하게 하는 특징을 가지고 있다. 이 맥주의 알코올 도수는 5.4%이다. 아주 높은 알코올 도수는 아니지만 적당한 도수의 맥주라고 할 수 있다. 맥주를 잔에 따라서 보면 밀맥주 답게 거품이 많이 생기는 것을 볼 수 있는데 그 모양이 오밀조밀해서 마치 휘핑크림 같다. 유지력 또한 괜찮은 편이다. 또한 밀맥주의 특징인 탁한 투명성도 가지고 있다. 이 맥주의 SRM은 5~6정도로 밝은 황금색보다는 진한 황금색을 가지고 있다.

맥주의 외관을 봤으니 이제 코로 향을 맡을 시간이다. 맨 처음 강하게 코를 자극하는 향은 효모에서 나오는 정향과 바나나 향이다. 바이젠 스타일의 맥주에서는 꼭 들어가야 되는 향이다. 이 향이 나지 않고는 바이젠 스타일이라고 할 수 없다. 정향이 뭔지 잘 모르는 사람들을 위해서 쉽게 비유하지면 우리가 치과에 가서 맡는 향과 비슷하다고 할 수 있다. 호불호가 갈리는 향이기에 싫어하는 사람도 있는 반면 좋아하는 사람은 엄청 좋아한다. 그 다음 정향과 바나나 향 뒤에 몰트에서 오는 단향과 홉에서 오는 젖은 풀 향이 꽤 많이 올라온다.

이제 마실 차례이다. 이 맥주의 IBU는 10~15정도로, 쓴맛이 거의 없다고 볼 수 있다. 그러나 이 맥주는 쓴맛이 없는 대신 단맛이 강하지는 않지만 어느 정도 가지고 있다. 또한 탄산감도 가지고 있어 어느 정도 밸런스를 갖춘 맥주라고 할 수 있다. 맥주를 목에 넘기면 물처럼 부드럽게 넘어간다. 맥주를 목에 넘기고 나면은 코에서 맡았던 바나나 향과 정향이 올라온다. 이 부분에서는 정향을 더 많이 느낄 수가 있다. 홉에서 나오는 젖은 풀 향이 약하지만 향을 느낄 수 있다. 전체적으로 밸런스가 아주 잘 잡힌 맥주라고 할 수 있다.

맥주하면 그에 따른 음식이 따라오기 마련이다. 그럼 이 맥주에 어울리는 음식은 뭐가 있을까? 보통 바이젠 스타일의 맥주는 소지지류의 음식들과 함께 먹으면 맥주를 배로 즐길 수가 있다. 그렇기에 이 맥주도 소시지류 의 음식이 어울리는 편이다. 하지만 개인적으로 내가 추천하는 음식은 찐빵이다. 의아해 할 수도 있는데 보통 단맛과 단맛이 만나면 이 단맛이 증폭되어서 더 달게 느낀다. 단 것을 좋아하는 사람은 이 조합으로 맥주를 즐기면 정말 행복한 경험을 할 거라고 본다.

이 맥주는 밀맥주의 왕 이라고 불리는 맥주이다. 각종 맥주 평가 사이트에서 좋은 점수를 받고 있다. 다행이도 한국에서 이 맥주는 마트나 보틀숍에 가면 쉽게 구할 수 있는 맥주이다. 만약 근처에 마트나 보틀숍이 있는 지역에 살고 있다면 꼭 한번 들러서 이 맥주를 구입해서 즐겨보시기를 추천한다. 나 또한 항상 보틀숍이나 마트에 가면 맥주4병을 구입한다. 3개는 먹어보지 못한 맥주종류들을 골라서 구입하는 편이지만 나머지 1개는 꼭 바이엔슈테판 헤페바이스 맥주를 구입한다.

가끔 이 맥주를 집에서 마시면 어떨지 상상에 빠지고는 한다. 무슨 상상이냐면, 이 맥주를 현지 펍에서 현지 사람들과 문화를 고유하면서 즐기거나

길거리에 있는 벤치 같은 곳에 앉아 혼자 사람 구경 풍경 구경을 하면서 즐기는 상상이다. 왜인지는 모르겠지만 다른 맥주를 마실 때는 별 생각이 없는데 꼭 바이엔슈테판 헤페바이스를 마시면 이런 상상을 하곤 한다. 밀맥주를 좋아하기 때문이기도 하지만 5년 전에 친구들과 함께 필리핀 보라카이에 여행을 떠난 기억 때문이기도 하다. 그 여행에서 친구들과 산 미구엘 맥주를 마시면서 현지 사람들과 풍경

들, 바다 그리고 현지 음식들과 함께 즐겼던 기억이 생생하다. 그때를 생각하면 당장 그곳으로 떠나고픈 마음이 든다. 그 때문에 앞서 말했던 상상을 하고 있는 것 같다. 아직 유럽에 가서 맥주를 즐긴 적은 없다. 하지만 언젠가는 유럽에 가서 맥주를 즐길 날을 기대하며 나는 오늘도 행복한 상상을 하러 떠날 것이다.

WEIHENSTEPHAN HEFE WEISSBIER
바이엔슈테판 헤페바이스

브루어리	바이엔슈테판 브루어리
스타일	바이젠
알코올	5.4%
외관	진하고 탁한 황금색과 풍부하고 오밀조밀한 거품
향미	진한 바나나 향과 정향 홉에서 은은하게 퍼지는 젖은 풀 향
마우스필	적당한 무게감과 풍부한 탄산감
푸드페어링	소시지류와 같은 고기류, 단 맛 을 증폭시켜주는 찐빵

#독일맥주   #바이엔슈테판   #바이젠   #정향   #행복한상상   #세계에서제일오래된양조장
#바나나   #밀맥주의왕

PART 3

맥주와 양조장

외국 양조장 이야기

—

#차고   #홈브루잉   #수도원   #마트

#미국최초맥주   #벚꽃

Garage Brewing Project

브루독 펑크 IPA : BREWDOG PUNK IPA

차고가 있는 집에 살아야겠어.

토요일 오후, 미국 시애틀 인근 보델의 한 브루어리에서 다소 심심하게 느껴지던 비터를 마시던 중 뜬금없는 결심을 했다. 당시 내가 앉아 있던 그곳은 세계에서 가장 작은 브루어리라 해도 과장이 아닐 포기노긴 브루어리Foggy noggin Brewery. 흔한 미국식 단독주택에 딸린 차고에서 토요일 오후 시간에만 운영하는 파트타임 브루펍이다. 정통 영국 스타일의 맥주를 60리터의 작은 배치로 생산하며, 차고 문을 활짝 열어놓고 동네 친구들 초대하듯 손님들을 맞이한다. 실제로 그곳을 찾는 손님들은 동네 주민 이자 오랜 단골인 경우가 많아 입장과 동시에 큰 소리로 자기 이름과 맥주 주문을 외치며 들어 오고, 이미 안에 자리 잡은 동네 사람들이 와하하 웃으며 인사를 하는, 그야말로 동네 사랑방 같은 곳이다.

마치 공장처럼 느껴지던 다른 브루어리들과 달리, 동네 친구들을 불러 놀기 위해 열어 놓은 듯한 이곳의 독특한 분위기는 굳게 봉인해 두었던 왕년 파티 걸의 본성을 깨우고 말았다. 나는 집에서 맥주를 만들어 보기로 결심했다. 아니 사실은 친구들 불러 밤새워 진탕 놀 수 있는 사랑방을 만들기로 했다는 것이 더 맞는 것 같다. 정말로 간만에, 이렇게 마음에 한껏 바람이 들어 살랑대기 시작했던 것이다.

캘리포니아가 위치한 미국 서남부 지역처럼 많이 알려지지는 않았으나 내가 살고 있던 미국 서북부의 워싱턴/오리건 지역에서도 집에서 맥주를 만드는 시도는 많이 있었다. 전세계 생산량의 20%에 이르는 홉 생산지인 야키마 밸리를 품고 있어 신선한 홉을 쉽게 구할 수 있다는 지리적 이점뿐 아니라,

한여름에도 그리 높지 않은 기온과 습도로 실내의 온도가 맥주 발효에 제격인 20도 전후를 크게 벗어나지 않는다는 기후적 이점까지 갖추고 있기 때문이다. 게다가 집 안과 바깥의 중간 어디쯤 있는, 조금 어지럽혀지거나 바닥이 끈적끈적해져도 충분히 관대해질 수 있는 여분의 장소인 차고가 있는 주거문화까지, 정말 완벽한 조건이지 않은가.

맥주를 사랑하는 이라면 홈브루잉을 시도하지 않는 것이 도리어 이상할 정도이다. 실제로 맥주를 좋아한다는 사람과 몇 마디 나누다 보면, 집 차고 깊숙한 어딘가에 간단한 홈브루잉 장비 한두 개씩 가지고 있는 경우가 흔하다. 양조 장비의 중고 거래도 정말 흔해서 중고 거래사이트인 크래이그스리스트Craigslist나 오퍼 업Offer-up 사이트를 뒤지다 보면 괜찮은 장비를 저렴한 가격으로 쉽게 구할 수 있고, 운이 좋으면 D.I.Y.의 나라답게 직접 만든 복불복 퀄리티의 신기하고 기발한 기구들을 발견할 수도 있다.

이렇다 보니 앞서 언급한 포기노긴브루어리와 같이 내공 깊은 홈브루어 출신이 본격적으로 직접 자신의 맥주를 판매하는 보석 같은 마이크로 브루어리들이 지역 곳곳에 숨어있다. 그러니 맥주를 사랑하는 나 같은 이들의 여가시간이 너무나 바쁘고 행복할 수밖에.

마음에 드는 완벽한 차고를 품은 집을 찾아 헤매는 것은 생각보다 시간과품이 많이 드는 일이었다. 그동안 나는 책으로 온 세상을 배우는 대한민국 주입식 교육 출신답게 시중의 온갖 책들을 섭렵하고, 워싱턴주에 위치한 센트럴워싱턴대학교Central Washington University의 3학기짜리 크래프트 브루잉 코스를 수강하기 시작했다. 산을 넘어 왕복 4시간을 달려 통학해야 하는 것은 큰 문제가 되지 않았으나, 유일한 유색인종 외국인 학생으로 뻘쭘하게 앉아, 모두가 웃으며 공감하는 '할머니의 찬장 냄새'나 '스컹크가 떠나고 난 잔향'과 같은 표현에 혼자 어리둥절해 있어야 했던 것은 정말 고역이었다. 여담이지만 미국 할머니의 찬장에서는 시나몬과 바질, 오래된 종이와 노끈 냄새가 난다고 한다.

여하튼 유쾌한 미국 맥덕 아저씨들과 어울려 피자 한 판 시켜놓고 각자 차의 트렁크에서 한없이 나오던 유통기한 불명의 맥주들을 나눠 먹으며, 함께 가까운 동네부터 멀게는 오리건까지 브루어리 투어를 다니는 알찬 3학기를 보냈다. 그렇게 직접 만든 맥주가 있는 고 퀄리티 사랑방을 만들기 위한 나름의 준비를 착실히 수행하고 있었다.

그렇게 시간이 흘러 2017년 봄, 드디어 홈브루잉을 위한 나만의 차고를 갖게 되었다. 그러니까 그 말은 드디어 나쁘지 않은 주거 환경에 더해, '양쪽 이웃과 어느 정도 거리가 있고, 환기를 위한 큰 창과 방수 처리된 바닥, 수도와 배수구가 있는 커다란 차고가 딸려 있어야 한다.'는 생각보다 쉽지 않던 조건을 충족시키는 곳을 정말로 어렵게 찾아냈다는 것이다.

드디어 법적인 우리 집의 열쇠를 넘겨받았다. 차가 두 대나 들어가는 꽤 큰 크기의 차고 문을 열자, 시애틀의 축축한 겨울다운 꿉꿉한 지하실 냄새가 훅 끼쳐왔다. 굳이 마감하지 않은 날것의 벽과 천장, 손재주가 엄청났다는 전 주인의 흔적이 느껴지는 낡은 작업대와 연장들이 먼지를 뽀얗게 뒤집어쓰고 있었다. 그다지 쾌적하다고 말할 수는 없는 첫인상이었지만, 설렘에 가득 차 그쯤은 전혀 신경도 쓰이지 않았다.

여기저기서 모아 온 야매 장비로 시작한 나의 홈브루잉 첫 배치는 소심하게 1갤런(4리터) 이었다. 학교에서 여러 번의 시험 배치를 거치며 나름 어느 정도 내공이 쌓였다고 생각은 했지만, 장비가 완전히 갖추어지지 않은 상태에서 실패한 맛없는 술을 먹어 없애는 리스크를 마주할 용기가 나질 않았기 때문이다. 하지만 리스크 분산의 차원에서 야심 차게 3종류를 만들어 보았다. 결과는 물론 성공. 작은 배치가 아쉬울 정도로 맛난 맥주가 드디어 우리 집 차고에서 만들어졌다!

첫 번째 집 맥주의 눈부신 성공 후, 자신감을 얻은 나는 다양한 시도를 멈추지 않았다. 파격적인 스타일의 맥주들이 내 차고에서 만들어졌고 나름 친구들 사이에서의 히트작들이 탄생했다. 독특하게도 보리 알레르기를 가진 친구를 위해 밀과 귀리, 꿀로만 만들었던, 맥주와 꿀술인 미드Mead의 중간 어디쯤 위치한 술이라던가, 우리 집 뒷마당에 전 주인이 정성스럽게 키워 낸 이름도 모를 허브들이 남용되고, 친구 집 담을 넘어온 가지에서 따온 푹 익은 베리 열매를 으깨서 사용하고, 때로는 신선한 홉 송이를 그대로 발효 중인 맥주에 던져 넣어 드라이 호핑 해 보기도 하며 창작욕을 마음껏 불태우는 몇 계절을 보냈다.

냉동고와 온도 조절기, 스티로폼, 나무를 이용해 맥덕 아저씨가 차고에 직접 설치 한 수제 케그레이터

그러나 나의 사랑방 프로젝트의 첫 번째 위기는 생각보다 빨리 찾아왔다. 맥주를 직접 만들어 마시기 시작하면서 객관성을 잃어 가기 시작한 것이다. 원래도 내가 만든 요리를 세상에서 제일 맛있게 먹고, 물건을 사고 나면 내가 제일 잘 샀다며 귀를 닫아버리는 넘치는 자기애를 가지고 살아가는 나에게, 온갖 공을 들여 그야말로 빚어낸 금쪽같은 내 맥주는 오죽하랴. 어느새 나는 내 맥주에 눈이 멀어 이취와 풍미를 구분하지 못하는 지경에 이르고 말았던 것이다.

어느 볕이 좋던 날, 무슨 바람이 불었는지 차고에만 있던 장비들에 볕을 쬐어주던 중이었다. 소독제를 채워 사용하던 공기 압축 분사기를 안쪽까지 완전히 분해하던 중, 붉은 녹이 옅게 스며 있는 것을 발견했다. 언제부터 녹이 슬어 있었던 것일까…… 신기한 점은 그 분사기를 사용하며 만들었던 맥주들에게서 그전에는 전혀 느끼지 못했던 쇠 맛이 분명히 느껴지기 시작했다는 점이다. 남편이나 친구들은 다들 모르겠다 했지만, 오히려 그때부터 주위 사람들의 입맛이나 평가에 대한 불신이 생기기 시작했다. 내 맥주는 정말로 맛있는 것일까, 내가 제대로 하고있는 것일까, 뭔가를 잘못하고 있는데 객관성을 잃은 나를 포함해 아무도 그 사실을 눈치채지 못하고 있는 것은 아닐까. 아마도 나에게 있어 맥주 만들기는 이미 사랑방의 의미를 뛰어넘어 있었나 보다. 그때, 브루독Brewdog의 'D.I.Y DOG'을 알게 되었다.

브루독. 일단 '개'가 들어가는 이름부터가 범상치 않은 영국의 이 브루어리는 신사의 나라 영국 출신답지 않게 온갖 기상천외한 방법으로 이름을 날린 맥주회사이다. 높은 도수의 맥주들이 시장에 출현하고 이름을 알리기 시작하자 자신들이 게임을 끝내겠다며 실제로 '역사의 끝The end of history'라는 이

소중한 나의 첫 홈브루잉 배치. 사이즈는 작아도 무려 3종류

내 진짜 첫 배치. 나름 학교에서 수상작이었던 국화꽃 맥주도 첨부해본다

름으로 무려 알콜 도수 55도짜리 맥주를 출시하는가 하면, 이렇게 높은 도수 맥주의 유행에 대한 우려의 목소리에 조롱하듯 아예 알콜 도수 0.5 맥주에 '보모 국가Nanny State'라는 이름을 붙여서 내기도 한다. 또한 맥주 업계에서는 최초로 크라우드 펀딩 Crowd funding으로 자신들의 맥주를 사랑하는 이들을 투자자로 끌어들이는 팬덤 주주를 모집하는가 하면, 동성애나 LGBT(성적소수자들을 이르는 말로 레즈비언Lesbian, 게이Gay, 양성애자Bisexual, 트랜스젠더Transgender를 가리킴)의 지지를 적극적으로 맥주를 통해 표현하는 등 정말 이름값 제대로 하는 브루어리이다. 심지어 이 쿨하다 못해 시리기까지 한 청년들은 자신의 최고의 히트작인 펑크 IPA를 비롯하여 모든 맥주의 양조 레시피를 공식 홈페이지에 모두 공개하고 있으니 이것이 바로 'D.I.Y DOG' 이다.

그야말로 '내 입맛대로' 조합한 내 레시피나 구글링으로 찾은 정체불명의 레시피로 만든 배치는 내 예상과 다른 맛과 질감, 향이 나도 그 원인을 찾기가 쉽지 않다. 그에 반해 D.I.Y DOG의 레시피를 따른 테스트 맥주는 검증된 상업적 프로세스를 통해 생산된 비교/대조군을 동네 그로서리에서 쉽게 구할 수 있으니 길 잃은 홈브루어에게 이 얼마나 고마운 일이란 말인가. 게다가 펑크 IPA는 '입문자용 IPA' 라 불릴 만큼 5.4%의 상대적으로 낮은 도수와 부드러운 쓴맛으로 많은 양을 만들어도 부담 없이 마셔 없애버릴 수도 있으니 테스트용으로 정말 안성맞춤이다.

　그렇게 나는 테스트 브루잉을 몇 번 시도했고, 신선함이라는 무적의 무기를 장착한 엄청난 퀄리티의 짝퉁 펑크 IPA를 만들어 내었다. 다시금 자신감을 장착한 원래의 나를 되찾는 동안 시음 핑계 삼아 마셔 댔던 펑크 IPA의 그 상쾌한 과일 향을 나는 '되돌아온 자신감의 맛'이라 부르기로 했다. 비록 현재는 미국 사모펀드의 거대한 자금 유입으로 어마어마하게 큰 회사가 되어 Craft 정신을 잃은 지 오래라는 비판을 받고 있는 브루독이지만, 홈브루어와 홈브루 정신을 존중하는 의미로 오픈하고 있는 D.I.Y DOG은 여전히 나와 같은 많은 홈브루어들에게 영감을 주고 있고, 그러므로 나는 여전히 그들의 빅 팬이다.

　사실 나의 맥주 사랑방 프로젝트는 갑작스럽게 사랑스러운 따님이 찾아오며 얼마 후 아쉽게도 잠시 쉬어가게 되었고, 이후에는 개인적인 사정으로 급작스레 한국으로 오게 되며 창대한 끝을 맞이하지 못하게 되었지만, 여전히 부활의 기회를 호시탐탐 노리고 있다. 언젠가 온 동네 사람들 다 모여드는 고퀄리티 사랑방의 완성을 꿈꿔보며 두 보 전진을 위한 일 보 후퇴의 느낌으로 오늘도 묵묵히 육아에 전념 중이다.

BREWDOG PUNK IPA
브루독 펑크 IPA

브루어리	브루독
스타일	인디아 페일 에일
알코올	5.4%
외관	약간 흐린 진한 골드 컬러
향미	상큼한 감귤류와 달콤한 열대과일 향. 강하지 않은 쓴맛, 은은한 솔 향의 끝맛
마우스필	전반적으로 가볍고 청량한 느낌. 부드러운 탄산감
푸드페어링	쓴맛이 강하지 않고 가벼워 흔히 맥주와 함께 먹는 메뉴와 이질감 없이 모두 어울린다. 추천하는 조합은 참치 김밥, 소금을 찍은 후라이드 치킨의 퍽퍽살 부분, 대하 소금 구이와 같은 약간의 목 막히는 느낌의 간간한 음식. 시트러스 향이 정말 향기롭게 목 막힘을 풀어 준다

#홈브루잉　#맥주만들기　#차고　#집맥주　#미국살이　#맥주사랑방
#시애틀마이크로브루어리

019   정 보 미

서울 한복판, 아파트 양조장을 열다

크래프트브로스 LIFE IPA : CRAFTBROS LIFE IPA

한국의 아파트에 입성했다. 커다란 차고가 딸린 미국의 단독 주택에서 크래프트 맥주가 있는 사랑방을 만든다는 로망의 실현을 막 이룬 참이었지만 평생 살아도 남들은 겪을 일 없을 일들이 약속한 듯 한꺼번에 터지기 시작했고, 결국 우리 가족은 정말 갑자기 집을 포함한 살림을 몽땅 처분하고 귀국하기로 결심했다. 고심하여 사들였던 가구들과 정들었던 나의 양조 장비들이 가라지 세일에서 헐값에 팔려나가고, 횡재했다며 뛸 듯이 기뻐하는 사람들을 보며 어이없이 허허 웃기도, 구질구질하게 질질 짜기도 했던 잊지못할 그 해 여름. 그렇게 태어난 지 얼마 안 되는 젖먹이 아기와 영문도 모르고 짜증을 내는 고양이까지 바리바리 데리고 급히 한국행 비행기에 올랐다.

부모님 댁에 얹혀 살며 영혼의 찌꺼기까지 모아 급하게 찾은 강남 출퇴근 가능권의 전세집은 84제곱미터의 한국 국민 사이즈 아파트. 월등한 공간 효율과 편의성을 갖췄지만 내 몫의 여분의 공간이란 전혀 없다. 게다가 차마 처분하지 못하고 구질구질하게 들고 온 나의 8인용 호두나무 식탁과 캘리포니아킹사이즈의 침대가 들어오고, 자라나는 아기의 물건이 늘어나니 정말 집에서는 옴짝달싹 못 하겠다는 비명이 절로 나오기 시작했다. 그리고 그 해 겨울, 코로나가 창궐했다. 여리디 여린 젖먹이 딸을 데리고 있던 나는 이 아파트에 그야말로 갇히고 말았다. 편한 차림 그대로 바람을 느낄 수 있던 나만의 뒷마당도, 내 장비들을 넣어놓고 신나게 온갖 짓을 벌일 차고도 없다. 새로운 직장에 적응을 시작한 남편은 새벽에 나가 밤늦게야 돌아온다. 이 작은 공간 안에서 아기와 둘이 살아남아야 한다.

그 시절은 너무나 정신이 없어 이제 잘 생각도 나질 않는다. 그저 낮잠을

138   맥주 한 잔 할까요?

재우기 위한 잠시의 산책 시간, 유모차를 끌고 들른 편의점에서 3개 만 원 하는 맥주를 종류별로 사다 쟁여 놓는 것이 큰 낙이었다는 것밖에. 안주도 없다. 요리는 사치다. 아침에 아기와 함께 먹기 위해 쪄 놓은 고구마와 함께 벌컥벌컥 들이켜는 맥주는 왜 그렇게 다디단 것인지. 참고로 찐 고구마엔 오렌지 향 뿜뿜하는 블루문, 담백한 아기 치즈와 사과칩에는 구스 아일랜드의 덕덕구스가 찰떡이다. 그렇게 팔자에 없는 감금 생활을 이어가며 사랑방 프로젝트는 점점 잊혀 가는가 싶었다.

나의 창작욕을 다시 불타오르게 만든 것은 어느 날 남편이 사 온 크래프트 브로스 브루어리Craftbros Brewery의 뉴잉글랜드 IPANew England IPA였다. 한창 유행하는 스타일이라는 것은 알고 있었지만, 여전히 내가 살던 미국의 북서부에서는 쓴맛이 강한 북서부 스타일의 IPA가 대세였고, 2년여 동안 임신과 수유로 무 알코올 맥주만 마셔 댄 탓에 시음 해 볼 기회가 없었던 차였다. 캔을 따자 바로 느껴지는 폭발하는 홉의 향과 쓴맛 없이 부드러운 그 맛은, 내 마음에 깜박이도 없이 훅 들어와 버렸다.

뿌옇다는 뜻의 헤이지 IPAHazy IPA라고도 불리는 뉴잉글랜드 IPA는 미국 북동부의 버몬트에 위치 한 '더 알케미스트 브루어리The Alchemist Brewery'에서 처음 선보인 스타일이다. '헤디 토퍼Heady Topper'라는 이름으로 처음 유통된 이 새로운 스타일은 단백질이 많은 곡물인 밀과 귀리 등을 사용하여 색이 밝고 탁해 오렌지 주스와 같은 외관이 특징이다. 또한 시트러스나 열대과일 향이 강한 홉을 끓이지 않고 냉침하는 방법으로 사용하여 쓴맛 없이 신선한 홉의 향을 살리고, 과일의 풍미를 내는 효모를 여과없이 사용하여 마치 주스 같은 맛과 질감을 낸다. 이전까지 나는 적당한 쓴맛이 에일 맥주에는 필수라고 생각했다. 그래서 보리 알레르기가 있는 친구를 위해 밀과 꿀, 허브를 이용한 술을 만들 때도 적당량의 비터링 홉을 사용해 향긋한 쓴맛을 의도했고, 쓴맛에서 오는 깔끔한 뒷맛이 고급스러운 맛이라며 만족했었더랬다.

그런데 홉의 향이 들숨과 날숨에 빈틈없이 느껴지는데 쓴맛이 없는 부드러운 맛이라니. 정말 상상하지 못했던 맛과 향의 조합이었다. 게다가 생 오렌지를 그대로 갈아 넣은 것 같은 비주얼과 질감은 내가 지금 마시는 것이 맥주인지 열대과일을 넣은 칵테일인지 헷갈릴 지경이었다. 눈을 동그랗게 뜨고 캔과 잔을 번갈아 들여다보며 안주도 없이 한 캔을 깔끔하게 비워 내고는 바로 구글링에 돌입했다. 어떻게 이걸 만들어보고 싶지 않을 수 있겠는가. 나는 맥주를 직접 만들어 가장 맛있는 골든 타임에 신선한 상태로 마시면 그 홉 향이 얼마나 더 향기로워질 수 있는지 잘 알고 있는데. 캔 임에도 이 정도가 가능하다면 내가 좋아하는 홉의 조합으로 직접 만든 그 한 잔의 맛이 어떨지 벌써 설레기 시작했다. 순수하게 맛있는 것을 먹겠다는 열정만으로 나는 다시 머리를 굴리기 시작했다. 창작욕이 불타오른다!

아무리 공간이 부족해도 결국은 뜻이 있는 곳에 길이 있는 법, 환기가 가능한 거실 욕실 하나를 포기하기로 했다. 그리고 아기 물건 창고 겸 남편의 홈 오피스로 쓰이던 방의 책상을 들어내고, 선반과 냉동고를 들였다. 이제 남편의 재택근무는 식탁에서 하기로 한다. 그렇게 독단적으로 공간을 해결하고, 가장 중요한 장비에 대한 고민을 시작했다. 커다란 냄비를 화력이 센 버너로 직접 가열하는 가장 일반적인 형태의 브루잉 세트는 샤워 부스가 있는 우리 집 욕실에는 절대 들어가지 않는다. 그리고 아기가 있는 전셋집 욕실에서 이글거리는 불꽃을 사용하는 것은 아무리 나라고 해도 영 찝찝하다. 그러면 전기로 되어있는 올인원 장비 쪽으로 가야만 한다.

올인원 장비는 전기로 온도 조절이 가능한 커다란 티 포트 같은 장비인데 커다란 전기냄비 안에 망으로 만들어진 바구니가 들어가 있어 적정 온도에서 충분히 당화된 보리를 망 째로 건져 내고, 남겨진 맥주액을 그 자리에서 바로 끓여 낼 수 있는 편리한 장비이다. 국내에서 생산되는 제품도 있기 때문에 구매도 어렵지 않아 나 같은 아파트 생활자들에게는 그야말로 최적의, 아니 사실은 유일하게 허락된 장비이다.

그런데 막상 또 이 장비를 구입하자니 이상한 반골 기질이 스멀스멀 올라온다……. 미국 학교에서 크래프트브루잉 과정을 들을 당시의 클래스메이트들은 주로 인근 브루어리에서 일하는 현직 브루어 들이었고 '홈브루잉 레벨'이라는 말은 그들 사이에서 약간의 조롱의 표현 이었는 데다가 그 '홈브루잉 레벨'의 대표적인 이미지가 바로 이런 올인원 장비였던 탓이다. 게다가 D.I.Y.의 천국답게, 획기적인 아이디어와 손재주의 협업으로 만들어 낸 온갖 핸드 메이드 장비들을 자랑하던 그들 사이에서도 나는 절대 기죽지 않는 아이디어 창고였지 않았는가. 그리고 어차피 기본에 충실하기에는 그른 마당에 굳이 이 비싼 기기에 투자해야 하는가. 그러려면 아예 확실한 야매의 길을 걷는 것은 어떨까. 그렇게 나는 고난의 아파트 양조사의 길을 걷게 되었다.

머리를 싸매고 고민하다 급식실에서 주로 보던 '전기물끓이기' 중고 기계를 황학동에서 5만원에 일단 데려왔다. 역시 스테디셀러는 다 이유가 있는 법. 물도 빨리 끓고 열효율도 좋으며 완전히 분해해서 세척 가능한 아래쪽 물 따르는 꼭지까지 필요한 기능은 다 있으니 대충 이 정도면 완벽하다. 이제 문제는 당화가 끝난 보리를 건져 낼 망사 바구니. 영 대책이 없어 며칠을 고민하던 중 철물점에 걸려있는 커다란 업소용 멸치 국물망이 눈에 들어왔다. 일단 제일 큰 사이즈를 두 개 사서 철물점에서 추천해 주는 공업사에 가서 땜질해 이어 붙였다. 그리고 미국 할아버지들에게 배운 대로 저렴한 냉동고를 하

온도 조절과 유지, 끓이기까지 완벽한 나의 당화조　　멸치 국물 망을 이어 붙인 보리 건지기용 체망

나 사서 온도조절기를 연결, 일 년. 내내 사용 가능한 발효고까지 만들어 놓
으니 이제 준비는 다 되었다.

드디어 나의 야매 장비에 처음으로
불을 댕기는 날. 두근두근 뛰는 가슴을
진정시키며 아침부터 아기와 온 몸을
던져 놀아주었다. 낮잠은 최소로 하고,
저녁에는 비장의 거품 욕조까지 만들
어 물놀이까지 해 드리니 평소보다 이
른 시간에 기절하듯 잠든 기특한 우리
딸. 퇴근한 남편과 함께 봉인해 두었던
욕실, 아니 이제 우리 집 양조장 문을 열
고 환풍기부터 틀어본다. 시애틀의 완
벽했던 나의 차고와는 비교도 할 수 없
지만 이 정도만 되어도 정말 감사하다
는 생각이 절로 든다. 야매 장비로 만든
첫 맥주는 당연히 뉴잉글랜드 IPA. 부

여러가지 면에서 기대에 못 미쳤지만 그래도
감동적이었던 야매 양조장의 첫 배치

드러운 맛과 바디감을 위해 밀과 오트도 조금 넣고, 이름부터 새콤달콤한 시
트라 홉과 사브로 홉을 양껏 사용한다. 물론 폭발하는 신선한 홉 향을 위해
발효 중 생 홉을 투하하여 냉침하는 드라이 호핑도 아주 넉넉하게. 그렇게 한
없이 길게 느껴지던 인내의 시간 후, 드디어 첫 잔을 따르는 날이 왔다. 병뚜
껑을 열자마자 폭발하는 홉 향은 정말로 감동적이었다. 처음이라 손에 익지
않고, 막상 사용 해 보니 생각대로 역할을 다하지 못하는 장비들 탓에 미리
예상했었던 여러 가지 단점들이 느껴진다. 그래도 정말 소중하게 아무도 주
지 않고 남편과 둘이 몽땅 다 마셔 버렸다.

사실 홉 향이 폭발하는 뉴잉글랜드 IPA에 심취되어 있던 기간은 그리 길지
는 않았다. 그 폭발하는 향은 아무래도 맥주를 물처럼 벌컥대고 마시길 좋아
하는 나에게는 매일 마시기 조금 부담스러웠으니까. 그리고 명절 전 부치기
에서 알 수 있듯, 향이 강한 음식은 남이 만들어 주는 것이 제맛이지 않은가.

처음 한모금으로 내게 충격을 안겨주었던 뉴잉글랜드 IPA, 크래프트브로스의 라이프IPA는 다른 종류의 홉을 사용해서 계속 새로운 시리즈를 만들어 내며 이슈 몰이를 했다. 나는 크래프트브로스 덕분에 예의 주시하고 있다가 재빨리 달려가 사와 제일 맛있는 날을 기다렸다가 마시는 티켓팅과 같은 재미를 깨닫게 되었다. 라이프IPA 덕분에 소소하게 계속 업그레이드 되어 가며 여전히 현역으로 뛰고 있는 나의 소중한 장비들. 그리고 사생활 없는 한국 아파트 구조 탓에 서당개 생활을 시작한 남편이 훌륭한 아바타 양조사로 거듭나는 등 소중한 나날을 보낼 수 있었다.

끝이 난 것인지 또 다른 시작인지 이제는 구분도 되지 않는 코로나 시대를 살아가며 어린이집을 밥 먹듯이 빼먹는 딸과의 감금 생활은 여전히 계속되고 있는 느낌이지만, 다시 돌아오는 맥주의 계절을 앞두고 또다시 가슴이 살랑거린다. 새봄에는 더욱 새롭고 맛있는 맥주들이 많이 나와 다시금 창작욕을 이글거리게 만들어주길 바라며.

CRAFTBROS LIFE IPA
크래프트브로스 LIFE IPA

브루어리	크래프트브로스
스타일	뉴잉글랜드 IPA
알코올	6.5%
외관	뿌옇게 흐린 밝은 금색. 망고 주스 색
향미	오렌지와 파인애플, 망고의 상큼 달콤한 향과 청량한 풀 내음, 부드러운 쓴 맛, 다량의 홉에서 오는 다소 스파이시 한 끝 맛
마우스필	중간 바디감, 탄산감도 강하지 않아 부드러움
푸드페어링	강한 홉 향을 방해하지 않는 부드러운 음식과 어울림. 드레싱을 많이 치지 않은 리코타 치즈 샐러드, 고구마 그라탕, 소금구이 치킨의 조합

#뉴잉글랜드IPA   #홈브루잉   #아파트욕실에서맥주만들기   #아기엄마일상   #집맥주
#집에서놀기   #코로나집콕

혁명과 전쟁속에 탄생한 와인을 닮은 맥주

꾸베 디 자코빈 : CUVEE DES JACOBINS

여행을 다녀온 후 그 도시를 다시 떠올리면 관광명소, 음식, 사람 등 여러 가지가 생각나기 마련이다. 내가 프랑스 파리를 떠올리면 수많은 화려함 속에서도 가장 먼저 생각나는 맥주가 있다. 하지만 그 맥주는 프랑스 맥주가 아니고 벨기에 맥주였으며, 이 맥주를 마신 나의 첫 탄성은 "이게 맥주라고?"였다.

2014년 박람회를 위하여 제네바와 파리를 방문했을 때였다.

약 50m 높이의 개선문을 284개에 달하는 계단을 통해 걸어 올라가 그림처럼 아름다운 샹젤리제 거리와 더불어 12개의 직선 도로가 보여주는 파리의 아름다운 모습을 보고 내려왔다. 눈과 마음의 행복은 가득했지만, 계단을 오르락내리락하는 건 허기와 갈증을 폭발시켰다. 샹젤리제 거리로 내려와 찾아간 레스토랑은 푸케Café Fouquet's이다. 1899년 삯마차의 마부들을 위한 작은 카페로 시작하여 현재까지 120여 년을 이어온 레스토랑이다. 스테이크와 함께 홍합스튜Mussel Stew를 주문하면서 스튜에 잘 어울릴 와인 리스트를 보는데 마지막 페이지의 맥주 카테고리에서 와인 이름을 발견했다. 나는 호기심에 그 맥주를 주문하였다. 맥주의 이름은 '꾸베 디 자코빈Cuvee Des Jacobins'이다.

나는 '왜 카테고리는 맥주인데 Cuvee(꾸베)가 있지'라고 생각했다. 와인에서 종종 보는 'Cuvee'의 어원은 'vat(큰 통)'의 프랑스 단어인 'Cuve'에서 유래되었다. 포도를 압착하여 포도즙을 추출할 때, 처음 추출된 고품질 포도즙을 'Cuvee'라 칭한다. 음식에 앞서 서빙된 자코빈 맥주 라벨에는 무척 많은 내용을 담고 있다고 생각했다. 우선 Rouge(루즈)로 맥주의 색깔은 추측이 되었다. 국적은 벨기에 출신으로 신맛Sour의 맥주라는 정보를 얻었다. 하지만 그 이외에 나무통을 배경으로 인자하게 웃고 있는 수도사의 모습은 나에게 궁금증을 유발했다.

자, 이제 마실 차례가 되었다. 벨기에 출신의 붉은색 신맛 맥주는 입안 가득 침샘을 자극하고 있었다. 서빙된 자코빈 전용잔에 천천히 푸어링을 한 후 한 모금을 마셨다. 그 맛은 역대급이었다. "이게 맥주야? 홍초가 나왔어."가 내 입 밖으로 튀어나왔다. 맥주의 산미는 상당한 수준이었다. 하지만 나는 두 번째 모금부터 이 맥주에 매료되기 시작했다. 이 강력한 산미에 숨어있는 바닐라와 체리, 사과 등의 과일 산미가 너무나 매력적인 맥주로 각인되었다.

꾸베 디 자코빈Cuvee Des Jacobins는 벨기에 오메르 판더 힌스트(혹은 오메르 반 더 긴스트) 양조장Omer Vander Ghinste Brewery이다. 양조장은 1892년 5월 17일 레 미 반더 긴스트가 아들을 위하여 양조장 부지를 구입하고 그 해 우든 트리 펠Ouden Tripel을 생산하면서 역사는 시작되었다. 그리고 이 양조장은 5대째 운영되고 있는데 양조장의 간판처럼 사용되는 스테인드글라스 유리창을 교체할 필요가 없게 자손의 이름에 오메르Omer를 붙이는 전통이 시작되었다. 하지만 Omer4세는 1977는 필스너 스타일의 보코필스Bockor Pils을 생산하면서 양조장 이름도 보코양조장Brouwerij Bockor N.V으로 변경하였지만, 2014년에 오랜 전통의 가족사를 강조하기 위하여 다시 오메르 판더 힌스트 양조장 Brouwerij Omer Vander Ghinste으로 변경되면서 120년의 전통을 이어오고 있다.

자코빈 맥주는 5.5%의 플랜더스 레드 에일Flanders Red Ale 스타일로 듀체스 드 부르고뉴Duchesse de Bourgogne와 로덴바흐Rodenbach Grand Cru와 같은 스타일 맥주로 색깔과 맛, 그리고 코르크 마개 사용 등으로 와인 맥주로 통한다. 벨기에 북쪽 네덜란드 인접 지역을 플랜더스Flanders지역이라고 하는데 우리에게는 네로와 파트라슈에 관한 이야기로 유명한 플랜더스의 개Maria Louise Rame의 배경이 되는 지역으로 친숙하다. 비어헌터 마이클 잭슨이 로덴바흐 양조장을 방문하여 양조 방법과 시음을 통하여 다른 지역 맥주와 차이점들을 보고 플랜더스 레드 비어Flandes red beer로 분류하여 전 세계에 소개하였다고 한다.

이 맥주의 제조상 가장 큰 특징은 일반적인 맥주 양조에서는 효모Yeast만을 사용하여 발효하는데 반하여 플랜더스 레드 에일의 신맛을 내기 위하여 락토바실러스와 함께 발효하여 젖산을 생성시키는 것이다. 이렇게 양조된 맥주를 푸더Foeder라고 불리는 큰 사이즈 배럴에 1년이상 숙성하여 그대로 병입하거나 숙성 기간의 차이가 나는 맥주들을 혼합(블랜딩)하여 제품화한다. 자코빈 맥주의 경우에 푸더에서 18개월 숙성한 맥주를 블랜딩 없이 그대로 병입하므로 신맛의 강도가 높은 맥주가 탄생한 것이다. 푸더 이야기를 조금 더하면 우리가 알고 있는 배럴은 통상 200리터인데 푸더는 최소 3배인 600리터를 보관할 수 있다고 한다. 주로 와인 생산 과정에 사용된 것인데 플랜더스 지역에서는 맥주 양조에 사용한다.

푸더는 대용량을 보관하므로 원액이 산소와의 표면 접촉면이 줄어 보다 양질의 맥주를 생산하면서 스테인리스 발효조가 가지지 못하는 오크 배럴의 다양한 풍미를 발효 과정에 얻을 수 있다고 한다. 더불어 한 통에서 대량으로 발효되므로 생산된 맥주가 균질하다고 한다. 이런 장점으로 요즘은 미국 크래프트 맥주 양조장에서도 푸더를 사용하는 곳이 많다고 한다. 우리나라의 경우 설레임으로 유명한 부산의 와일드 웨이브가 최근에 브랜딩과 숙성을 위한 푸더 양조 시설을 기존 양조장 인근에 마련한 것을 보았는데 이런 활동이 한국 크래프트 맥주 시장 발전에도 큰 도움이 될 것 같다.

자! 그럼 왜 맥주 이름이 자코빈인가? '자코빈'이라고 하면 프랑스 혁명 당시 두 달여 동안 천여 명을 단두대 이슬로 보내고 본인마저 단두대에서 처형된 로베스피에르가 주도한 공포 정치의 상징인 자코빈파가 생각난다. 공포정치를 이끈 정파를 자코빈파로 칭하게 된 이유가 맥주의 이름과 연관이 있다.

1914년 제1차 세계대전이 한창인 당시 오메르 판더 힌스트는 벨기에를 떠나 프랑스 파리 인근의 자코빈 거리Rue Des Jacobins에 있는 도미니코 수도회 소속의 자코빈 수도원Hospice Saint-Jacques에서 생활했고, 이 수도원 출신들이 공포정치를 주도하여 자코빈파라 불렀다고 한다. 이런 곳에서 붉은색의 신맛 가득한 100% 푸더 맥주에 관한 영감을 얻어 탄생한 맥주가 바로 이 '꾸베 디 자코빈'이다.

전쟁의 고통 속에서도 희망을 버리지 않고 살아 돌아와서 탄생한 맥주답게 첫 모금의 강력한 신맛이 다소 고통스럽게 느껴지지만, 그 고통 뒤에서 풍기는 말린 체리, 바닐라, 코코아의 뒷맛이 주는 매력은 복잡하면서도 매우 균형 잡힌 풍미를 선사한다. 인생도 결국 이런 균형 잡힌 삶을 향해 달려가고 있는 것 같다.

프랑스에서 만난 벨기에 맥주 자코빈, 혁명과 전쟁이라는 인류사의 가장 고통스러운 상황의 연결 고리를 두고 탄생한 맥주답게 이제까지 만난 맥주들과 달리 맥주 하면 연상되는 모든 생각을 뒤집어 놓았다. 맥주와 포도주를 함께 느낄 수 있는 자코빈을 파리에서 마신건 나에겐 정말 행운인 것 같다.

CUVEE DES JACOBINS
꾸베 디 자코빈

브루어리	오메르 판더 힌스트
스타일	플랜더스 레드 에일
알코올	5.5%
외관	짙은 붉은색, 갈색, 거품의 생성이나 유지력 낮음
향미	식초, 시큼한 체리 등의 산미가 치고 나온 후 바닐라와 사과 등의 과일 산미
마우스필	탄산감은 상당한 편이며, 질감이나 바디감은 가벼운 편
푸드페어링	치즈, 홍합 스튜, 견과류

#와인맥주 #자코빈 #푸더 #프랜더스레드에일 #파리 #자코빈수도원 #프랑스혁명
#세계대전 #로덴바흐 #비어헌터 #꾸베

물고기 맥주 스컬핀의 고향,
샌디에이고에서 이룬 크래프트 맥주의 종결자

스컬핀 IPA : SCULPIN IPA

로스앤젤레스에서 약 50Km 떨어진 애너하임에서 진행된 2017 자연 건강 식품 박람회가 끝난 뒤, 나의 다른 여행이 시작됐다.

애주가로 알려진 벤저민 프랭클린은 '와인에는 지혜가, 맥주에는 자유가, 물에는 박테리아가 있다고 했다. 그의 말처럼 애너하임의 위쪽은 지혜의 나파밸리가 아래쪽은 자유의 샌디에이고가 있다. 나는 자유의 샌디에이고로 차를 몰았다. 샌디에이고에는 나를 맥덕Beer Geek의 길로 인도한 발라스트 포인트 브루잉 컴퍼니와 이곳 맥주와 최고의 푸드 페어링을 자랑하는 블루워터 레스토랑이 있는 도시이다.

스컬핀 맥주는 설립자의 낚시에 대한 사랑으로 만들어진 물고기 라벨이 상징으로 유명하다. 요란한 라벨이 맥주 맛보다 더 먼저 생각날 정도도. '발라스트 포인트'라는 브랜드명은 과거 미 서부에서 남반구를 돌아 미 동부와 유럽으로 항해하는 배들이 출항 전 배를 점검하는 곳에서 유래된 이름으로, 특히나 배의 균형을 잡아주는 평형추Ballast에 사용된 돌을 채취한 곳이 샌디에이고이다. 이렇게 발라스트 포인트는 지역성과 바다를 항해하는 진취적 이미지를 담고 있다. 이 두 가지 특징이 라벨과 맥주 레시피에 고스란히 나타난다.

1992년 대학 친구인 '잭 화이트'와 '피트 어헌'은 취미로 홈브루잉을 시작한다. 하지만 그 당시 맥주를 만들기 위한 재료와 도구를 구하는 것이 무척 힘든 일이었다. 그들은 직접 홈브루 마트Home Brew Mart를 현재 위치에 설립하게 된다. 이것이 미국 크래프트 맥주 역사의 중요한 시작이다. 마트를 운영하며 꾸준히 가게 뒤편에서 자신만의 레시피를 찾는 노력을 하였다. 이런 덕업의 시작은 10억 달러(1조 1,500억)에 콘스틸에이션 브랜드Constellation Brands, Inc.에 매각되는 해피엔딩으로 결론 났다.

자동차 내비게이션은 목적지 백 미터를 남기고 있었다. 이상우의 노래 〈그녀를 만나는 곳 백 미터 전〉 가사처럼 가슴이 떨려왔다. 발라스트 포인트의 브루어리와 펍은 다른 곳에도 있지만, 지금 찾아가는 곳은 두 젊은이가 자신들의 맥주에 대한 꿈을 열정으로 이룩한 곳이라 특별한 의미가 있었다.

주차를 하고 매장으로 들어가는 순간 '야, 이런 공간이 우리에게도 있다면 정말 좋겠다'는 생각과 내가 상상한 모든 맥주를 만들 수 있겠다는 오기까지 생겼다. 맥주의 제조 공정에 맞추어 홈브루 도구들이 진열되어 있고, 각종 맥아와 홉을 원하는 맥주 스타일에 맞게 찾을 수 있었다. 가게 뒤편의 25년 전 그들이 도전하던 오리지널 양조 공간에는 지금도 자신만의 맥주를 꿈꾸는 홈 브루어들의 실험적 양조를 하고 있었다. 이곳에는 맥주 양조의 도구, 원료, 기술을 동시에 만날 수 있었고, 특히나 브루잉 교육 과정은 크래프트의 정신까지 배울 수 있는 공간으로 느껴졌다. 바로 연결된 테이스팅 룸으로 갔다. 그곳에는 31가지 맥주 탭이 꽂혀 있었다.

'자, 뭐 마실까.' 잠시 고민했지만 시작은 '스컬핀'이었다. '세상에서 가장 맛있는 맥주는 맥주 공장 굴뚝 아래에서 마시는 맥주'라는 이야기가 있다. 난 그 날 스컬핀을 굴뚝 아래에서 마셨다. 그리고 15종을 더 마셨다. 나머지 16종이 너무나 아쉬웠지만 다음 기회를 기약하며 숙소로 돌아왔다.

31가지 맥주 중 내가 최우선으로 선택한 '스컬핀'은 카스를 최고의 맥주로 생각하던 나의 맥주 인생에 지각변동을 일으킨 맥주인데, 2010년경 출장지에서 방문한 펍에서 전혀 알지 못하는 이름의 맥주를 주문하였고 그 맥주의 첫 모금은 너무나도 오묘했다. 알 수 없는 꽃향기와 함께 다채로운 열대과일 맛 그리고 적절한 쓴맛은 단숨에 잔을 비우게 만들었다. 이름부터 맛까지 첫 경험이었지만 그 날 나는 무려 5잔을 마시고 말았다. 이후 이 맥주에 관하여 알아보게 되었는데 '스컬핀Sculpin'은 독중개라는 물고기로 우리나라에서는 강의 상류 지역에서 주로 발견되는 민물고기인데 반면 미국 샌디에이고 지역에서는 바다에서 발견된다고 한다.

스컬핀의 첫 모금은 IPA의 특징인 쓴맛보다는 상큼한 열대과일이 우선 혀 끝에 감돈다. 양조장의 맥주 소개에도 복숭아, 망고, 레몬 향이 특징이라는 설명이 있다. 하지만 IBU 70의 매우 쓴 맛의 맥주이다. 이 두 가지 요소가 정말 50:50으로 잘 균형 잡힌 맛이 입안 가득 느껴질 때 당신의 맥주 입맛은 변하고 있을 것이다. 발라스트 포인트의 맥주는 맛뿐만 아니라 라벨도 매우 인상적인데 홈브루 마트의 단골손님이었던 폴 엘더Paul Elder와 맥주를 마시며 낚시에 관한 이야기 중 물고기의 일러스트를 그리고, 맛있지만 톡 쏘는 맛이 물고기 스컬핀과 비슷하다고 작명되어 라벨과 이름이 탄생하였다고 한다. 그래서인지 발라스트 포인트의 화장실 입구에 붙어있던 다양한 물고기 삽화 액자는 무척 인상적이었다. 발라스트 포인트 로고를 보면 처음 보는 복잡한 물건이 있는데 항해 시 방향을 알려주는 '육분의Sextant'라는 물건인데 사람들에게 프리미엄 맥주에 관하여 누구나, 언제, 어디서나 자신에게 맞는 맥주를 찾아주는 브랜드가 되겠다는 의지의 표현이라고 한다.

발라스트 포인트의 스컬핀은 맥주 스타일로 분류한다면 아메리칸 인디아 페일 에일American IPA 중 웨스트 코스트 인디아 페일 에일West Coast IPA에 해당한다. 공통으로 들어가는 IPA라는 이름으로 볼 때, IPA라는 스타일에 해당함을 알 수 있는데, 이쯤 되면 IPA에 대한 이야기를 안 할 수 없다.

IPA는 인디아 페일 에일India Pale Ale의 줄임말로 영국의 인도 식민 지배기 AD 1757~1947에 영국 지배층과 군인들을 위한 물품을 인도로 보내던 것에서 유래한다. 그 물품 중에는 맥주가 포함되어 있었는데 그 당시 냉장 시설이 없고 수에즈 운하(1869년 11월 개통)도 없는 상황이었기에, 영국에서 인도까지 선박으로 이동 시 적도를 두 번 통과해야 했기에 맥주는 쉽게 부패해 버렸다. 이것을 방지하기 위하여 천연 방부제인 홉을 맥주에 대량으로 사용하게 되었고, 이렇게 인도로 보내졌던 맥주를 인디아 페일 에일IPA로 부르게 되었다.

인디아 페일 에일에 관한 최초의 인쇄물은 1835년 리버풀 머큐리Liverpool Mercury에 처음 언급된 것이고, 미국에서의 IPA가 처음 생산되던 것은1878년 미국의 뉴저지주Newersey 뉴악Newark에서 나온 발렌타인Ballantine IPA이다. 하지만 진정한 현대적 미국의 IPA는 미국 홉인 캐스케이드Cascade를 사용하여,

1975년 앵커양조장Anchor Brewing에서 양조한 리버티Liberty IPA다. 이후 아메리카 IPA는 동부식East Coast Style과 서부식West Coast Style으로 세분되었다. 동부식East Coast IPA의 경우 맥아의 단맛과 진한 질감, 그리고 홉의 쓴맛과 향을 기반으로 양조 되었다. 하지만 이러한 강한 쓴맛과 함께 맥아의 단맛은 음용성을 떨어지게 하여 여러 잔 마시기 힘든 단점이 있었고 이런 단점을 보완하면서 미국의 서부지역인 캘리포니아에서 마시기 편한 깔끔한 IPA가 양조 되기 시작했다. 이 스타일을 West Cost IPA라고 하며, 미국의 다양한 홉을 사용하여 맥주에서 열대과일, 오렌지, 솔향 등 다양한 아로마를 느끼게 양조하면서 수제 맥주의 이미지를 확고히 하였다.

18세기 영국 제국주의 산물로 탄생한 IPA는 1842년 10월 필스너 우르켈 탄생 후 맑은 라거 맥주의 전성시대에 밀려 IPA 탄생지 영국에서도 사라질 위기였다. 미국에서도 양조산업의 중심은 독일 이민자들이었기에 미국의 농산물인 옥수수 등을 이용한 라거 맥주가 대세를 이루었다. 하지만 1933년 13년간의 금주령이 해지된 이후, 1979년에 지미 카터 미국 대통령이 홈브루잉을 합법화하는 조치를 시행하면서 맥주 시장에 커다란 변화가 생겼다. 홈브루잉 합법화가 이제까지 기존의 밀러와 버드와이저의 대형 양조장 중심의 맥주 시장에서 탈바꿈하여 새로운 스타일의 맥주를 양조하는 계기가 된 것이다.

그 당시 모든 사람이 가볍게 마실 수 있는 아메리칸 애드정트 라거American adjunct lager 시장이 맥주 전체 시장을 완전히 독차지한 상황이었다. 이 상황에서 새로운 양조업자들은 '크래프트 비어Craft Beer'라는 신조어를 내걸고 시장에 진출하였다. 기존의 맥주와의 차별화는 그들에게 과제이며 운명이었다. 이러한 노력의 하나는 미국에서 생산된 홉을 활용하지만, 유럽에서는 인기가 없거나 사라진 스타일 맥주를 찾아 나서는 것이었다. 그 결과 탄생한 맥주들이 바로, 우리를 맥주광의 세계로 이끈 수 많은 맥주이다. 그중에도 스컬핀은 독보적 존재로 자리매김했다.

스컬핀의 최상의 푸드 페어링 - "ALL WE DO IS FISH"
BLUE WATER - Seafood Market & Grill

맛집 사이트 옐프yelp의 미국 최고의 시푸드 식당이며 샌디에이고 레스토랑 1위인 블루워터는 밸러스트와 두 가지 연결 고리가 있다. 설립자의 끝없는 낚시에 대한 사랑과 스컬핀의 최상의 푸드 페어링인 블루워터 타코이다. 어린 시절 샌디에이고의 푸른 바다에서 서핑, 다이빙, 낚시하면서 부두에서 먹던 타코와 선상에서 낚시한 생선을 이용한 요리를 많은 사람과 공유하고자 설립한 식당이다. 시푸드 마켓과 식당을 함께 운영하는데, 그날 낚시한 생선과 해산물을 판매하고 요리하여 판매한다. 메뉴는 샌드위치, 샐러드, 타고 등으로 단순하지만 선택할 수 있는 생선과 소스의 조합은 바다 생물의 다양성만큼 풍성하다. 이러한 식당의 정신을 슬로건인 "우리는 샌디에이고 어부다." "We Are Local Fisherman"에서 느낄 수 있다.

오픈 시간은 AM 11시이다. 하지만 당신이 11시에 블루워터를 방문한다면 그날의 점심 식사는 PM 1시일 확률이 매우 높다는 것을 명심하라. 그리고 긴 줄 속에서 여러분이 할 일이 있다. 다양한 생선과 소스를 선택하여야 한다. 음식을 주문하기 전까지는 결코 테이블을 선택할 수 없다는 사실도 명심하시길 바란다. 가장 중요한 마지막 선택. 발라스트 포인트 맥주로 페어링을 완성시킨다면 한두 시간 동안 줄 속에 있었던 사실을 까맣게 잊게 될 것이다.

우리들은 덕업일치를 꿈꾼다. 하지만 현실은 취미가 밥벌이가 되는 순간 고통으로 바뀐다는 이야기가 있다. 최초의 덕질은 현실로부터 안식을 주는 공간이지만 덕업일치는 안식의 공간이 사라진다. 하지만 샌디에이고에서 만난 덕업일치의 현장에는 즐겁게 일하는 사람들이 있었고 자신의 덕질에 최고가 되겠다는 끝없는 노력의 결과가 덕업일치를 완성시킨 것 같다.

SCULPIN IPA
스컬핀 IPA

브루어리	발라스트 포인트 브루잉
스타일	인디아 페일 에일
알코올	7%
외관	금색보다는 조금 짙은 금색-주황색
향미	복숭아, 살구, 망고, 레몬향, 솔이나 풀과 같은 향
마우스필	중간정도의 탄산감에 질감이나 무게감도 스타일에 어울리는 가볍고 산뜻한 편
푸드페어링	거의 모든 음식에 모두 어울리지만 타코나 해산물 요리에 아주 훌륭함

#인디아페일에일　#IPA　#웨코　#물고기맥주　#발라스트포인트　#스컬핀
#샌디에이고맥주　#블루워터

미국인이 만들지 않은 미국 최초 양조장 맥주

잉링 트래디셔널 라거 : YUENGLING TRADITIONAL LAGER

우리나라 맥주 역사는 그리 오래되지 않았다. 1933년 일본의 대일본맥주 ㈜가 조선맥주(하이트 맥주 전신)를 설립하면서 시작됐는데 2022년 기준으로 1세기도 되지 않는다. 맥주 강국 독일은 어떨까?

몇 해 전 독일에서는 맥주 주원료 4개(보리, 홉, 효모, 물) 이외의 사용을 불허하는 '맥주 순수령(1516년)' 공표 500주년 행사가 있었다. 가히 맥주 원조국이라 불릴 만하다. 1589년 빌헬름 5세에 의해 만들어진 뮌헨의 유명 양조장 호프브로이하우스는 400년이 넘는 역사를 자랑한다. 맥주에 대한 가장 오래된 기록도 974년이라고 하니 맥주를 논할 때 독일을 빼놓을 수 없다.

미국도 독일 못지않게 규모에 있어 둘째가라면 서럽다. 2020년 미국 맥주협회인 BA Brewers Association의 통계 자료를 보면 전체 맥주 시장은 약 940억 달러(한화 약 113조)에 육박하고 양조장은 5,400개가 넘는다. 2년마다 한 번씩 열리는 월드 비어 컵World Beer Cup은 출품되는 맥주 가짓수만 해도 10,000여개가 넘는 상업적으로도 큰 성공을 거둔 세계 맥주 대회이다.

그렇다면 미국의 최초 맥주는 언제 시작된 걸까? 미국인에 의해 만들어졌을까?

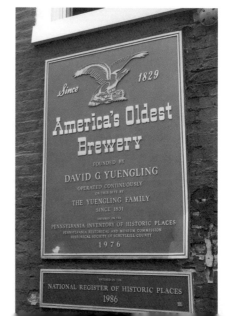

잉링브루어리의 간판

잉링브루어리의 건물외관

미국 최초의 양조장은 데이비드 고틀리브 잉링David Gottlieb Yuengling이란 독일인에 의해 1829년에 만들어졌다. 초대 양조장의 이름은 이글 브루어리 Eagle Brewery였는데 그 이후 창립자의 아들인 프레드릭Frederic이 양조장에 합류한 뒤 D.G 잉링 앤드 선(D.G Yuengling & Son, 이하 잉링 브루어리)으로 이름을 변경한다. 여담이지만 잉링이라는 이름 때문에 중국인이 만든 회사로 오해받기도 한다. 지금까지도 잉링 브루어리의 모든 맥주 라벨 전면에는 독수리가 있는데 초대 양조장 이름 때문에 그런 듯하다. 데이비드의 부모는 독일(당시 뷔르템베르크 왕국)에서 양조장을 운영했고 첫째 아들인 제이콥Jakob이 물려받게 되자 데이비드는 미국으로 이주한다. 탄광촌으로 알려진 펜실베이니아 포츠빌 Pottsville 중앙로Center Street에 자리를 잡고 독일식 에일인 로드 체스터필드Lord

Chesterfield와 포터Poter를 출시하지만, 2년 뒤인 1831년 화재로 인해 양조장은 완전히 소실되고 약 5km 떨어진 마한통고로Mahantongo Street에 새 양조장을 세운다. 2년 만에 화재라니…생각만 해도 울화병이 생길 것 같다.

미국 하면 떠오르는 희대의 사건은 금주령인데 잉링 브루어리는 오래된 양조장답게 금주령 직격탄을 맞는다. 1919년의 금주령으로 인해 주류 제조가 금지됐는데 데이비드의 손자인 프랭크Frank가 운영하는 시기였다. 프랭크는 양조장의 존속을 위해 처절한 노력을 했는데 맥주와 관련없는 유제품을 생산하거나 맥주와 유사한 맛의 음료를 만들기도 했다. 2016년 잉링 브루어리를 방문했을 때 아이스크림 간판이 달려 있었는데 그때는 이런 내막을 알지 못해 신기하기만 했다. 1933년 루스벨트 대통령에 의해 금주령이 폐지되자 잉링 브루어리는 "Winner Beer"를 만들어 루스벨트 대통령에게 전달한다. 맥주를 트럭에 잔뜩 싣고. 얼마나 기뻤으면 트럭 채로 보냈을까? 상상이 간다.

잉링 브루어리는 철저하게 가족 중심으로 경영이 이루어지고 있다. 창립자 데이비드의 아들이 회사에 들어온 이래 그의 자손들이 지금까지 잉링 브루어리를 운영하고 있다. 가장 유명한 맥주는 잉링 트래디셔날 라거Yuengling Traditional Lager로 5세대 경영자인 딕 잉링Dick Yeungling에 의해 1987년 재도입되었다. 딕은 주력 상품이 필요하다 판단했고 이전의 레시피를 부활시켜 잉링 트래디셔날 라거(이하 잉링 라거)라고 하는 독특한 맥주를 만들었다. 이후 잉링 라거는 펜실베이니아주의 최대 도시인 필라델피아 펍에서 그 진가를 발휘했다. 손님이 라거를 주문할 경우 종업원은 묻지도 따지지도 않고 잉링 라거를 주게 되는데 세계적으로 유명한 버드와이저 맥주는 이를 꺾어보려 스스로를 필라델피아 라거라며 한동안 홍보하지만 잉링 라거의 아성을 무너트리지 못했다.

잉링 브루어리의 첫 번째 맥주인 로드 체스터필드의 경우에는 케틀 호핑(Kettle Hopping : 끓일 때 홉을 넣는 방법)과 드라이 호핑(Dry Hopping : 발효 후 홉을 넣는 방법)을 이용하여 쌉쌀함을 부각하고 날카로운 느낌을 주는 라거 같은 에일이다. 그에 반해 잉링 라거는 엠버 라거Amber Lager 스타일의 맥주로 일반적인 엠버 라거의 색보다 좀 더 짙은 호박색을 띤다. 클러스터 및 캐스케이드 홉을 이용해 향긋함을 살린 에일 같은 라거인데 캐러멜 몰트를 사용하여 고소한 맛까지 나니 더욱더 재미있는 맥주라 하겠다. 미디움 바디인 맥주이기 때문에 굽거나 튀긴 고기, 매운 음식까지 두루두루 어울리는데, 펍에서 판매하는 모든 음식에 적합한 맥주가 아닐까 한다. 후라이드 치킨, 스테이크, 감자튀김 그리고 시큼하고 매운 버팔로 윙 등을 곁들인 잉링 트래디셔널 라거는 그야말로 치트키다. 라거라면 응당 그래야 하지 않을까?

잉링 브루어리 맥주는 필라델피아뿐만 아니라 많은 지역에서 판매되었고, 1996년엔 수요가 공급량을 초과하여 타지역에서는 판매하지 못하는 상황에 이르렀다. 2001년 딕은 밀 크릭Mill Creek 지역에 두 번째 양조장을 설립하고 2011년 생산 시설을 확장하며 안정적인 생산 능력을 갖추게 된다. 그 다음 해인 2012년, 저명한 일간지 24/7 WALL Street는 미국인이 가장 사랑하는 라거 1위로 잉링 라거를 선정한다. 최근에는 허쉬 초콜릿 회사와 협업한 포터 맥주가 계절 맥주로 출시됐다. 허쉬 초콜릿과 협업이라니…이로써 미국 내 잉링 브루어리의 위치를 더욱 실감한다.

미국인이 가장 사랑하는 미국 최초 양조장이란 타이틀은 나의 잉링 브루어리 방문의 중요한 이유였다.(물론 가장 큰 이유는 머무는 숙소에서 가까웠기 때문이었지만!) 미국은 너무 넓고 돌아볼 양조장도 많아 마음이 바빴으나 잉링 브루어리는 꼭 가보고 싶었다. 최초 타이틀에 걸맞게 타 양조장 보다 양조 횟수가 월등히 많을 것이고 많이 만들수록 숙련도가 뛰어날테니 횟수와 품질의 상관 관계를 확인해 볼 수 있는 절호의 기회였다.

미국 내의 작은 양조장을 방문하게 되면 투어 코스가 없는 경우가 많다. 그럴 때는 양조사라는 것을 밝히고 방문한 브루어리의 양조사와 직접 대화를 할 수 있는지 묻곤 한다. 그럼 매우 반가워하며 일반 투어 프로그램에서는 맛볼 수 없는 본인들의 숨은 맥주를 소개해주기도 하고 양조 공법을 더 꼼꼼히 알려주기도 한다. 물론 이런 부분은 양조사의 특권이라 매우 매력적이나 잉링 브루어리의 경우에는 양조사 간의 친밀감을 배제하고 좀 더 객관적인 맛 평가를 위해 일반 투어 코스를 이용해 보기로 했다.

테이스팅바에서 마신 잉링라거　　　　잉링라거와 전용 탭핸들

잉링 브루어리는 오래된 양조장답게 투어 프로그램도 잘 갖추어져 있다. 맥주를 보관했던 축축하고 서늘하며 음침하기까지 한 긴 지하 터널을 지나다 보면 지금은 사용하지 않는 낡은 스테인리스 저장 케그Keg가 쌓여있는 것을 볼 수 있다. 예전에 사용했던 장비들도 남아있고 최신 장비를 이용하여 당화 및 여과 등 실제 맥주를 만들고 있는 모습 또한 볼 수 있다. 매우 크고 멋진 현대적인 양조 시설에 비해 건물 외관과 기념품 매장, 시음 장소, 상품과 전단지 디자인 등은 레트로 감성을 무척 자극했다. 오래됨을 자랑스럽게 강조하려는 듯 각 맥주의 출시 연도가 찍혀있는 레트로 맥주잔 세트Retro Glassware Set까지 판매하는 걸 보니 이쯤 되면 레트로가 마케팅의 핵심이 아닐까 한다. 심지어 시음장에는 잉링 라거를 부활시킨 딕의 실물 크기 등신대가 있는데 그 마저도 옛스러움이 물씬 풍긴다. 마치 신당동 떡볶이 원조 할머니의 얼굴 간판을 마주하는 느낌이었다.

2029년이면 창립 200주년을 맞이하는 잉링 브루어리는 1976년, 미국에서 가장 오래된 양조장으로 국가 및 주 등록부에 등재되었다. 현재는 딕의 4명의 딸인 젠Jen, 데비 Debbie, 웬디Wendy, 쉐릴Sheryl이 6세대 경영을 함께 하고 있다. 2021년에는 텍사스 지역으로 유통을 확장했으며 컨트리 팝 가수 리 브라이스 Lee Brice와의 파트너십 체결, 플로리다 탬파Tampa지역에 대단위 맥주 관광단지를 조성하는 등 무서운 속도로 더욱더 성장 중이다.

아직 우리나라에는 수입되지 않고 있는데 비행기를 타지 않고도 만나볼 수 있는 날이 오길 고대한다. 그리고 나의 냉장고 안에는 딱 한 병의 2016년산 잉링 라거가 아직 잠들어있다. 묵히면 똥 되는데 이미 늦었으니 계속 보관하는 걸로.

YUENGLING TRADITIONAL LAGER
잉링 트래디셔날 라거

브루어리	잉링 브루어리
스타일	엠버 라거
알코올	4.5%
외관	짙은 호박색과 베이지색의 약간 거친 거품
향미	볶은 보리의 고소한 향, 약한 시트러스한 과일 향, 카라멜의 은은한 단맛
마우스필	중간 정도의 바디감, 중간 정도의 탄산감
푸드페어링	구운 고기류. 맵고 시큼한 버팔로 윙과 햄버거, 후라이드 치킨

#잉링트래디셔날라거　#라거　#잉링브루어리　#미국맥주　#미국최초맥주　#독일맥주
#트래디셔날라거　#미국맥주추천　#푸드페어링　#맥주한잔　#맥주추천

눈으로 마시는 맥주? NO!
상상으로 마시는 맥주 '벚꽃 라거'

벚꽃 라거 : CHERRY BLOSSOM LAGER

　　1995년 OB 맥주회사는 국내 최초로 프리미엄 맥주 카프리Cafri를 출시하며 고급 맥주의 시작을 알렸다. '눈으로 마시는 맥주'라는 광고 문구는 그 당시 술 꽤나 마시고 관심이 있었던 사람들에겐 너무나 익숙한 문구일 것이다. 게 떼들이 몰려와 트럭에 잔뜩 실은 맥주를 왕방울만 한 눈으로 마시고 줄행랑치는 장면은 꽤 인상적이다. 맥주는 시각적으로도 즐거움을 줄 수 있다. 갈색 병이 아닌 투명 병을 사용함으로써 청량함을 강조하거나 맥주의 색이 초록색이라든지(실제로 아일랜드 축제인 세인트 패트릭스 데이St. Patrick's Day 때 마시는 그린 비어Green Beer가 있다), 거품 위에 토핑을 뿌려 제공을 할 수도 있다. 이런 맥락으로 소개하고 싶은 맥주는 '상상으로 마시는 맥주'이다.

　　맥주를 고르거나 마시기 전에 그 맥주에 대한 기본 상식이 없고 한번도 접해보지 않았을 경우 사람들은 어떤 판단을 하게 될까? 여러 가지 정보가 있지만 대부분 맥주 이름 또는 라벨의 그림을 보고 판단한다. 예를 들어, 맥주의 이름이 '솜사탕 에일'이라면, 달달할까? 부드러울까? 이런 상상을 할 것이다. 이런 상상을 심하게 유발하는 맥주가 있으니 그것은 바로, 2004년 서울에 자리잡은 브로이하우스 바네하임의Vaneheim Brewery 맥주 '벚꽃 라거'이다. 벚꽃 라거의 상상은 이렇다. 벚꽃이 들어간 걸까? 봄에 마시는 맥주인가? 라거니까 가볍게 마실 수 있을까? 맥주가 향기로울까? 등등. 이름에 단지 벚꽃이 있을 뿐인데 다른 맥주에 비해 심한 궁금증을 유발한다.

잔에 따라지고 있는 벚꽃라거

　벚꽃 라거의 탄생 비하는 이러하다. 2013년에 일본 도쿄에서 열린 아시아 맥주 대회Asia Beer Cup에서 2일간의 심사를 마치고 간 갈라 디너쇼에는 대회에 출품된 맥주들을 한자리에 모아놓고 마셔볼 수 있는 부스가 있었다. 여러 가지 맥주들을 맛보던 중 일본의 어느 한 브루어리의 맥주가 눈에 들어왔는데 라벨에 벚꽃이 그려져 모양새가 예쁜 제품이었다. 여러 맛을 상상하고 마셔보았는데 기대에 부응하지 못해 실망을 했다. 그러나 이 맥주는 다른 의미로 뇌리에 꽂혀버렸다. 당시 아시아 맥주 대회가 열린 계절은 봄이었고 벚꽃을 보기 위해 모인 관광객들이 거리에 즐비했다. 국뽕(!) 같지만 한국에도 아름다운 벚꽃 명소가 있고, 만약 벚꽃을 넣은 맥주를 만들어 국제대회에 입상한다면 그런 명소들을 알릴 수 있지 않을까 생각했다. 그래서 일본에 있는 동안 벚꽃과 연관된 맥주들을 찾아보았다. 벚꽃으로 디자인해 포장한 시즌 맥주들은 쉽게 접할 수 있었지만, 벚꽃을 넣은 '찐' 벚꽃 맥주는 찾기 어려웠다. 그때를 계기로 본격적인 맥주 디자인을 시작하기로 결심했다.

벚꽃 맥주를 만들기에 앞서 공부가 필요했다. 전라남도 담양의 꽃차를 만드는 명인을 찾아가 꽃차 생산법을 배우고, 여러 가지 벚꽃 품종에 대해서도 공부했다. 게다가 우리나라의 토종 벚꽃인 왕벚꽃(겹벚꽃)이

토종품종인 왕벚꽃

있다는 것을 알게 되어 자생지인 제주도까지 갔지만, 왕벚꽃은 한국에서조차 접하기 힘든 귀한 품종이라 토종 품종으로 맥주를 만들기는 어려운 일이었다.

아쉽지만 일반 품종으로 레시피 작업에 돌입하는데, 레시피 과정의 첫 번째는 상상이었다.

"소비자가 원하는 맛을 상상하자."

벚꽃의 달달함이 향기롭게 묻어나며 목넘김은 부드럽지만 밀도가 있고, 맥주색은 고운 연분홍빛을 띠면 멋지지 않을까!

하지만 제주도에서 벚꽃을 직접 채취하고 말리는 순간, 이 상상이 잘못되었다는 것을 깨달았다. 벚꽃이 워낙 예쁘고 화사해서 달콤한 향이 많을 것이라 생각했지만 향 자체가 약한 꽃이었고, 실험을 해보니 분홍빛을 내려면 벚꽃 이외의 다른 첨가 재료를 넣어야만 했던 것이다. 그러나 다른 재료를 넣는 순간, 맛의 성질과 그나마 있던 벚꽃 향조차 가려졌기 때문에 맥주의 기본 재료와 벚꽃 말고는 사용하지 않기로 결정했다. 대신 딱 하나만 생각했다.

"무조건 화사한 맛을 내자!"

화사함은 맛이 아니지 않나! 하지만 그 맛을 상상하여 실제로 구현해 낸다면 성공하지 않을까? 맛을 구현하기 위해선 여러 종류의 맥아Malt와 홉Hop

직접 벚꽃을 채취하는 중

의 정확한 선택이 필요했고, 선택을 했다면 그 재료를 수치화하면 되었다. 화사한 맛을 내기 위해서는 맥아와 홉의 비율이 굉장히 중요했다. 또한 효모의 캐릭터가 부각되면 안되기에 상대적으로 특징이 약한 라거 효모를 고르게 되었다. 에일 효모를 사용하게 되면 그 향과 맛으로 인해 벚꽃과 맥아, 홉이 주는 오묘한 특징들을 살릴 수 없었기 때문이었다. 화사한 맛을 뒷받침해 줄 수 있게 부드러운 질감의 밀 맥아를 소량 사용하였고, 벚꽃차의 풀Grassy 느낌이 유지되면서 꽃향을 올려줄 수 있는 홉을 골랐다. 마지막으로 가벼운 라거 맛일 거라 상상할 소비자들에게 반전의 맛을 보여주고 싶어 5.5%의 알코올로 입안에서 느낄 수 있는 무게감을 높게 표현하였다.

그렇게 상상을 맛으로 구현하고자 기획했던 2013년으로부터 3년이 흐른 뒤, 2016년 5월경 첫 벚꽃 라거가 소비자들에게 선보였다. 이름도 Simple is the Best, '벚꽃 라거!'. 맥주 위의 장식도 다양하게 사용했는데, 생벚꽃을 염지하여 맥주 거품 위에 토핑하거나 꽃봉우리를 온전하게 살려 말린 벚꽃을 올려주기도 하였고 건조 벚꽃가루를 뿌려 제공하기도 하였다. 업계의 반응은 폭발적이었고 많은 소비자에게 사랑을 받았다. 그리고 너무나 특별하고 중요한 일이 생기게 되는데 그해 10월, 일본 요코하마에서 열린 국제 맥주 대회International Beer Cup에서 금메달을 수상하게 된 것이다. 이

염장 벚꽃이 장식으로 올라간 벚꽃라거

로 인해 벚꽃 라거는 바네하임의 대표 맥주로 자리잡았다. 3년 전 맥주를 기획하면서 바랐던 것이 이루어진 순간이었다. 1세대 브루어리이자 서울 노원구 공릉동에 위치한 10평 남짓의 작은 양조장에서 이루어 낸 큰 성과이기도 했다.

바네하임 매장에 걸려있는 상장과 금메달

여담을 하나 하자면, 해외 맥주심사위원들이 바네하임 양조장을 방문한 적이 있는데, 양조 설비를 보여주니 정말 이 장비로 맥주를 만들어 상을 받은 것이 맞냐며 농담을 건넨 적이 있다. 사실 허접하기 짝이 없는 시설임을 충분히 알고 있었기 때문에 오히려 그들의 농담이 칭찬으로 다가왔고 더 뿌듯했다. 그래서 다같이 시원하게 웃어 제낄 수 있었다.

벚꽃 라거는 지금도 봄이 되면 꾸준히 출시되어 봄에만 마실 수 있는 특별한 맥주로 인식되고 있고, 은은한 꽃향과 부드러운 텍스처, 마시고 난 뒤 목구멍을 타고 미세하게 올라오는 화분의 달달함이 잘 조화된 맥주이다. 또한 병맥주 라벨의 경우, 조선 시대 화백 신윤복의 '월하정인' 속 두 연인의 모습을 따와 사랑스럽고도 말랑말랑한 감정을 라벨에 녹였다.

월하정인이 그려져있는 벚꽃라거 병맥주

벚꽃에서 나오는 특유의 스파이시함은 마셨을 때 화사함과 동시에 차에서 나오는 향신료의 느낌이 살짝 묻어난다. 그래서 향신료 맛이 강한 음식과 함께 곁들여도 잘 어우러진다. 또한 고수 같은 향이 강한 향신채도 잘 어

울리며 정향 가루, 붉은 후추 가루를
거품 위에 살짝 올려 마시면 독특한
경험을 할 수 있다. 정향 가루를 거
품 위에 올리는 비법은 고문헌 요리
연구가인 고영 선생님의 알쓸맥잡 팁
중 하나이다. 특히 같은 계절에 만날
수 있는 쑥도 벚꽃 라거와 잘 어울리
는데, 쑥이 들어간 개떡과 함께 마시
면 궁극의 맛을 느낄 수 있다. 만약 매
운 음식을 좋아하는 분이라면 향신료
가 강하고 자극적인 맛의 마라족발,
마라샹궈 등을 같이 드셔보길 추천한
다. 과장을 조금 보태서 카타르시스
를 경험할 수 있을 것이다.

벚꽃잔에 따라져 있는 벚꽃라거

　만약 이 글을 읽고 이상하게 봄이 기다려진다면 상상이 현실로 이루어진
것이겠다.

CHERRY BLOSSOM LAGER
벚꽃 라거

브루어리	브로이하우스 바네하임
스타일	인터내셔널 라거
알코올	5.5%
외관	밝은 금색과 하얗고 부드러운 거품
향미	꿀, 은은한 꽃향, 흰빵. 쓴맛은 약하고 화분의 은은한 단맛이 후미에 올라옴
마우스필	가벼운 바디감, 중간 정도의 탄산감과 청량감
푸드페어링	녹차와 쑥이 들어간 제과 또는 떡류. 고추, 산초가 많이 들어가는 매운 음식. 정향, 고수 등 향신료가 강한 음식

#벚꽃라거　#벚꽃명소　#바네하임　#크래프트비어　#벚꽃　#카프리　#수제맥주
#눈으로마시는맥주　#상상으로마시는맥주　#푸드페어링　#맥주한잔　#맥주추천

PART 4

맥주와 역사

맥주에 관한 숨겨진 깊은 이야기

—

#웨스트코스트IPA #필스너 #스리랑카 #카를5세 #부르고뉴

IPA를 처음 마셨을 때 어떠셨나요?

라구니타스 IPA : LAGUNITAS IPA

미국에서 처음으로 IPA를 마셨던 기억이 생생하다. 2010년대 초반의 봄, 나는 샌프란시스코 유니온 스퀘어 근처의 오래된 펍에 자주 출몰하고 있었다. 미국 프로 농구 시즌이어서 펍에서 골든 스테이트 워리어스의 경기를 보면서 맥주를 마시곤 했다. 당시 나는 이 팀을 전혀 알지 못했다. 대중들이 응원하는 팀을 유심히 살펴보니 골든 스테이트가 샌프란시스코의 지역 연고팀이라는 생각이 들어 그들을 따라 응원했다. 황금 도시의 전사가 되어 스테판 커리가 골을 넣으면 그들과 함께 환호했고 슛이 빗나가면 그들과 함께 탄식했다. 그러고 났더니 워리어스는 이제 내가 가장 사랑하는 농구팀이 되어 버렸다. 농구를 응원하면서 셀 수 없이 많은 맥주를 들이켰다. 특이하게도 그펍은 맥주 한 잔을 시켜도 1달러의 서빙 팁을 줘야 하는 곳이었다. 한 병을 시켜도 1달러, 열 병을 시켜도 1달러. 그곳은 마치 엄격한 함무라비 법처럼 '1달러 법'을 지키지 않으면 주인을 거꾸로 매달아 맥주 통에 담가 놓기라도 하는 모양이었다. 그렇지 않고서야 이렇게 철저하게 1달러를 챙겨 가는 일은 없을 거라 생각했다. 미국의 팁 문화는 아직도 나에겐 생소한 면이 많다. 그들의 문화를 존중하지만 그들의 룰을 아직도 이해하지 못하고 있는 것이다. 예를 들어 아침, 저녁 때에 따라 다르고, 식당, 카페, 펍 장소에 따라서도 다른 팁 문화가 그렇다.

아무튼 나는 나의 주속(술을 마시는 속도)을 따라 마셨지만, 곧 속도를 조절하면서 선배가 함무라비 법전의 순한 양이 되는 순간 서빙 팁에 올라타곤 했다. 그렇게 맨날 며칠을 한국에서도 익숙하게 마신 라거만을 주야장천으로 마셨다. 주로 버드와이저로 목구멍에 꽉 찬 서양 음식들의 기름기를 벗겨내야 한다는 소명으로 흘려보냈다. 그러다가 딱 한 번 맥주 외도를 한 것이 바로 IPA이다. 샌프란시스코 지역 양조장의 IPA였는데 당시에는 브랜드 이름까지 기억하면서 마실 만큼 그렇게 대단한 맥주는 아니라고 생각했지만, 이제와 돌이켜보니 그 지역에서 대단히 명성 있는 맥주였을지도 모른다. 그 순간의 기억이 아주 짜릿했거나 그 이후로 나의 맥주 인생이 바뀌었거나 하는 그런 신데렐라 껌 씹는 소리 같은 반전의 이야기는 없다. 대신 타국에서 느꼈던 조금은 낯설고 서먹했던 감정이 아직도 남아 있다. 익숙한 곳의 익숙한 맛과는 다른 감각이었다. '이건 좀 너무 쓴데, 자몽 향이 나네. 낯선데' 그 정도의 단순한 감정이었다.

영화 〈클로저〉에서 나탈리 포트만이 낯선 남자에게 던지는 대사 '헬로 스트레인저' 같이. 지금 생각해 보면 얼마나 소중했던 순간이었는데, "일생일대의 미국 여행이었는데, 그 정도 감정 밖에 없었을까" 하는 아쉬움도 남는다. 하지만 내가 IPA를 충분히 알고 마셨다고 감회가 새로웠을까? 지금도 기회만 되면 미 서부로 크래프트 맥주 성지 순례를 하는 꿈을 꾼다. 그때의 감정은 의도치 않은 낯선 만남 때문일 것이고, 의도된 만남이었다면 다른 감정이 생겼을 것이다. 그러니 나는 그때의 무지를 아쉬워하기 보다는 IPA에 대한 낯섦을 오래도록 즐기기로 했다. 이제는 IPA에 대한 익숙함만 남아 있어서 흘러간 첫사랑의 풋내는 노력해도 생기지 않으니까 말이다. 내가 하루라도 맥주 없이 살 수 없고 맥주와 관련된 모든 것을 살펴보는 비어도슨트로 살게 될 거라고는 상상도 못했던 시절의 이야기이다.

오늘 편의점에서 라구니타스 IPA를 발견하고 문득 IPA를 처음 마셨던 그때가 생각났다. 왜냐하면 라구니타스 IPA야 말로 그때 마셨던 IPA와 가장 비슷한 맥주이니까. 1993년 캘리포니아 북부에 설립된 라구니타스 브루잉, 1995년에 처음으로 양조된 라구니타스 IPA가 이 양조장의 시그니처 맥주이자 웨스트 코스트 IPA의 성경과도 같은 맥주이다. 웨스트 코스트 IPA는 BJCPBeer Judge Certification Program나 WBCWorld Beer Cup에서 가이드하고 있는 스타일은 아니고 그저 지역적인 공통점을 하나로 묶은 카테고리일 뿐이다. 하지만 웨스트 코스트 IPA라고 분류하는 이 계열의 맥주는 IPA를 넘어 미국 크래프트 맥주의 역사에서 시사하는 바가 크다. 웨스트 코스트 IPA의 특징을 몇 가지 꼽는다면, 모름지기 6% 이상의 높은 도수, IBU 50 이상의 강한 쓴맛, 아메리칸 홉을 사용한 강한 홉 아로마 등일 것이다. 라구니타스 IPA는 모범적이고 전통이 있는 웨스트 코스트 IPA로 이 계열의 맥주 역사를 되짚어보면 그들의 역할 또한 지대했다는 점을 알 수 있다.

앞서 웨스트 코스트 IPA의 특징에 대해 언급했다. 그러니 라구니타스 IPA에서도 사전에 예상되는 맛은 분명하다. 라구니타스 IPA는 라이트 앰버 바디의 맑은 색상과 아이보리 거품이 매력적인 외형을 가졌다. 솔 향, 송진 향, 눅눅한 풀 향과 자몽 캐릭터가 있다. 하지만 시트러스한 홉 아로마가 아주 강한 맥주는 아니다. 몰트의 곡물스러운 느낌과 스위트함, 캐러멜 향이 느껴진다. 라구니타스 IPA는 진득하고 짜릿한 홉의 풍미와 몰트의 캐러멜 풍미가 균형감이 있는 맥주이다. IPA라면 한쪽으로 치우친 강한 홉의 풍미를 좋아하는 분들도 많겠지만 라구니타스 IPA는 시트러스가 그리 강하지는 않고 그보다 몰트의 풍미가 눈에 띈다(다른 IPA보다 그렇다는 것이지 몰트 위주의 맥주는 아니다). 알코올 도수도 IPA치고 적당한 정도인 6.2%. 쓴맛도 IPA치고는 편안하게 느껴진다. 요즘 인기있는 극단적인 IPA에 비하면 평범하게 느껴진다. 한마디로 라구니타스 IPA는 홉과 몰트의 균형감에 신경 쓴 IPA로 손색이 없다.

앞서 라구니타스 IPA를 웨스트 코스트 IPA의 전형이자 모범이라고 말해 두었는데 이제 그 이유를 말할 때가 된 것 같다. 이해를 돕기 위해 미국 웨스트 코스트 IPA의 역사를 몇 개의 장면으로 구분하여 설명해 보려 한다.

첫 번째 장면은 샌프란시스코에 있다. 샌프란시스코에서 비교적 부유하게 살던 메이텍 가문(가전 제품으로 유명한 미국의 기업 가문)의 상속자 프리츠 메이텍은 1965년에 크래프트 브루어리는 아니었지만 지역의 브루어리를 인수해 앵커 브루잉을 설립하였다. 메이텍은 아메리칸 홉을 사용하여 영국 페일 에일을 만들 생각을 했는데, 이때 영국식 홉 투척기법인 드라이 호핑을 도입해 미국 품종인 캐스케이드 홉을 사용해 보기로 하였다. 당시에는 소규모 맥주 양조에 미국적인 것은 부족했으니, 영국식 맥주 공정에 미국의 재료를 사용한 것은 도전이었다. 이것이 IPA는 아니었지만 웨스트 코스트 IPA의 도화선이 된다. 이것이 바로 1975년에 생산된 리버티 에일이다.

두 번째 장면은 그로부터 5년이 지났다. 1979년에 설립된 시에라네바다 브루잉은 야키마 밸리에서 수확한 홉을 바로 사용해 페일 에일을 만들었다(1980

미국식 페일 에일의 성공을 보여준 시에라 네바다 브루잉의 맥주들

년). 미국식 페일 에일의 전설 시에라 네바다 페일 에일은 이렇게 시작되었다. 이때 처음으로 대중들은 홉 지향적인 맥주를 받아들이기 시작하였다. 아메리칸 홉을 사용해서 만든 맥주가 경쟁력이 있다는 사실을 보여 준 사례이다.

세 번째 장면은 1980년대이다. 특히 1988년은 미국 크래프트 맥주의 역사에서 특별한 해이다. 1988년 이 해에만 56개의 크래프트 브루어리가 대거 생겨나면서, '1988 세대'라는 특별한 용어도 생겨난다. 이때의 브루어리는 대기업 맥주에 저항하면서 양조가협회(BA)를 이끌어 내기도 했는데, 지금은 대기업에 인수되었지만 구스 아일랜드가 대표적인 1988 세대 크래프트 브루어리였다. 미 서부 지역에서는 올드 라스푸틴 임페리얼 스타우트로 유명한 노스 코스트, 한국에서 할인 행사 자주 하는 데슈츠, 그리고 로그 에일 등이 생겨났다.

네 번째 장면. 1990년대에는 제법 많은 크래프트 브루어리가 생겨났다(1994년에 537개의 크래프트 브루어리가 있었다고 한다). 이 시기에 미국의 크래프트 맥주는 완전히 자리 잡았고, 지역성을 띠며 이웃 브루어리와 활발하게 교류를 하게 된다. 이 때 미 서부 지역에는 인디카 IPA로 유명한 로스트 코스트(1990)와 더블 IPA로 유명한 러시안 리버(1997) 등이 생겨났다. 샌디에이고는 특히 홉 레이싱이 심했다. 에일스미스(1995), 스톤(1996), 발라스트 포인트(1996) 등이 이때 생겨난 브루어리이다. 이들은 쓴맛을 얼마나 더 낼 수 있는지(7~80 IBU는 기본), 홉을 얼마나 더 넣을 수 있는지(더블, 트리플 IPA까지 등장) 등을 가지고 홉 군비 경쟁을 했다. 한편 시에라 네바다 브루잉은 맥주에 홉을 효과적으로 입히기 위해 톨피도라는 드라이 호핑 장비를 개발하기도 했다. 홉 군비 경쟁에 1994년에 생산된 블라인드 피그의 더블 IPA를 빼 놓을 수가 없다. 원래는 플라스틱 발효조에서 발생할 수 있는 불쾌한 냄새를 줄이기 위해 홉을 대량으로 넣어 120 IBU의 에일을 만든 것인데, 이것이 훗날 러시안리버의 트리플 IPA 플리니 디 엘더의 모태가 된다.

마지막으로 라구니타스 IPA의 위상을 빼 놓을 수 없다. 라구니타스는 1993년에 설립되었다. 라구니타스의 설립자 토니 매기는 1992년 겨울 크리스마스에 홈브루잉 키트를 선물 받아 처음으로 양조를 했다고 한다. 양조 1년 만에 브루어리까지 설립하다니 홈브루잉을 하는 분들에게 희망을 주는 인물이다. 라구니타스 IPA는 1995년에 처음으로 생산

라구니타스 IPA

되었는데, 이때는 홉 경쟁이 가장 치열했던 시기였다. 참고로 토니 매기는 앵커 브루잉의 메이텍의 영향을 많이 받았다고 전해진다. 이후 라구니타스는 미 서부 지역에 이어 시카고에 두 번째 양조장을 설립하면서 지역을 벗어나 전국적인 양조장으로 성장하였다. 2017년에는 하이네켄에 완전히 인수되면서 이제는 글로벌 기업에 속하게 되었다.

'지난 40년간의 웨스트 코스트 IPA를 정의할 수 있는 10가지의 맥주'라는 기사가 있다. 여기에는 앵커 리버티 에일, 시에라 네바다 페일 에일, 블라인드 피그 에일, 스톤 IPA, 플리니 디 엘더 등이 언급되어 있다. 물론 라구니타스 IPA도 끼어 있다. 하지만 이제 라구니타스 브루잉은 크래프트 브루어리로 분류되지는 않을 것이다. 이미 대기업에 인수된 구스 아일랜드나 발라스트 포인트와 같은 거대Large 브루어리가 되었다. 그로 인해 시장의 접근성은 높아질 것이고 맥주는 강한 개성보다는 대중성을 띄게 될 것으로 보인다. 이미 모기업의 글로벌 유통망으로 인해 한국의 편의점에서도 3캔 만원에 구입할 수 있다. 그래서 나는 오늘밤 라구니타스 IPA를 마실 수 있었다. 자꾸만 희미해지는 IPA의 첫사랑을 놓지 않으면서 말이다.

LAGUNITAS IPA
라구니타스 IPA

브루어리	라구니타스 브루잉
스타일	인디아 페일 에일
알코올	6.2%
외관	라이트 앰버 바디와 옅은 아이보리 거품
향미	솔 향, 송진 향, 풀 향과 자몽 향. 몰트와 홉의 풍미가 균형적
마우스필	중간 정도의 바디감, 중간 정도의 탄산감과 청량감
푸드페어링	왠만한 음식에 모두 어울림. 매운맛이나 향신료가 강한 음식과도 어울림, 떡볶이 등

#웨스트코스트IPA   #미서부맥주스타일   #크래프트맥주혁명   #개가그려져있는IPA
#지난40년간의웨스트코스트IPA룰정의할수있는10가지맥주   #첫IPA의기억
#밸런스좋은IPA   #크래프트맥주정신

어둠을 뚫고 황금빛 항로를 연 맥주

필스너 우르켈 : PILSNER URQUELL

수천 년 맥주의 역사에는 맥주의 방향을 결정지은 수많은 변곡점이 있었다. 개인의 맥주 인생에서도 변곡점은 있다. 나의 여러가지 맥주 변곡점 중에 쓴맛의 변곡점을 찾으라면, IBU 75에 달하는 올드 라스푸틴 임페리얼 스타우트를 처음 마신 날도 아니었고 IBU 100에 달하는 러시안 리버 브루잉의 플리니 디 엘더 트리플 IPA를 마신 날도 아니었다. 고작 IBU 35인 필스너 우르켈이 나의 쓴맛 수용체에 특별한 자극을 가했다.

인간의 맛 수용체는 30가지가 있고 이중 25가지가 쓴맛 수용체라고 한다. 나의 미뢰(혀에서 맛을 느끼는 꽃봉오리 모양의 기관)에 있는 쓴맛 수용체는 평소에 쓴 커피로 단련되어 왔기 때문에 맥주의 쓴맛에도 강철처럼 무뚝뚝할 줄 알았다. 하지만 맥주의 쓴맛은 커피의 쓴맛과는 달랐다. 커피가 일관되게 쓴맛을 달리는 고속도로라면 맥주는 5가지 수용체가 단맛, 짠맛, 신맛, 감칠맛을 찾는 동안 25가지 수용체가 열심히 쓴맛을 보태는 휴게소가 딸린 고속도로 같은 것이었다.

필스너 우르켈은 맥주의 쓴맛에 대해 심봉사가 심청이를 만난 것처럼 눈을 뜨게 해 준 맥주였다. 그것은 마치 쓴맛 알갱이들이 한반도 같은 혀 위를 거처없이 떠돌다가 스스로 힘이 빠져 돌아가는 느낌이었다. 필스너의 쓴맛은 확실히 도드라졌으면 맥주를 마신 후에도 한동안 유지되다가 시나브로 사라졌다. 그렇게 필스너 우르켈은 한 때 나의 최고의 맥주였고, 맥주에 대해 아무것도 모르는 맥주 입문자로 살던 시절에도 블라인드 테스트로 필스너 우르켈 만큼은 집어낼 수 있었다. 그것은 비슷한 류의 다른 맥주보다 높은 쓴맛 때문이었다.

그런데 맥주 입문자에서 맥주 유망주로 거듭나던 시절, 나에게 쓴맛 변곡점을 준 이 맥주가 맥주사에서도 또 다른 변곡점이 되었다는 사실을 알게 되었다. 그것은 맥주의 색깔 변곡점이었다.

과거 독일은 엄격한 맥주순수령과 맥주 양조법으로 라거의 역사를 이끌었다. 맥주의 재료로 물과 맥아, 홉, 효모만을 사용하게 했던 맥주순수령으로 독일의 맥주는 일정한 품질을 유지할 수 있었다. 당시의 맥주의 색깔을 떠올려보면 둥켈처럼 어두운 색이었다. 맥아를 간접적으로 굽는 기술이 도입되어 맥주의 색깔이 조금 밝아지긴 했지만 그래도 메르첸 정도의 갈색이었다. 반면 이렇다할 식품품질법이 없었던 체코의 맥주는 한때 품질에 심각한 문제가 발생했다. 하지만 필스너의 발명은 라거의 종주국 독일을 제치고 전세계 라거 시장의 판도를 흔들었다. 이 황금빛 맥주는 기존의 라거보다 향긋한 풀 향과 쌉쌀한 맛으로 다름을 표현했지만, 이미 눈으로만 보아도 기존 세계의 맥주와는 달랐다. 그것은 라거의 세계에서 어둠을 뚫고 황금빛 항로를 열어 제친 것과 같았다. 이 체코의 맥주는 대체 독일의 맥주와 무엇이 다를까? 그 항로를 처음부터 끝까지 따라가 보려고 한다. 맥주순수령이 제정된 15세기의 독일에서 비행기는 이륙한다.

라인하이츠게봇Reinheitsgebot이라 부르는 독일의 맥주순수령은 1516년 바이에른(당시의 이름은 바바리아)의 공작인 빌헬름 4세가 반포하였다. 라인하이츠게봇은 사실 독일 최초의 맥주 식품법은 아니었다. 그보다 대략 70년 전인 1447년, 뮌헨에서는 맥주의 재료에 보리, 홉, 물 만을 사용하는 법령을 제정하였는데, 이것이 세계에서 가장 오랫동안 운영중인 식품법의 시초이다. 당시 바이에른은 잉골슈타트, 란츠후트, 뮌헨, 슈트라우빙이라는 4개의 공국으로 구성되어 있었는데, 각 공국은 저마다의 방법으로 맥주 식품법을 가지고 있었다. 먼저 뮌헨을 통치하던 알브레히트 4세는 그의 공국 내에서 1447년의 식품법을 따르도록 명령했고, 1493년에는 란츠후트도 이 식품법을 강제화했다. 그러다 란츠후트의 공작이 상속자 없이 죽자 란츠후트 계승 전쟁이 발생하게 되었고, 이 틈에 뮌헨의 알브레히트 4세가 바이에른 지역의 4개의 공국을 통일하였다. 이 알브레히트 4세의 아들이 빌헬름 4세이다. 빌헬름 4세는 뮌헨의 식품법과 란츠후트의 식품법을 비교하여 더 단순했던 뮌헨의 법

2016년 잉골슈타트에서 맥주순수령 500주년을 축하하는 모습

령을 채택하고 맥주의 재료에는 오직 보리, 홉, 물 만을 사용할 수 있다는 맥
주순수령을 반포하였다. 이것을 바이에른 전역에 강력하게 적용하였는데, 그
외의 독일 지역에서는 자유롭게 양조할 수 있었다. 이 법령에는 효모가 빠져
있는데 법령에 효모가 추가된 것은 1551년 맥주순수령이 개정된 이후이다.

맥주순수령에서 맥주의 재료를 제한한 이유는 맥주의 생산에 사용한 재료
를 보호하고 그것을 통제하기 위한 조치였다. 맥주의 곡물로 보리만 허용한
이유는 빵은 만드는데 필요한 밀을 아끼고 보리와 밀의 안정적인 가격을 유
지하기 위해서였다. 홉은 맥주의 풍미와 쓴맛을 내고 박테리아로부터 맥주

를 보호하여 보존기간을 늘린다. 홉 대신 그루트를 사용하면 맥주의 맛을 향상시킬 수도 있으나, 잘못된 그루트를 사용하여 역겨움을 주거나 환각성이나 독성, 중독성이 있는 맥주를 생산할 수도 있다. 물은 대체할 수 없는 액체가 없다. 물은 끓이고 소독되어 있기 때문에 안전한 재료이다. 요약하자면 맥주순수령의 목적은 맥주 생산에 쓰이는 재료로부터 빵의 생산을 보호하고, 유독한 재료로부터 사람들을 보호하고, 맥주 가격으로부터 사람들을 보호하고, 맥주 재료에 대한 세금과 무역을 통제하기 위해서라고 말할 수 있다.

독일에는 맥주에 관한 법령이 맥주순수령만 있었던 것은 아니었다. 1553년 알브레히트 5세(빌헬름 4세의 아들)는 맥주를 양조할 수 있는 시기를 법령으로 지정하였다. 여름에 양조할 경우 맥주가 쉽게 상할 수 있기 때문에 맥주의 양조를 가을에서부터 이듬해 봄까지 제한한 것이다. 정확히는 성 미카엘 축일부터 성 조지 축일까지인데, 9월 29일부터 4월 23일까지이다. 양조를 새로 시작할 수 있는 10월에 옥토버페스트가 열리는 이유는 그동안 저장하고 있었던 재고 맥주를 빠르게 소비하고 새롭게 맥주를 생산해야 하기 때문이다[1]. 이처럼 겨울에는 주로 맥주를 양조하고 여름에는 맥주를 소비했기 때문에 겨울 맥주Winterbier와 여름 맥주Sommerbier라는 명칭이 생겨났다. 겨울 맥주는 탭맥주Tapbier라고도 하는데 겨울에 양조하여 그 해 겨울에 마시는 맥주를 말한다. 보통 11월 초에 양조하여 12월에서 1월 사이에 마신다. 여름 맥주는 저장맥주Lagerbier라고도 하며 겨울에 양조하여 세 달쯤 보관한 후 마시는 맥주이다. 보통 5월에서 10월 사이에 마신다. 여름맥주는 겨울맥주에 비해 효모가 오랜 기간 활동하여 당을 더 분해하므로 알코올 도수가 높고 드라이한 특징을 가지고 있다. 맥주를 저장하기 위해서 10미터 이상의 땅을 파 지하저장고를 만들고 8도씨 정도로 유지하였는데, 이 온도는 효모가 활동하기 좋

---

1 원래 옥토버페스트는 1810년 가을, 바이에른의 왕세자 루드비히와 작센-힐트부르크의 공주 테레제의 결혼식을 축하하기 위해 거행된 6일간의 축제였다. 이 결혼식을 축하하기 위해 역사속에 묻힌 경마 경기가 부활하였고 이와 함께 농업 박람회를 진행하였다. 농업 박람회에는 와인농장, 커피숍, 주류판매상, 제빵사, 요리사, 과일판매상 등이 참가하였는데 12개의 맥주 양조자도 있었다. 해를 거듭할수록 점점 맥주에 집중되면서 농업 박람회에서 맥주 축제로 변하게 된 것이다. 현재는 아우구스티너, 하커-프셔, 호프브로이, 뢰벤브로이, 파울라너, 슈파텐의 6개 양조장만 참가할 수 있다. 10월에 하는 축제라 옥토버페스트라 하였지만, 독일이 통일된 이후 9월에 축제를 시작하여 10월 첫 번째 일요일까지 개최하는 것이 전통이 되었다

고 박테리아가 활동하기에는 낮은 온도이다. 낮은 온도를 유지하기 위해 근처 호수에서 얼음을 캐 함께 보관하거나 땅 위에 밤나무를 심고 그늘을 만들기도 하였다. 이 그늘에 맥주 정원이 생기고 사람들이 찾아와 맥주를 마시는 공간이 되었는데 이것을 비어가르텐이라고 부른다. 이렇게 양조 시기를 지정한 법령은 1850년까지 유지되었다.

맥주순수령으로 맥주의 양조가 엄격했던 독일에 비해 주변의 나라에서는 이런 맥주의 법을 따르지 않았다. 독일의 서쪽에 위치한 벨기에는 지역에 따라 다양한 종류의 맥주가 발달하여 독일과는 다른 길을 걷고 있었다. 독일의 동쪽에 위치한 체코는 오늘날 전세계적에서 가장 인기 있는 라거 맥주를 보유한 나라이다. 하지만 19세기의 체코 맥주는 부침을 겪고 있었다. 독일은 19세기 중반 가브리엘 제들마이어가 맥아를 굽는 가마 기술을 영국으로부터 들여와 새로운 형태의 라거를 만들었다. 이때 함께한 오스트리아의 안톤 드레어는 이보다 앞서 비엔나 라거를 개발했다. 이들 맥주는 일정한 온도에서 맥아를 구워 기존보다 더 엷은 색깔을 띠었으며 구운 빵과 같은 풍미와 풍부한 바디감을 가진 품질 좋은 맥주였다. 하지만 맥주의 색은 여전히 구릿빛에 가까웠다(제들마이어와 드레어의 파란만장한 라거 개발의 뒷이야기는 졸저 『5분 만에 읽는 방구석 맥주 여행』을 읽어 달라고 말해 두고 싶다). 이에 반해 이 시기 체코의 맥주는 따뜻한 온도에서 발효되는 에일이었고, 어둡고 탁한 빛깔을 띠었으며, 맥주의 맛도 일정하게 나오지 않는 등 쇠락의 길을 걷고 있었다. 그들은 그들이 생산한 상면발효 맥주를 버리고 독일의 하면발효 맥주를 수입해서 마셨다. 결국 플젠(체코어로는 Plzeň, 독일어로는 Pilsen)의 시의회는 36개의 맥주통을 모두 버리라고 의결했고, 이에 플젠의 시민들은 길바닥과 하수구에 그들의 맥주를 버렸다. 이것은 품질 나쁜 맥주에 대한 일종의 조롱과 항의였다. 플젠의 시민들은 좋은 맥주를 만들기 위해 의기투합했고, 새로운 시민 양조장을 만들고, 이제 막 새로운 라거 양조 기술을 습득한 독일의 하면발효 맥주 양조가를 초빙했다. 그가 바로 1842년 체코의 필스너를 창조해 낸 독일인 요셉 그롤이다.

필스너의 아버지로 불리는 그롤은 독일 바이에른 지방의 양조업자였다. 그롤은 당시 제들마이어가 만든 라거 맥주의 양조 기술을 어떻게든 알고 있었던 것 같다. 그롤은 독일의 라거 맥주 양조법을 체코에 적용하기 위해 노력했다. 하면발효를 위해서는 발효 탱크를 섭씨 4~9도로 유지하는 것이 필요한데 플젠의 기후가 바이에른의 기후와 유사한 점과 겨울철 얼음을 저장하면 일년 내내 하면발효를 지속할 수 있다는 점 때문에 성공할 수 있을 것이라고 생각했다. 그롤은 보헤미아 평야의 보리와 풀 향과 쌉쌀한 맛을 내는 사츠 지방의 홉, 플젠의 맑고 부드러운 물, 뮌헨에서 직접 가져온 효모를 사용해 기존과는 전혀 다른 새로운 맥주를 만들어냈다. 당시의 플젠의 사람들은 처음 보는 이 황금빛 맥주를 보고 의구심과 호기심이 동시에 들었을 것이다. 하지만 한번 마셔보고는 기존에 없던 청량함과 쌉쌀함에 바로 경외심이 들었다. 필스너는 맥주의 색이 점점 엷어지는 시대의 유행과 맞아 떨어져 점점 유럽 대륙으로 퍼져 나갔다. 또한 필스너의 맑고 청량한 색을 즐기기 위해 투명한 맥주 잔이 유행하기도 하였다.

이것이 오늘날에도 가장 사랑받는 라거 맥주인 필스너의 시작이다. 필스너는 독일어로 '플젠에서 만든 맥주'를 뜻한다. 역설적이게도 독일의 양조 기술로 만든 체코의 맥주는 오히려 독일인들이 사랑하는 맥주가 되었다. 그리고 독일인들도 이 체코의 맥주를 모방하여 독일 필스너를 만들기 시작했다. 결국 필스너는 플젠 지방에서 만든 고유의 맥주라는 정체성을 잃고, 체코든 독일이든 홉을 강조한 황금색 맥주를 모두 아우르는 의미로 사용하게 되었다. 이에 플젠의 양조가들은 플젠 이외의 지역에서는 이 명칭을 사용할 수 없다며 독일 법원에 소송을 제기했다. 독일 법원은 필스너는 이제 너무나 유명해진 맥주가 되었으니 황금색 라거를 모두 일컫는 대명사로 사용할 수 있다고 판결했다. 대신 플젠의 맥주에 고유성을 부여하기 위해 오리지널을 붙일 수 있는 권리를 부여했다. 그래서 플젠의 양조가들은 독일로 맥주를 수출할 때 그들의 언어로 플젠스키 프라즈드로이Plzeňský Prazdroj라고 부르는 맥주에 필스너 우어크벨Pilsner Urquell이라는 이름을 붙였다. 필스너 우어크벨은 독일어로 필스너의 원조라는 뜻으로 바로 필스너 우르켈이다.

현대에서 IBU 35는 대단히 쓴 맛은 아니다. 페일 라거나 미국식 부가물 라거등 일반적인 라거나 밀을 재료로 한 바이스비어나 윗비어는 그보다 쓴맛

라벨까지 사랑스러운 필스너 우르켈

이 약하다. IBU로 치면 10에서 20정도이다. 나는 맥주를 마실 때 쓴맛의 기준을 필스너 우르켈로 삼는다. 이보다 쓴맛이 약하면 IBU 35이하인 것이고, 이보다 강하다면 35 이상인 것이다. 그래서 수없이 많은 맥주를 마셔도 쓴맛 감각을 유지하기 위해 틈틈이 필스너 우르켈을 마시고 있다. 나의 쓴맛 수용체는 여전히 불완전하기 때문이다. 그리고 필스너 우르켈을 전용잔에 따를 때마다 맥주의 색을 감상하기 위해 불빛에 지긋이 비추어 보곤 한다. 황금빛 맥주 건너편에 내 아이들의 얼굴이 보일 때, 아이들은 이렇게 말한다. "아빠, 이거 라거지?". 필스너 우르켈은 이제 내 아이들도 알만 한 라거의 대명사가 되었다. 필스너 우르켈의 무거운 머그잔을 손에 들 수 없는 나이가 될 때까지 이 황금빛 맥주를 사랑할 수 밖에.

황금빛 필스너 우르켈

비텔스바흐Wittelsbach 가문은 독일 바이에른 지역을 지배한 유럽의 명문 가문으로 맥주 역사에 수 없이 많은 족적을 남겼다. 이를 요약해 보면 다음과 같다.

- **알브레히트 4세** (1465~1508) : 맥주순수령 제정, 4개의 공국이었던 바이에른을 통합
- **빌헬름 4세** (1508~1550) : 알브레히트 4세의 아들로 1516년 맥주순수령 반포
- **알브레히트 5세** (1550~1579) : 빌헬름 4세의 아들로 1553년 양조 기간을 법으로 제정
- **빌헬름 5세** (1579~1597) : 알브레히트 5세의 아들로, 1589년 호프브로이하우스 설립
- **막시밀리안 1세** (1597~1651) : 빌헬름 5세의 아들로 밀맥주 양조권을 독점
- **루드비히 1세** (1825~1848) : 왕세자 시절 거행된 결혼식 축제가 옥토버페스트가 됨
- **막시밀리안 2세** (1848~1864) : 호프브로이하우스의 소유권을 바이에른 주로 이전

PILSNER URQUELL
필스너 우르켈

브루어리	필스너 우르켈 브루어리
스타일	필스너
알코올	4.4%
외관	맑고 청량한 황금색 바디와 풍부한 거품
향미	허브 향, 풀 향, 꽃 향과 함께 다소 쌉쌀한 풍미가 돋보임
마우스필	쓴맛이 길게 남으며, 탄산감과 청량감이 높아 음용성이 좋음
푸드페어링	햄버거, 피자, 치킨. 즉 벅맥, 피맥, 치맥에 모두 어울림

#필스너의원조 #황금빛맥주 #체코맥주 #필스너의쌉쌀함 #맥주순수령
#필스너우르켈전용잔 #피맥에좋은맥주 #쓴맛의기준

더운 이 나라에서 더 없이 매혹적인 스타우트

라이온 스타우트 : LION STOUT

　살아오면서 이제껏 스리랑카에 일말의 관심도 없었고 더더욱 스리랑카 맥주라니, 들어본 적도 마셔본 적도 없었다. 하지만 스리랑카 맥주 따위라고 무시해 버리기엔 더운 이 나라의 맥주는 너무 매혹적이다. 특히 지금 소개할 라이온 스타우트는. 이 맥주는 나에게 맥주에 대해 가지고 있던 그 동안의 편견을 깨부수고 뭉개어 나의 편협함을 낱낱이 드러나게 했다. 맥주의 세계에서는 선진국도 후진국도 없다는 사실을. 게다가 맥주를 통해서 관심도 없던 어느 한 나라를 이해해 가는 과정은 덤으로 흥미로웠다.

　스리랑카라고 하면 독특하게 생긴 스리랑카 국기가 먼저 떠오른다. 일명 라이온 플래그라고 하는데 앞발에 금색 칼을 치켜들고 있는 금색 사자가 멋진 국기말이다. 남한의 60%의 면적에 약 2천만 명이 인구가 살고 있어 인구 밀도는 우리나라와 비슷한 나라이다. 인도 남쪽의 섬나라로 인도의 눈물이라고도 불린다. 지정학적으로 이곳은 중동과 아시아의 사이에서 두 문명권의 연결고리이자 중개 지역이었다. 그래서 이곳은 역사적으로 외세의 부침이 심했고, 인도, 중국, 포르투갈, 네덜란드, 영국이 차례대로 지배권을 행사했던 곳이다. 이곳의 옛 지명인 실론(실론차의 그 실론)은 포르투갈인이 이 지역을 부르던 이름이었다. 그에 반해 스리랑카는 눈부시게 빛나는 땅이라는 의미로 1972년부터 이 나라의 정식 명칭이 되었다.

　스리랑카가 인도와 함께 영국의 지배를 받던 시절, 영국인들은 이 곳에서 차 농장을 시작했다. 원래는 커피 농장을 먼저 시작했으나 병충해와 전염병으로 인해 커피 수확이 줄어들자 차 농장으로 전환한 것이다. 스리랑카의 수도 콜롬보에서 150km 정도 떨어진 시골 마을 누와라 엘리야라는 곳도 19세기 중반부터 차를 재배하던 곳이었다. 하지만 맥주를 갈망했던 영국인들은 이곳이 다른 지역보다 날씨가 시원하고 천연 샘물이 있어 차 농장보다는 맥주 양조장이 더 적합하다고 생각했다. 그리하여 스리랑카 최초의 맥주 양조장인 실론 브루어리가 1881년에 탄생하게 되었다. 처음부터 실론 양조장이라 부르지 않았지만, 다른 기업에 매각되면서 실론이 되었고 이 이름은 칼스버그에 인수되는 1990년대까지 유지되었다.

실론 브루어리의 대표적인 맥주는 라이온 라거와 지금 소개할 라이온 스타우트이다(가끔 라이온 스타우트를 사려다가 라이온 라거를 집어 오는 낭패를 경험하곤 한다). 이러한 라인업은 대부분 1940년 이후에 형성되어 지금에 이르고 있다. 실론 브루어리는 1993년 칼스버그 그룹의 자회사에 인수되었고, 이때부터 라이온 브루어리라는 이름을 사용하고 있다. 라이온 브루어리는 이후 스리랑카의 수도 콜롬보 근처에 두 번째 양조장을 짓고 첫 번째 양조장보다 더 많은 맥주를 생산했으며, 지금은 첫 번째 양조장을 폐쇄하고 콜롬보에서만 생산하고 있다. 참고로 스리랑카에는 2개의 맥주 양조장이 있는데 이 중 라이온 브루어리가 약 80%의 점유율을 차지하고 있으며, 나머지 20%는 동남아 어디에나 있는 하이네켄이다.

라이온 브루어리는 맥주 전문가인 마이클 잭슨(팝의 황제가 아니다. 맥주의 황제이다)때문에 유명해졌다. 마이클 잭슨은 전 세계를 돌아다니면서 '너 맥주, 나 마이클 잭신神이야'를 외치며 지상의 맥주를 시음했고, 맥주의 분류 체계가 없던 시절에 신 아래의 모든 맥주 스타일을 정립한 인물이다. 마이클 잭슨은 1986년 아시아를 여행하던 중 우연히 라이온 스타우트를 발견하여 큰 감명을 받았다고 한다. 한 번의 방문으로 부족함이 있었나 보다. 남들은 한번 가기가 힘든 그곳을 다시 방문하여 당시의 여정을 그의 블로그에 남겼다. 한마디로 물 건너 산 건너 바다 건너가는 험난한 여정이었다. 홍수로 곳곳의 도로가 침수된 곳도 있었고, 게릴라 분쟁 지역을 통과하기고 했으며(스리랑카는 당시 싱할라 족과 타밀 족이 내전 중이었다), 흰 밧줄을 타고 강을 건너기도 했다고 한다.

라이온 스타우트, 이 맥주의 스타일은 포린 엑스트라 스타우트이다. 줄여서 FES라고도 한다. 18-9세기 영국의 스타우트가 발트해를 지나 러시아로 수출할 때 춥고 긴 항해를 견디기 위해 맥아와 홉을 더 많이 이 사용한 것처럼, 이 맥주 스타일은 아프리카, 카리브해, 인도 등의 더운 나라로 수출하기

라이온 스타우트

위해 태어났다. 이 스타일을 만든 것은 전적으로 기네스이다. 기네스는 1801
년에 처음으로 기네스 웨스트 인디아 포터를 만들어 카리브해의 아일랜드 노
동자를 위해 보냈다. 이것이 현지의 재료와 환경에 맞게 발전한 것이 포린 엑
스트라 스타우트이다. 참고로 맥주 스타일 가이드인 BCJP에서는 라이온 스
타우트를 트로피칼 스타우트로 소개하고 있다. 적도 근처의 무더운 나라의
스타우트로 이만큼 매혹적인 이름은 없어 보인다.

　라이온 스타우트는 콜드브루 커피, 초콜릿, 캐러멜, 견과류 등의 아로마가
특징이다. 풍미 또한 아로마와 비슷하게 커피와 다크 초콜릿이 리치하다. 알
코올 도수가 높은 편이고 쓴맛, 단맛 모두 높다. 전반적으로 묵직하고 강한

편이지만, 과일의 풍미와 산미를 발견하는 순간 산뜻하게도 느껴진다. 탄산도 제법 있는 편인데, 바디감이 있는 임페리얼 스타우트에 비해 청량감도 느껴지는 게 큰 매력이다. 자칫 음용성이 없어 보이는데 이외로 시원시원하게 마실 수 있다. 질겅질겅 씹을 수 있는 츄이Chewy한 초콜릿을 곁들인다면 쓴맛은 중화시켜 주고 단맛과는 어울리면서 더 많은 맥주를 마실 수 있게 된다. 혹은 치즈가 잔뜩 올려져 있는 살이 통통한 타이거 새우구이라면 맥주의 리치함과 로스티드 요리의 리치함이 어울리기도 할 뿐 아니라 맥주와 요리 재료의 지역성에 의미를 부여할 수도 있다.

라이온 스타우트, 이 맥주는 한마디로 엄청난 가성비의 맥주이다. 편의점이나 마트에서 4캔 만원 정도하는 맥주와 비슷한 가격대이다. 이 가격의 맥주를 두고 1만원 안팎의 임페리얼 스타우트와 비교하면서 맛이 어쩌니 저쩌니 하는 것은 이 맥주에 대한 실례가 아닐까 한다. 바꿔 말하면 라이온 스타우트로 설명한 포린 엑스트라 스타우트는 임페리얼 스타우트와도 견줄만 하다는 말이다.

LION STOUT
라이온 스타우트

브루어리	라이온 브루어리
스타일	포린 엑스트라 스타우트
알코올	8.8%
외관	검은색에 가까운 다크 브라운 바디와 조밀하고 부드러운 거품
향미	콜드브루 커피와 다크 초콜릿, 견과류, 과일의 향미와 산미 쓴맛과 단맛이 모두 높음
마우스필	묵직한 바디감, 중간 정도의 탄산감과 청량감
푸드페어링	다크 초콜릿이나 초코 케이크 혹은 새우 치즈 버터구이처럼 풍미가 진한 음식

#스리랑카맥주   #아시아스타우트   #포린엑스트라스타우트   #가성비맥주
#임페리얼스타우트대체맥주   #초콜릿과좋은맥주   #4캔만원맥주   #맥주의황제마이클잭슨

맥주로 연결된 중세의 어느 가문 이야기 I

구덴 카롤루스 클래식 : GOUDEN CAROLUS CLASSIC

사람들은 저마다의 이유로 맥주를 마신다. 맥주를 여름날의 갈증 해소 음료 정도로 생각하고 마실 수도 있고, 맥주의 창의적인 마법을 즐길 수도 있다. 나는 과거의 오랜 시간 동안 맥주를 마시는 것에 아무런 의미를 두지 않았다. 맥주에 조금 특별한 의미를 부여하게 된 것은 그리 오래되지 않았는데 맥주에 대한 글을 쓰면서 부터이다. 내가 글을 쓰게 된 계기는 일본의 소설가 무라카미 하루키가 처음 소설을 쓰게 된 일화처럼 별게 없다.

야구르트 스왈로즈의 팬이었던 하루키는 젊은 시절에 야구르트 스왈로즈의 경기를 종종 보러 다녔다. 하루키는 진구 구장에서 열린 경기를 보러 간 어느 날, 야쿠르트의 외국인 타자가 2루타를 치고 베이스를 돌 때 문득 소설이 쓰고 싶어졌다고 한다. 하루키는 그날 밤 〈바람의 노래를 들어라〉라는 중단편 소설을 쓰고 그대로 소설가가 되었다.

정말 뜬금없는 글쓰기 동기라고 생각하지만 나 또한 비슷한 경험을 했다. 나는 그날 저녁 독일의 가펠 쾰쉬를 마시고 있었고, 문득 글이라는 걸 한편 써봐도 괜찮겠다는 기분이 들었다. 이제껏 제대로 된 글 한번 쓴 적도 없고 심지어는 흔한 일기조차도 스스로 써 본 적이 없다. 바로 그날 밤 바로 펜을 들고 (사실은 키보드에 손을 올렸지만) 〈어쩌다 독일의 지역 맥주를 마시고 있는 걸까〉라는 글을 써 페이스북에 올렸다. 그때 바로 시작하지 않았다면 이후로도 맥주에 대한 글은 쓰지 않았을 것이다. 그것은 내가 글을 썼다기 보다는 마치 마른 하늘에서 갑자기 글 하나가 뚝하니 떨어진 것 같은 느낌이었다.

나의 글쓰기 주제는 예나 지금이나 카멜레온이나 이구아나처럼 비슷하다 (나는 이 둘이 항상 헷갈린다). 내가 마시고 있는 맥주의 배경을 살펴보고, 맥주에 대한 특별한 에피소드가 있는지 찾아보고, 맥주와 얽혀 있는 역사적 인물을 발굴하는 것이다. 이것이 그나마 맥주 전문가도 아니고 평소 책 읽기와 역사를 좋아했던 내가 만들어 낼 수 있는 이야기이기 때문이다. 오늘도 다소 따분할지 모르지만 맥주와 관련된 역사적인 인물을 발견했고 그 이야기를 해 보려고 한다.

맥주와 관련이 있는 중세의 인물 셋을 소개한다. 이들의 공통점이라면 모두 중세 독일 한 가문의 일족이라는 것이다. 미리 밝혀 두자면 세 개의 맥주는 이렇다. 구덴 카롤루스, 듀체스 드 부르고뉴, 감브리누스. 맥주 팬이라면 모두 가슴을 설레게 하는 유명한 맥주들이다. 간단히 맥주와 인물에 대해 설명하자면 구덴 카롤루스의 카를 5

카를 5세

세는 듀체스 드 부르고뉴 마리의 손자이고 듀체스 드 부르고뉴의 마리는 감브리누스의 증손자에 해당하는 인물이다. 부르고뉴의 공작 가문이면서 장차 신성로마제국의 황제를 낳은 가문의 이야기다. 이제 시계를 16세기로 돌려 중세 독일, 신성 로마 제국으로 시간 여행을 떠나보려고 한다. 맥주를 눈과 귀로, 코와 혀로도 마시고, 뇌도 채워 보기 바라는 마음으로 이야기를 시작한다. 먼저 구덴 카롤루스 맥주와 관련된 인물 카를 5세이다.

맥주 '구덴 카롤루스 클래식Gouden Carolus Classic'은 벨기에의 헷 앙커 양조장에서 생산하는 유명한 맥주이다. 구릿빛에 거품이 조밀하고, 풋풋한 과일 향과 캐러멜 향, 브라운 슈가의 스위트함과 견과류의 고소한 맛을 가진 이 맥주는 벨기에 효모를 사용한 전형적인 벨기에 다크 스트롱 에일이다. 구덴 카롤루스는 벨기에, 네덜란드, 저지대 독일 지방에서는 '하우든 카롤루스'라고 읽는데 구덴은 영어의 Gold에 해당하는 단어다. 구덴 카롤루스는 카롤루스의 금화라는 의미로 과거 벨기에 지역에서 사용되었던 통화를 말한다. 그런데 나는 이 양조장이 왜 그들의 맥주에 황제의 이름을 붙였는지 궁금했다. 물론 맥주 이름에 그 지역의 유명한 인사나 성인의 이름을 사용하는 경우는 흔히 있다.예를 들어, 슈나이더 양조장의 바이젠도펠복인 아벤티누스가 양조장이 있는 도시의 유명한 성인의 이름에서 따온 것처럼. 마찬가지로 구덴 카롤루스라는 이름은 벨기에 지역에서 유년기를 보낸 카를 5세 황제에게서 따온 것이다. 이 지역은 양조장이 있는 도시 벨기에 메헬렌이다.

역사적으로 황제 카를 5세만큼이나 금수저인 사람이 있을까? 금수저를 넘어 다이아몬드 수저쯤. 굳이 비교하자면, 삼성가와 LG가가 결혼하여 낳은 아들이 아버지이고 SK가와 롯데가가 결혼하여 낳은 딸이 어머니라 해도, 카를 5세의 족보에는 한참을 미치지 못할 것이다. 내가 '굳이'라고 굳이 쓴 이유는 그만큼 견줄만 한 상대를 역사에서도 전세계적에서도 찾기가 힘들기 때문이다. 카를 5세가 가지고 있던 공식적인 직함이 아래에 있다. 이것만 보더라도 그가 얼마나 많은 영토를 다스렸는지 알 수 있다.

'신성로마제국의 황제, 독일의 왕, 이탈리아의 왕, 전 스페인, 카스티야, 아라곤, 레온의 왕, 헝가리, 달마티아, 크로아티아, 나바라, 그라나다, 톨레도, 발렌시아, 갈리시아, 마요르카, 세비야, 코르도바, 무르시아, 하엔, 알가르베, 알헤시라스, 지브롤터, 카나리아 제도의 왕, 두 시칠리아, 사르데냐, 코르시카의 왕, 예루살렘의 왕, 서인도와 동인도의 왕, 대양의 섬들과 본토의 왕, 오스트리아 대공, 부르고뉴, 브라방, 로렌, 슈타이어, 카린티아, 카르니올라, 림부르크, 룩셈부르크, 헬더란트, 네오파트리아, 뷔르템베르크 공작, 알자스 변경백, 슈바벤, 오스트리아와 카탈루냐 공, 플랑드르, 합스부르크, 티롤, 고리시아, 바르셀로나, 아르투아, 부르고뉴, 팔라티나, 에노, 홀란트, 젤란트, 페레트, 키부르크, 나뮈르, 루시용, 세르다뉴, 드렌터, 쥐트펜 백작, 신성로마제국, 부르가우, 오리스타노와 고치아노 변경백, 프리즐란드, 벤트 변경령, 포르데논, 비스케, 몰린, 살린스, 트리폴리, 메헬렌 경인 카를'

끝까지 읽기에 숨이 막힐 지경이다. 요약하자면, 카를 5세는 지금의 독일과 오스트리아 그리고 스페인, 이탈리아와 프랑스 일부, 게다가 스페인의 식민지였던 일부 남미와 아시아 등의 영토를 지배했던 군주였다. 그가 이렇게 많은 영토를 가진 이유는 결혼으로 엮인 가족관계 때문이다. 우선 그는 신성 로마제국의 황제 막시밀리안 1세의 손자이다. 막시밀리안 1세의 배우자는 앞으로 살펴볼 부르고뉴의 공작부인인 마리이다. 카를이 할아버지로부터 신성 로마제국의 황제를 물려받았을 때(아버지를 패싱하고 바로 할아버지로부터 바로 물려받은 이유는 아버지가 일찍 죽었기 때문이다), 지금의 독일과 체코, 벨기에, 네덜란드, 오스트리아, 프랑스 부르고뉴 등의 영토를 물려받았다. 한편, 카를의 아버지인 필리프 1세는 스페인의 공주 후아나와 결혼하였다. 후아나는 스페인 카스티야 왕국의 여왕 이사벨라 1세와 아라곤의 왕 페르난도 2세의 외동딸이다. 스페인은 이제 막 통일된 연합 왕국을 이루어 번성을 구가하던 시기였다. 이베리아 반도에 남은 마지막 이슬람 세력을 몰아내고 레콩키스타(재정복)를 이루었으며, 여유와 재력으로 콜럼버스의 항해를 지원한 것도 이 시기의 이사벨라 여왕이다. 그러니까 후아나는 이제 막 통일된 스페인 연합 왕국의 유일한 상속자였다. 필리프 1세는 이 연합왕국의 사위로서 부인 후아나와 함께 왕국을 통치하였다. 하지만 필리프 1세는 공동 통치자가 된 지 2년 만에 석연치 않은 죽음을 맞게 된다. 이러하여 어머니 후아나와 카를 5세가 공동 통치자가 되었고, 결국에는 카를 5세가 스페인의 왕이 된 것이다.

여기서 잠깐. 카를 5세가 프랑스와 영국을 제외한 유럽의 대부분을 통치하다 보니 각 지역마다 황제를 부르는 이름에도 미묘한 차이가 있다. 독일과 오스트리아 등 신성로마제국에서는 카를 5세Karl V이고, 스페인에서는 카를로스 1세Carlos I, 이탈리아에서는 카를로 4세Carlo IV, 지금의 프랑스 영토인 부르고뉴에서는 샤를 2세Charles II라 불렸다. 오늘 주제로 삼은 맥주인 카롤루스Carolus는 라틴어로 카를이다.

대략 15~17세로 추정되는 젊은 카를 5세. 합스부르크 가문의 가족력인 주걱턱이 인상적이다.

구덴 카롤루스 클래식

　카를 5세는 1500년 벨기에의 헨트Ghent에서 태어났다. 헨트는 벨기에 플랜더스 지방에 있는데, 이 지방은 부르고뉴와 함께 아버지 필리프 1세의 영지였다. 그러니까 필리프 1세는 이 영지를 부르고뉴의 공작인 어머니 마리에게 물려받은 것이다. 카를이 이곳에서 태어났으니 필리프 1세가 결혼할 당시 스페인의 후아나 공주가 이곳까지 와 있었던 것은 틀림없다. 하지만 후아나의 어머니 이사벨라 1세가 사망하자 스페인 왕위를 물려받기 위해 남편 필리프와 함께 스페인으로 떠났다. 그러면서 카를을 포함한 3남매는 필리프의 누이인 마르가레테가 맡게 되었다. 이곳이 바로 마르가레테가 살고 카를이 어린 시절을 보낸 메헬렌이다. 왕위를 차지하기 위해 아들마저 버리고 간 부모라니 비정해 보인다. 하지만 그 이유는 바로 어머니 후아나의 정신병 때문이었다. 후아나는 자식을 키울 수 없을 정도로 광기가 심했다고 전해진다.

카를의 고모인 마르가레테는 카를을 친자식처럼 키웠다. 사실상 카를의 고모가 어머니인 셈이었다. 메헬렌에서 자라면서 형성된 인격과 능력이 장차 제국을 통치하는데 영향을 미쳤을 것이다.

카를이 어린 시절을 보낸 도시 메헬렌에는 헷 앙커 양조장이 있다. 이 양조장은 1471년에 설립되었고 1904년에 지금의 이름으로 바뀌었다. 구덴 카롤루스 맥주는 2차 세계 대전 이후부터 생산하였다. 설립 당시 부르고뉴의 공작이었던 샤를 1세(용담공 샤를이라는 별명이 있으며 부르고뉴의 상속녀 마리의 아버지이다)는 이 양조장에 소비세와 세금을 감면하여 맥주 생산을 장려했다고 한다.

1517년, 성인이 된 카를은 스페인을 통치하기 위해 이 도시를 떠났다. 그리고 1519년 할아버지 막시밀리안 1세가 사망하자 신성로마제국의 황제로 선출되었다. 아마 카를은 이 지역에서 생산된 맥주를 마시면서 자랐을 지 모른다. 이러한 역사적인 배경 위에 세계 대전을 이겨내고 살아남은 양조장이 그의 영광스러운 이름을 맥주에 붙인 것은 자연스러운 것이었다.

한편, 황제가 된 카를은 일생을 전쟁 속에서 보냈다. 프랑스와는 이탈리아 정복을 위해 싸웠다. 또한 하필이면 이 시기 오스만 제국의 술탄은 그들 역사 상 가장 뛰어났던 지도자 쉴레이만 1세었다. 오스만과의 전쟁은 육지로나 바다에서나 꽤나 고된

카를 5세의 인생은 잦은 전쟁으로 점철된다

전쟁이었다. 또한 마르틴 루터의 종교개혁으로 시작된 가톨릭과 개신교와의 분쟁도 이 시기였다. 카를의 말년은 쓸쓸했다. 힘이 빠진 카를은 제국을 나누어 스페인은 아들 펠리페 2세에게 신성로마제국은 동생 페르디난트 1세에게 물려주었다. 그리고는 남은 여생을 수도원에서 마음껏 맥주를 마시면서 시간을 보냈다. 1558년, 카를은 신경 쇠약과 심한 통풍으로 고생하다 퇴위 2년 만에 말라리아로 사망하였다.

GOUDEN CAROLUS CLASSIC
구덴 카롤루스 클래식

브루어리	헷 앙커 브루어리
스타일	벨지안 다크 스트롱 에일
알코올	8.5%
외관	구릿빛 바디와 풍부하고 조밀한 거품
향미	검은 말린 과일, 브라운 슈가, 캐러멜, 견과류. 스위트한 풍미와 강하지 않은 쓴맛
마우스필	중간 이상의 묵직함. 중간 정도의 탄산감과 드라이함. 길게 여운을 남기는 마무리
푸드페어링	견과류, 블루 치즈

#벨지안에일 #구리빛바디와풍부한거품 #맥주와역사여행 #카를5세 #신성로마제국황제
#듀체스드부르고뉴손자 #중세시간여행 #메헬렌

맥주로 연결된 중세의 어느 가문 이야기 Ⅱ

듀체스 드 부르고뉴 : DUCHESSE DE BOURGOGNE

    맥주로 연결된 가문, 이번에는 카를 5세의 할머니인 부르고뉴의 공작 마리와 듀체스 드 부르고뉴Duchesse de Bourgogne 맥주의 이야기로 거슬러 올라간다. 카를 5세는 신성로마제국의 황제였던 막시밀리안 1세로부터 막대한 재산과 영토를 물려받았으며, 막시밀리안의 부인이자 카를 5세의 할머니였던 마리로부터 부르고뉴 공국을 물려받았다. 듀체스 드 부르고뉴라는 이름의 맥주와 부르고뉴의 공작부인 마리에 관한 이야기를 시작한다.

    맥주 듀체스 드 부르고뉴는 벨기에 플랜더스 지방의 서쪽에 위치한 페르헤기verhaeghe 브루어리에서 생산하는 플랜더스 레드 에일이다. 이 맥주는 발효를 두 번한 이후 18개월 동안 오크통에 숙성하여 만든다. 최종 상품은 8개월된 미숙성 맥주와 18개월 장기 숙성한 맥주를 섞어 만드는데, 이렇게 블렌딩하는 이유는 오크통의 상주균에 의해 만들어진 시큼함과 산도의 밸런스를 잡기 위해서이다. 숙성기간과 블렌딩 방법의 차이는 있겠지만 대부분의 플랜더스 레드 에일은 이렇게 만들어진다. 알코올 도수 6.2%인 이 맥주는 구리빛에 투명하게 붉은 기운이 감도는 외관을 가졌고 거품은 거의 없다시피 하다. 식초나 홍초 같은 시큼한 향이 나고 퀴퀴한 지푸라기 같은 맛으로 시작해서 시큼한 포도의 풍미로 끝을 맺는다. 포도, 체리와 같은 과일 풍미와 드라이한 끝 맛을 느끼면 와인이 연상된다. 1970년대 플랜더스의 빨간 맥주에 처음으로 플랜더스 레드 에일이라는 이름을 붙인 마이클 잭슨은 이 맥주를 '세계 어느 양조장에서도 필적할 만한 것이 없고, 양조 시설 자체가 고고학적인 사찰'이라며 매우 독창적이고 전통적인 맥주로 치켜세웠다.

    맥주 듀체스 드 부르고뉴의 표지 인물인 마리는 15세기 부르고뉴 공국의 마지막 상속녀였다. 마지막 상속녀라는 의미는 이 시절에 가문의 대가 끊기고, 마리가 공국을 상속받은 이후로 신성로마제국으로 흡수되었기 때문이다. 프랑스와 신성로마제국 사이에 한때 존재했던 부르고뉴는 엄연한 독립국이었다.

부르고뉴는 공국으로 프랑스 신하의 신분인 공작이 다스리는 지역이었다. 오늘날의 관점으로 생각하면 프랑스라는 국가와 그 안에 있는 자치령 정도로 여겨질지 모르겠지만 사실은 그렇지 않다. 부르고뉴는 당시 프랑스, 잉글랜드와 동등한 국가의 입장이었으면, 한때는 프랑스를 실질적으로 지배하기도 하였다. 부르고뉴가 그대로 하나의 국가가 되었다면 지금의 유럽은 달라져 있을지 모른다. 부르고뉴 공국은 프랑스의 왕인 장 2세에 대한 효심이 깊었던 아들 필리프 2세로부터 출발하였다. 필리프 2세는 아버지와 전투에 동행하면서 크고 작은 전쟁을 치렀다. 전쟁 중에 잉글랜드에 포위되어 부자가 함께 런던탑에 갇히기도 하였다. 이런 효심 깊은 아들은 불행히도 첫 째가 아니었고, 대권 상속의 제일 마지막 순위인 넷째 막내였다. 국왕은 목숨 걸고 자신과 함께한 아들에게 왕위를 물려주진 못했지만 대신 부르고뉴 지역을 선사하고 부르고뉴 공작에 봉했다. 이후 필리프 2세는 플랑드르(플랜더스의 프랑스식 표기)의 마르그리트와 정략결혼을 하여 부르고뉴의 영토를 플랑드르까지 확장했다.

부르고뉴는 필리프 2세부터 샤를 1세(마리의 아버지)까지 약 100년간 프랑스와 끊임없이 싸우면서 한편으론 잉글랜드와 동맹 관계를 맺는 등 강력한 힘을 행사했다. 아버지 장 2세가 아들 필리프 2세에게 이 지역을 선사했을 때 이것으로 인해 같은 가문이 싸우게 될 줄을 몰랐을 것이다. 부르고뉴와 프랑스의 싸움은 마리의 아버지 샤를 1세가 죽으면서 끝났다. 샤를은 로렌 지방을 차지하기 위해 싸우다가 스위스의 강력한 용병에 의해 비참하게 죽었다. 그런데 샤를에게는

부르고뉴의 공작 부인 마리의 초상화

왕위를 물려줄 아들이 없었다. 그래서 부르고뉴의 많은 재산과 영토를 그의 유일한 딸인 마리가 상속받게 된 것이었다.

마리가 부르고뉴의 엄청난 재산을 상속받았을 때의 나이는 19세였다. 결혼 적령기가 다 된 이 상속녀가 누구와 결혼하느냐에 따라 부르고뉴의 땅이 누구에게 갈 것인가가 결정되는 것이었다. 후보자로는 프랑스 왕 루이 11세와 신성로마제국 황제 프리드리히 3세가 있었다. 당시 부르고뉴는 프랑스와 신성로마제국의 사이에 있었다. 프랑스 루이 11세는 선수를 치기 위해 군사를 동원하여 부르고뉴를 공격하였지만 실패했다. 부르고뉴를 무력으로 빼앗겠다는 루이 11세의 어리석은 생각이었다. 자연스럽게 부르고뉴는 신성로마제국에 돌아갔다. 마리는 프리드리히 3세의 아들 막시밀리안과 결혼하였다. 마리와 막시밀리안 사이에는 필리프라는 아들이 있었고, 필리프의 아들이 신성로마제국의 황제 카를 5세이다. 부르고뉴의 상속녀이자 신성로마제국의 황제 카를 5세의 할머니였던 공작부인 마리는 1457년에 벨기에의 브뤼셀에서 태어났으며, 승마를 좋아했던 그녀는 1482년 성 근처의 숲에서 막시밀리안과 말을 타다 낙마하여 죽었다.

마지막으로 소개할 맥주는 체코 필스너인 감브리누스이다. 이 맥주 또한 카를 5세와 마리 공작부인의 가문과 관련이 있다. 감브리누스 맥주는 필스너 우르켈과 비슷한 체코 필스너이다. 풀과 허브의 향이 좋은 이 맥주는 생잔디를 깎은 후에 마시는 맥주와 같은 느낌을 준다. 필스너 우르켈에 비해 쓴맛은 적지만 감미로운 필스너 맥주이다. 감브리누스는 필스너 우르켈을 만드는 같은 양조장에서 만든다.

감브리누스는 유럽 문화권에서 맥주의 왕이라고 불리는 맥주 문화의 수호성인이다. 가톨릭 교회에서 말하는 공식적인 성인은 아니다. 전설에 따르면, 감브리누스는 이집트 여신 이시스에게서 양조 기술과 홉 이용법을 배워와 유럽에 전파하였고 맥주의 힘을 빌어 여러 전투에서 승리했다고 한다. 이런 이유로 유럽의 그림이나 동상에서의 감브리누스는 발 밑에 맥주통을, 한 손에는 맥주잔을 들고 있는 당당한 모습이 많다.

감브리누스의 실존 인물에 대해서는 여러 가지 설이 있다. 주로 벨기에 플랜더스 지방에서 전해 내려오는 전설이기 때문에 그 지방의 왕이나 백작일 거라는 추측이 많다. 여러 설 중에서 부르고뉴의 공작 장 1세의 이야

감브리누스 맥주

유럽의 감브리누스 동상

기가 흥미를 끈다. 감브리누스의 실존 인물로 추정되는 부르고뉴의 장은 앞서 설명한 부르고뉴의 가문을 시작한 필리프의 아들로 2대 부르고뉴 공작이다. 그리고 그의 증손녀가 바로 부르고뉴의 공작 부인 마리이다. 그의 별명은 용담공 혹은 용맹공, 무겁공이라고도 하고, 영어로는 John the Fearless라고 한다. 말 그대로 겁 없는 공작이라는 칭호이다. 당시 프랑스 국왕이었던 샤를 6세는 반쯤 미쳤기 때문에 프랑스의 통치권을 놓고 두 가문이 대립하였는데, 하나는 국왕의 동생 오를레앙 가문이고 하나는 국왕의 삼촌인 바로 부르고뉴의 장이었다. 장은 겁도 없이 백주 대낮에 오를레앙의 루이를 암살했는데, 그 보복으로 본인도 몽트로 다리 위에서 암살당하는 처참한 최후를 맞게 된다.

여하튼 이런 겁 없는 장은 맥주 역사에서도 대담한 행동을 보여주었다. 당시 플랑드르 지방은 서서히 홉이 그루트를 대체하고 있는 시기였다. 장이 나서지 않아도 언제가는 홉 맥주가 그루트 맥주를 완전히 대체했을 것이지만, 장은 홉을 이용한 맥주를 장려했고 이를 일종의 헌장으로 공표하여 홉 맥주의 시기를 앞당겼다. 게다가 장은 캄브레이에서 결혼식을 올렸는데 이 도시가 맥주로 아주 유명한 도시였다고 한다. 그래서 감브리누스의 어원을 캄브레이에서 찾을 수 있다고도 한다. 이런 이유로 장을 감브리누스의 실존 인물로 보는 설이 생긴 것이다.

맥주 세 개로 한 가문의 역사를 정리할 수 있다니 놀랍다. 여기서 언급한 세 개의 맥주와 부르고뉴 가문의 가계도를 정리해 보면서 마무리한다.

플랜더스 레드 에일 듀체스 드 부르고뉴

DUCHESSE DE BOURGOGNE
듀체스 드 부르고뉴

브루어리	페르헤기 브루어리
스타일	플랜더스 레드 에일
알코올	6.2%
외관	붉은 색을 띤 짙은 구릿빛 바디와 가볍고 얇은 거품
향미	식초나 홍초 같은 시큼함, 포도의 산미와 향긋함. 퀴퀴한 지푸라기 향
마우스필	입안을 가볍게 터치하며 탄산감의 존재감
푸드페어링	부르고뉴 산 치즈, 에푸와스, 스테이크

#부르고뉴의공작부인 #부르고뉴공작가문 #벨기에빨간맥주 #플랜더스맥주
#황제카를5세의할머니 #황제막시밀리안의부인 #맥주문화의수호성인 #감부리누스오리지널

MAISON CAPÉTIENNE DE BOURGOGNE

(House of Burgundy / 브루고뉴 가문의 가계도)

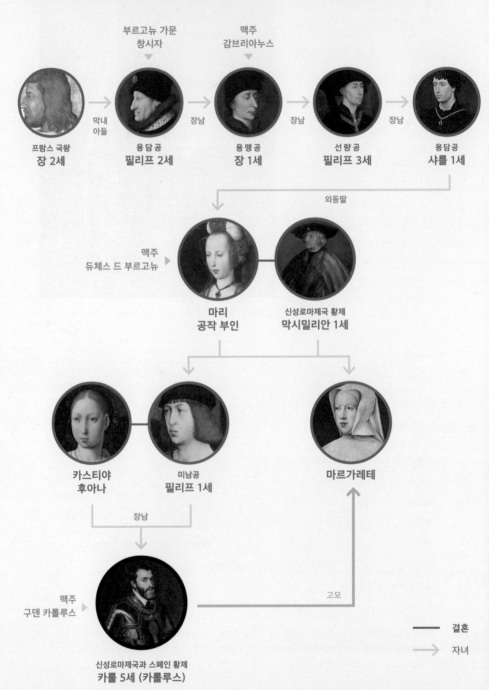

부르고뉴 가문
창시자

맥주
감브리아누스

프랑스 국왕
장 2세

막내
아들

용담공
필리프 2세

장남

용맹공
장 1세

장남

선량공
필리프 3세

장남

용담공
샤를 1세

외동딸

맥주
듀체스 드 부르고뉴

마리
공작 부인

신성로마제국 황제
막시밀리안 1세

카스티야
후아나

미남공
필리프 1세

마르가레테

장남

맥주
구덴 카롤루스

신성로마제국과 스페인 황제
카를 5세 (카롤루스)

고모

―――― 결혼

⟶ 자녀

PART 5

맥주와 브랜드

맥주 브랜드 이야기

—

#오비맥주 #가펠 #베스트말레 #셀리스 #맥파이 #하이트진로 #몽트비어

#아잉거 #바이엔슈테판 #호프브로이 #더부스 #더랜치

누가 카스에 돌을 던질 수 있으랴?

카스 프레쉬 : CASS FRESH

닐슨 코리아가 발표한 2021년 가정용 맥주 판매량 집계에 따르면 '홈술족' 들이 가장 많이 마신 맥주 브랜드는 카스 프레쉬(이하 카스)다. 브랜드 점유율 이 38.6%나 되며 2위 브랜드와는 두 배 이상 격차가 난다. 이 정도면 대한민 국 대표 맥주라 해도 별 무리가 없다. 하지만 맥주 맛을 좀 안다는 사람들은 카스에 좀처럼 후한 점수를 주지 않는다. 한마디로 평가절하해 버린다. 각자 나름의 논리적 이유를 대겠지만 여하튼 '카스는 맛이 없고 좋은 맥주가 아니 다' 라고 주장하는 사람들을 자주 본다.

한국 맥주가 맛이 없다는 인식에 불을 지핀 대표적인 인물은 아마 이코노 미스트Economist 기자였던 영국인 다니엘 튜더Daniel Tudor일 거다. 2014년 11 월 이코노미스트에 실린 그의 기고문 요지는 이랬다. 한국 맥주 산업의 양강 (당시 오비와 하이트진로)구도와 세금을 포함한 불합리한 제도들이 크래프트(일명 수제) 맥주를 만드는 소규모 양조장의 발전을 억누른다는 것이다. 그는 한국 맥주의 맛은 별로 인상적이지 않지만 북한의 대동강 맥주는 놀랄 만큼 맛이 좋다고 했다. 나아가 맥주 양조는 북한이 남한보다 앞서는 유일한 분야라고 썼다. 외국인으로서 한국 맥주 산업에 대한 높은 이해 수준을 보여줬지만, 우 리 머릿속에는 한국 맥주가 북한의 대동강맥주 보다 맛이 없다는 주장만 맴 돌았다. 많은 사람들이 이런 주장에 동의했고 북한과의 비교라 자존심도 꽤 나 상했을 것이다.

그 후 2017년 9월에 미슐랭 스타 셰프인 고든 램지Gordon Ramsay가 카스의 광고모델로 발탁되었다. 그는 카스가 맛이 없다는 평가에 전혀 동의하지 않앉고 농담 반 진담 반으로 "그 영국기자를 만나면 엉덩이를 걷어 차겠다."[1]고 했다. 수많은 한국인들이 즐겨 마시는 카스가 한국 음식과 잘 어울린다는 취지의 말도 했다. 이에 그가 금전적인 이유로 영혼을 팔았다고 비난하면서 진정성을 의심하는 사람도 많았다. 그 논란은 지금도 간혹 회자된다.

월드 비어 컵World Beer Cup 스타일 분류에 따르면 카스는 아메리칸 스타일 라거American-style lager에 해당된다. 부재료Adjunct로 옥수수나 쌀이 사용되기도 해서 아메리칸 어드정트 라거American Adjunct lager 라고도 한다. 세계에서 가장 많이 소비되는 맥주 중 하나인 버드와이저를 비롯해 밀러, 칭타오, 타이거 같은 맥주가 여기에 속한다. 아메리칸 스타일 라거는 우선 톡 쏘는 탄산감과 청량감이 뛰어나다. 맥아에서 나오는 약한 곡물의 향미 이외에 효모나 홉에서 나는 향미는 정말 미미하다. 가벼운 바디감에 알코올 도수도 대개 5% 미만으로 높지 않다. 끝맛이 드라이하며 향미의 여운이 남지 않아 깔끔하다. 음용성Drinkability이 뛰어난 건 불문가지不問可知다. 그래서 더운 날씨에 갈증 해소용으로 아주 좋다. 휴양지 해변에서 이런 스타일의 맥주가 눈에 잘 띄는 이유도 같은 맥락이다.

에일에 비해 상대적으로 더 차갑게 마시는데 한국에서는 얼음장처럼 차게 마시기도 한다. 2021년 3월에 출시된 투명 유리병 '올 뉴 카스'의 경우 라벨에 육각형 모양의 온도센서가 있다. 이 육각형은 섭씨 3-4도에서 밝은 파란색으로 바뀌며 안쪽에 하얀 눈꽃송이도 나타난다. 최적의 음용 온도를 쉽게 확인할 수 있어 무척 편리하다. 카스 자체는 해당 맥주 스타일에 맞게 잘 양조된 맥주다. 그런데 왜 카스는 마치 형편없는 맥주인 양 혹평을 받을까? 맥주의 향미를 평가할 때는 균형 잡힌 합리적 접근이 매우 중요하다. 다시 한번 다니엘 튜더와 고든 램지의 사례를 살펴보자.

다니엘 튜더는 한국 음식은 마치 입에 불 난fiery것처럼 맵고 자극적인 맛을 갖고 있어 매우 흥미진진하다고 했다. 한국인은 마늘과 고추가 빠진 심심한 맛의 김치를 참지 못할텐데 왜 맥주는 밍밍하고 특색없는boring 걸 마시

1 <'내가 영혼을 팔았다고?' 고든 램지의 항변 "비싼 맥주만 마셔야 하나…카스는 사람들의 맥주"> (조선비즈, 2017. 11.18)

는지 묻는다. 물론 카스의 목 넘김이 좋다Go down easily enough는 점은 인정했다. 카스 맛에 대한 그의 부정적 평가는 맥주 스타일에 대한 이해 부족 또는 스타우트Stout, 페일 에일Pale Ale, IPAIndia Pale Ale 등 영국 맥주에 대한 친숙함 때문일 것이다.

참고로 영국에서 수입된 장비로 양조된 대동강 맥주는 여러 스타일로 구성되어 있다. 맥주 향미의 종류와 강약은 맥주 스타일에 따라 다르고 그것으로 맥주의 우열을 가리는 것은 넌센스다. 왜냐하면 사람마다 향미의 종류와 강약에 대한 호불호가 다르기 때문이다. 단지 특정 스타일의 맥주, 특정 맥주 브랜드를 선호하는 사람이 있을 뿐이다. 마치 우리가 독특한 향미가 있는 갓김치가 심심한 맛의 백김치보다 더 좋은 김치라고 여기지 않고 기호대로 먹는 것처럼 말이다. 사실 그가 주장하는 소규모 양조장의 발전을 가로막는 여러 이유들에 더 집중하고 고민할 필요가 있다.

스코틀랜드 출신의 고든 램지가 진심으로 카스를 칭찬했는지는 나도 모른다. 그러나 맵고 짜고 자극적인 한국 음식과 카스가 잘 어울린다는 그의 평가는 주목할 만하다. 셰프인 그는 맥주와 음식의 페어링Pairing 측면에서 카스에 후한 점수를 줬다고 생각한다. 그런 평가는 된장찌개, 김치찌개, 젓갈, 다양한 종류의 김치류 같은 일상 음식과 함께 술을 마시는 우리의 반주 문화를 잘 파악하고 있었기에 가능했다. 향미가 강하지 않고 끝맛이 깔끔하며 탄산감이 높은 카스가 자극적인 음식에는 오히려 무난한 선택일 수 있다. 혹시 동의하지 않는다면 위의 음식에 임페리얼 스타우트, IPA, 도펠복Doppelbock 같은 맥주를 곁들여 보시라. 그냥 쉽게 알게 된다.

카스의 높은 시장점유율은 다니엘 튜더의 주장처럼 양강 구도와 불합리한 제도 때문이라기보다 고든 램지의 평가처럼 한국 음식과 함께 한 반복된 경험을 통해 사람들이 카스에 익숙해지고 만족도가 높아졌기 때문일 가능성 더 많다. 그렇다고 해서 카스를 즐기는 그 많은 사람의 맥주 취향을 몰개성, 몰이해라는 색안경을 끼고 봐서는 안 된다. 예를 들어 홉에서 나오는 쓴맛Bitterness에 부정적인 사람들이 의외로 많다. 내 주변에는 여러 스타일의 맥주를 섭렵한 후에 결국 카스가 자기 입맛에 가장 맞다고 하는 사람들이 있다. 알게 모르게 그런 사람들이 아주 많아서 38.6%라는 브랜드 점유율이 나온 것이다.

카스 팬들 역시 합리적인 소비자고 이유 없이 자기 돈 지출해서 맥주 마시지는 않는다. 따라서 그들의 취향도 마땅히 존중되어야 한다. 아울러 카스라는 맥주 자체도 혹평을 받을 하등의 이유가 없다. 대한민국 대표 맥주라는 상징성 때문에 억울하게 돌을 맞고 있는 건 아닌지 냉정히 생각해 볼 일이다.

나는 술자리에서 '맥주는 자유다'라는 모토를 자주 언급한다. 대학생 시절 호프집에서 500cc 생맥주 잔을 들면 진짜 성인이 된 것 같았다. 마음대로 호프집에 출입할 수 있는 자유, 주머니 사정 안에서 좋아하는 맥주를 맘껏 마실 수 있는 자유가 더 없이 좋았다. 자유에는 타인의 자유를 함부로 폄하하거나 침해하면 안 된다는 전제가 있다. 그런 전제 아래에서 다양성이라는 가치가 빛을 발하고 개인이 더욱 존중 받는 사회가 가능할 것이다. 끝으로 나와 함께 카스를 마시는 카스 팬들에게 꼭 하고 싶은 부탁이 있다. 맥주와 소주가 적절한 비율로 혼합된 '카스처럼'을 즐기는 여러분의 취향을 진심으로 존중한다. 다만 그 '카스처럼'을 강요하지는 말았으면 한다. 나는 소주 섞지 않은 카스 그대로가 더 좋다. 그러니 취향의 다양성을 인정해 주기 바란다. 왜냐고? 맥주는 자유니까!

카스를 생산하는 오비Oriental Brewery는 전 세계 1위 맥주 회사인 에이비 인베브AB-InBev 산하 기업이다. 대중들에게 인기가 많은 버드와이저, 호가든을 자체 생산하고 있으며 주문자 생산방식OEM으로 수출도 하고 있다. 양조 수준은 입증된 셈이다. 그래도 오랜 기간 맥주 선택의 폭이 너무 좁았고 특정 스타일의 맥주만 마실 수밖에 없었던 상황은 아쉽다. 천만다행일까? 지금은 정말 다양한 세계 맥주

카스 프레쉬

들을 만날 수 있고 제도 변화와 함께 국내 크래프트 맥주의 성장세도 놀랍다. 여기에는 다니엘 튜더와 고든 램지의 논란거리도 틀림없이 한 몫 했을 것이다. 두 사람 모두에게 감사를 표한다.

CASS FRESH
카스 프레쉬

브루어리	오비맥주
스타일	아메리칸 스타일 라거
알코올	4.5%
외관	투명하고 밝은 볏짚색에 하얀 거품
향미	약한 곡물, 옥수수, 흰 식빵
마우스필	가벼운 바디감, 청량하고 드라이한 피니쉬, 강한 탄산감
푸드페어링	치킨, 삼겹살, 양꼬치, 프렌치 프라이

#카스프레쉬 #오비맥주 #아메리칸라거 #고든램지 #다니엘튜더 #대동강맥주
#브랜드점유율 #맥주는자유

라거만 드시는 분들께 꼭 권하고 싶은 맥주

가펠 쾰쉬 : GAFFEL KÖLSCH

많은 사람들이 라거와 에일의 차이점 정도는 기본으로 알고 있을 것이다. 라거는 비교적 저온에서 발효되어 깔끔하고 청량하며 목 넘김이 좋고, 에일은 상온에서 발효되어 과일, 꽃, 허브, 향신료 등의 다양한 향이 난다는 사실은 이제 상식에 가깝다. 요즘 인기가 많은 크래프트맥주의 스타일 대다수가 에일이지만 사실 전 세계적으로 가장 많이 소비되는 맥주는 라거다. 일부 맥주 덕후들은, 라거를 즐기는 사람들은 맥주 맛을 잘 모른다고 무시하기도 한다.

과연 올바른 태도일까? 다양한 향과 맛을 자랑하는 맥주, 혹은 쓴맛만 두드러지는 맥주를 즐길 줄 알아야 글로벌 트렌드에 걸맞다는 주장에 맞서, "내 취향은 누가 뭐라고 해도 라거!"라고 소리치고 싶은 사람들이 많을 것이다. 난 그 취향을 진정으로 이해하고 지지한다.

4년 동안 여러 곳에서 맥주인문학 강연을 하면서 두 가지 이유로 가펠 쾰쉬를 자주 소개했다. 첫 번째는 라거와 에일에 대한 해묵은 상식을 허물고 싶은 마음이 있었다. 강연 중 참가자에게 가펠 쾰쉬를 시음하게 한 후, 라거인지 에일인지 물어보면 모두 이렇게 답한다. "이건 당연히 라거지요." 하지만 이 맥주는 에일이다. 나는 앞서 소개한 라거와 에일에 대한 선입견에 매몰되지 않는 것이 자기 취향대로 맥주를 즐길 수 있는 출발선이라고 믿는다. 나역시 이런 과정을 거쳤다. 두 번째는 에일이 입맛에 안 맞다고 여기는 사람들에게 의외의 경험을 제공하고 싶었다. 이런 의외의 경험이 다양한 맥주 스타일을 시도할 수 있는 계기가 될 것이기 때문이다.

쾰쉬Kölsch라는 맥주 명칭은 독일의 쾰른이라는 도시와 뗄 수 없다. 이 맥주는 유럽에서 와인처럼 원산지 통제 법을 따르는 유일한 맥주다. 즉, 쾰른의 양조장에서 생산되지 않으면 법적으로 쾰쉬라는 명칭을 붙일 수 없다. 쾰쉬는 에일이지만 라거처럼 장기간 저온 숙성 과정을 거쳐 완성된다. 그래서 다른 맥주 스타일에서 볼 수 없는 에일과 라거의 특징이 함께 있는 독특함이 있다. 쾰쉬가 미국에서 '하이브리드' 맥주로 분류되는 이유도 이런 공존하는 양면성 때문이

슈탕에와 크란츠

다. 사실 맥주 교육을 받은 사람도 무심코 이 맥주를 마시면 라거로 착각하곤 한다. 독일에서 쾰쉬는 맥주가 200cc 정도 들어가는 작고 귀여운 원통형 모양의 잔인 슈탕에Stange로 제공된다. 웨이터는 슈탕에 여러 개를 담을 수 있는 크란츠Kranz로 불리는 쟁반을 들고 다니며 손님에게 쾰쉬를 서빙한다.

감사하게도 가펠 쾰쉬를 마시기 위해 쾰른으로 갈 필요는 없다. 한국 대형 마트와 편의점 그리고 펍에서 쉽게 만날 수 있다. 다만 한국 펍에서 쾰쉬는 다양한 크기와 형태의 잔으로 제공된다. 군청색 바탕에 멋진 흰색 로고가 그려진 캔을 따보자. 얼음장처럼 차게 할 필요는 없지만 그래도 섭씨 5-7도 정도로 시원한 게 좋다. 슈탕에가 없어도 문제없다. 주변에서 흔히 구할 수 있는 맥주잔도 괜찮다. 맥주를 따르면 희고 조밀한 거품이 풍성하게 올라오며 생각보다 거품도 오래 유지된다. 잔을 들어 맥주를 보면 흰색 거품 밑에 밝고 투명한 볏짚색이 참 예쁘다. 맥주의 향을 맡아보면 맨 먼저 식빵 향이 느껴진다. 그 다음은... 이상하게 에일이지만 뚜렷한 과일, 허브, 향신료 같은 향이 잘 안 느껴진다. 향에 예민한 사람은 복숭아, 살구, 익은 배향을 연하디 연하게 느낄 수 있다. 에일이 뭐 이래? 라고 고개를 갸우뚱 할 수도 있다.

한 모금을 입에 잠시 머금었다가 꿀꺽 마셔보자. 그리고 혀를 입천장에 대고 2~3번 정도 숨을 들이켰다 내쉬어보자. 앞에서 언급한 과일 향 또는 물을 탄 듯한 밍밍한 화이트 와인 향이 순식간에, 찰나처럼 스쳐갈 수 있다, 그래

도 약한 곡물의 풍미는 쉽게 찾아낼 수 있다. 마지막으로 두 입술을 붙였다 떼면 꿀물을 마신 뒤처럼 약간의 끈적거림을 느낄 수 있을 것이다. 쓴맛은 필스너Pilsner보다 덜하고 입안에 감도는 여운의 향과 맛도 거의 없다. 정말이지 끝맛이 깔끔하고 드라이하다. 에일이 이래도 되나 싶다. 무겁지 않은 바디감과 청량감으로 목 넘김이 무척 좋아서 음용성이 탁월하다. 연달아 몇 모금 마셔도 알코올 기운이 크게 올라오지 않는다. 캔을 보니 알코올 도수는 4.8% ABV로 높지 않다. 이미 눈치 챈 사람도 있겠지만 정말이지 거의 완벽한 라거의 특징을 띤 에일이 바로 가펠 쾰쉬다. 라거를 즐기는 한국인의 취향에 가장 잘 맞는 에일이 아닐까 싶다.

가펠 쾰쉬는 우리가 맥주와 자주 먹는 음식과도 잘 어울린다. 200cc 슈탕에는 우리의 원샷 문화에 최적화된 잔임에 틀림없다. 실제 스페인의 산티아고 데 콤포스텔라Santiago de Compostela로 향하던 순례자들이 쾰른에서 쾰쉬를 여러 잔 원샷했을 것으로 나는 믿는다. 갈증을 달래고 지친 기운을 새롭게 하기 위해서 말이다. 가펠 쾰쉬는 한여름 열대야의 불면 속에서 라거와 견줄 수 있는 최고의 에일이다. 훌륭한 치맥의 조합이며 독일식 소시지와 먹어도 제 맛이다. 연어를 포함한 생선회와 같이 해도 좋다. 사실 우리가 일상에서 접하는 대다수의 음식과 곁들여 사시사철 즐길 수 있는 전천후 에일이라 할 수 있다.

맥주인문학 강연을 마치면 내가 가장 좋아하는 맥주를 묻는 질문이 자주 나온다. 색다른 맥주를 기대하기도 하고 자신의 취향과 비슷한지 확인도 해보고 싶었을 것이다. 하지만 나는 어떤 맥주를 가장 좋아한다고 대답할 수 없다. 함께 마시는 사람, 기분, 때와 장소에 따라 좋아하는 맥주가 달라질 수 있기 때문이다. 그러나 가장 즐겨 마시는 맥주는 가펠 쾰쉬라고 대답할 수 있다. 나에게 이 맥주는 에일과 라거쯤은 쉽게 구분할 수 있다고 기고만장하던 시절에 새로운 세계를 보여준 소중한 맥주다. 에일의 과일 향과 맛을 알아내려고 무던히도 많은 가펠 쾰쉬를 마셨다. 솔직히 쉽지 않다. 앞에 소개한 나의 시음기에 공감할 수 없다는 사람도 있을 테지만 걱정 마시라. 전혀 이상

가펠 쾰쉬

한 일이 아니다. 그만큼 가펠 쾰쉬의 라거스러움을 제대로 느끼고 즐기고 있다는 반증이기도 하다.

나는 라거를 사랑하는 많은 사람들의 취향을 진정으로 존중한다. 그 마음으로 가펠 쾰쉬를 권한다. 라거처럼 꿀꺽꿀꺽 -라거와 연관된 최고의 의성어임에 틀림없다- 마시면서 즐기길 바란다. 그리고 자신 당당하게 말하자, "내 입맛에는 라거가 딱이야!"라고. 역설적이지만 이 맥주 마시고는 그렇게 말해도 된다. 혹시 주변에서 에일 맛도 모르면서 맥주 마신다고 핀잔 아닌 핀잔을 주는 사람을 만나면 인심 좋게 가펠 쾰쉬 한 잔 대접하시라. 그리고 반응을 지켜보자. 생각만 해도 재밌다.

맥주는 향과 맛으로만 마시는 게 아니다. 같이 마시는 사람들의 사연도 함께 마시는 것이다. 물론 내 사연도 그들이 함께 마실 것이다. 그렇게 인연을 맺고 추억을 쌓아가는 것이다. 그리고 맥주 자체가 가지는 사연, 스토리도 은연 중에 함께 마신다는 걸 잊지 말자. 라거같은 에일의 재미와 즐거움을 서로 공유하면서 새로운 인연을 시작하고 추억을 만들어가길 기대해 본다. 그러면서 자연스럽게 또 다른 스타일의 맥주를 만나고 더 넓고 다양한 맥주세계로 한 걸음씩 나아가면 좋겠다. 가펠 쾰쉬가 훌륭한 마중물이 될 것으로 믿어 의심치 않는다. 그런 의미에서 Cheers!

GAFFEL KÖLSCH
가펠 쾰쉬

브루어리	가펠 브루어리
스타일	독일 스타일 쾰쉬
알코올	4.8%
외관	투명하고 밝은 볏짚색에 하얀 거품
향미	연하디 연한 배, 자두, 화이트 와인, 식빵
마우스필	중간 이하의 바디감, 청량하고 드라이한 피니쉬
푸드페어링	연어회, 견과류, 브뤼치즈, 치맥도 무난함

#가펠쾰쉬 #쾰쉬 #쾰른 #하이브리드맥주 #라거에일 #슈탕에 #크란츠 #맥주인문학

균형 잡힌 완벽한 하모니

베스트말레 트리펠 : WESTMALLE TRIPEL

하느님은 와인을 만들고 인간은 맥주를 만들었다는 말이 있다. 와인 양조에는 자연적인 요소가 많이 관여되지만 맥주 양조에는 보리, 홉, 효모에 대한 인간의 상상력이 많이 발휘된다는 의미다. 그래서일까 성경에 와인과 포도밭은 자주 등장하지만 맥주를 나타내는 단어는 단 한 번도 나오지 않는다. 그러나 나는 〈하느님은 맥주를 사랑하실까?〉라는 제목의 맥주인문학 강연에서 항상 '그렇다'라고 항변한다. 인류 문명의 시작부터 우리와 함께 한 맥주 역사를 봐도 그렇고 무엇보다 상상력은 바로 하느님으로부터 받은 것이기 때문이다. 다양한 시각으로 맥주 역사와 문화를 조망할 때 상상력은 큰 도움이 된다. 아울러 이런 상상력이 맥주의 즐거움을 더해 준다는 사실을 강조하면서 다음 질문에 답해보려 한다.

천국에는 어떤 맥주가 있을까?

천국과 어울리는 맥주라면 천국의 특성을 공유해야만 할 것이다. 천국은 모든 사람이 자기의 본성을 잘 간직하면서도 남들과 갈등없이 잘 지내는 곳, 그래서 더할 나위 없이 즐겁고 좋은 곳일 게 분명하다. 이런 특성을 가진 맥주를 어디에서 찾을 수 있을까? 청빈, 정결, 순명을 서약하고 평생 기도하고 일하면서 천국을 기다린 수도사가 만든 맥주가 가장 먼저 떠오른다. 중세 때부터 맥주는 수도원에서 일상의 식수이자 금식기간 동안의 영양 보충식이였다. 그들에게 맥주는 '액체 빵'이었다. 또한 병자, 순례객, 고위 인사를 대접하기 위한 음료였고 지역사회 판매를 통해 수도원 운영에도 기여한 효자품목이기도 했다. 그런 이유로 수도원은 홉의 사용을 포함해 맥주 양조 발전에 양적, 질적으로 큰 역할을 담당했다. 수도원은 다양한 등급의 맥주를 만들었고 그런 전통은 오늘날 엥켈Enkel, 두벨Dubbel, 트리펠Tripel, 쿼드러펠Quadrapel이라는 명칭으로 이어지고 있다. 맥주의 풍미가 서로 다르고 뒤로 갈수록 알코올 도수가 높아진다. 긴 역사를 자랑하는 수도원 맥주 중에서 지금도 유명세를 떨치고 있고 그 명칭도 법적으로 보호받는 벨기에 트라피스트Trappist 맥주라면 천국의 문턱을 넘을 수 있을 것 같다. 나는 라벨에 육각형 로고Authentic Trappist Product를 담고 있는 11개 트라피스트 맥주 중 베스트말레 수도원에서 생산되는 트리펠이라면 하느님도 고개를 끄덕일 거라 확신한다.

이 맥주를 제대로 즐기려면 우선 챌리스Chalice라는 성배처럼 생긴 잔을 준비해야 한다. 맥주 온도는 섭씨 8-14도 사이가 권장된다. 적어도 냉장고에서 갓 꺼낸 라거처럼 아주 차갑진 않아야 한다. 마시기 전부터 참 까다롭다고 생각하겠지만 천국의 풍미를 경험하는 과정으로 받아들이자. 먼저 라벨을 보자. 기독교적인 상징이나 기호가 하나도 없다. 수도원 맥주지만 전혀 기독교 내색을 하지 않는다. 천국에서도 공정한 경쟁을 펼치겠다는 심산이다. 이제 병을 따서 맥주를 챌리스 잔에 따르자. 이 때 맥주병을 너무 세워 따르지 않도록 주의하자. 엄청난 거품이 잔을 채우고 넘치는 상황에 맞닥뜨리기 싫다면 더더욱.

맥주를 따른 이후에는 이내 잔을 귀에 대고 어떤 소리가 나는지 들어보자. 나에겐 탄산이 올라오는 소리가 이 맥주에 대한 박수갈채로 들린다. 트리펠은 1차 발효를 마친 맥주를 병입할 때 당Candi Sugar과 효모를 추가하여 병 속에서 2차 발효를 거친다. 그 결과 탄산이 아주 풍성하다. 이제 잔을 들어 맥주의 색상과 거품을 보자. 하얀 솜사탕 같은 거품이 밝은 황금색 맥주 위에 살포시 내려앉은 모양새다. 병 속 2차 발효와 비여과로 인해 맥주가 투명하게 맑지는 않다. 향을 맡으니 벨기에 효모에서 나오는 정향Clove이 가장 먼저 느껴진다. 그 다음에는 시트러스Citrus류의 향이 따라온다. 그렇지만 미국 서부의 IPAIndia Pale Ale 보다는 약하다. 잔을 휘돌려서 다시 맡으니 완숙의 파인애플 향도 만날 수 있다. 한 모금 마셔본다. 이거 참 미묘하다. 잘 익은 배, 바나나 맛과 함께 알싸한 향신료 맛 그리고 어딘가 살짝 단맛도 숨어 있다. 하지만 이내 쌉쌀한 쓴맛이 이어지면서 드라이Dry하고 깔끔한 끝맛으로 마무리된다. 그런데 입술을 비벼보면 꿀 먹은 것처럼 끈적임이 느껴진다. 맥주의 재료인 맥아, 효모, 홉이 동시에 각자의 소리를 내지만 멋진 화음을 이루었다고 해야 할까? 미묘하고 복합적이면서 어느 하나 튀지 않는 균형 잡힌 완벽한 하모니의 풍미라고 할 수 있겠다. 미디엄 바디감에 별 어려움 없는 목 넘김이지만 알코올 도수는 무려 9.5% ABV! 트리펠이라는 맥주 스타일을 사전에 몰랐다면 예상하기 참 힘든 수치다. 감히 천국에 어울리는 맥주로 꼽은 이유는 놀라운 균형감, 하모니 그리고 의외성 때문이다.

베스트말레 트리펠은 탄산이 높아 기름진 육류와 잘 맞다. 하지만 천국에서 마신다면 12세기 이탈리아 수도사들이 만든 파르미자노 레지아노Parmigiano Reggiano 치즈를 추천한다. 감칠맛이 뛰어나고 과일향이 나는 경성 치즈로 약간의 짠맛과 새콤한 맛도 있어 복합적인 향과 맛을 자랑한다. 벨기에 수도사가 만든 맥주와 이탈리아 수도사에서 유래한 치즈의 조합은 이국적이면서도 공통의 연결고리가 있는 흥미로운 조합이다. 치맥이란 단어는 원래 치즈와 맥주의 줄임말일지도 모른다는 꽤나 합리적인 추론도 가능할 만큼 잘 어울린다. 천국에서 수도사들이 맥주와 치즈를 서로 권하는 모습을 상상하면 웃음이 절로 난다. 맥주 한 잔, 치즈 한 조각으로 천국의 모습을 그려볼 수 있으니 참으로 엄청난 호사가 아닐 수 없다.

사실 지금의 트리펠 맥주는 먼 옛날 수도원에서 만든 맥주가 아니다. 20세기 초 필스너Pilsner 맥주의 열풍에 맞서 1934년에 베스트말레 수도원에서 만든 맥주다. 그래서 이 맥주는 '트리펠 맥주의 어머니'로 불린다. 새롭게 유행하는 세속의 맥주에 대한 수도원의 대응이라 그런지 색상도 필스너 맥주처럼 밝다. 여러 트라피스트 수도원의 트리펠과 비교해가며 마셔보는 것도 색다른 즐거움이다.

높은 알코올 도수를 감안할 때, 베스트말레 트리펠은 낙엽 지는 가을과 한파가 몰아치는 겨울에 마시면 제격이다. 검은색 임페리얼 스타우트와 차별되는 밝은 황금빛 색상과 멋진 챌리스 잔은 운치를 자아낸다. 혼자서 이런 저런 생각을 정리하고 휴식을 취하며 상상의 나래를 펼치기에 더 없이 좋은 맥주다. 사실 그런 때가 힘든 현실에서 천국 같은 순간이 아닐까 싶다. 정말이지 한 잔으로도 충분히 천국을 맛볼 수 있다. 균형감 있는 풍미뿐만 아니라 끝맛이 드라이하고 깔끔해서 한 잔 더 마시고 싶은 강한 유혹이 들 수 있다. 간혹 두 번째 잔이 더 좋을 때도 분명 있을 것이다. 맥아, 효모, 홉이 펼치는 흠잡을 때 없는 하모니에 9.5%의 알코올 도수도 무색해지니 말이다. 하지만 그 이상은 과유불급임에 틀림없다. 맥주를 포함해 인생사 모든 일에는 냉정과 열정 사이 어딘가 존재할 적절한 수준이 필요함을 꼭 기억하자.

베스트말레 트리펠

천국에 맥주가 있다면 결단코 베스트말레 트리펠만 있지는 않을 것이다. 다양한 맥주가 없다면 이미 천국이 아니다. 사람마다 천국의 맥주리스트를 다르게 작성할 것이다. 그것이 천국질서에 맞는다. 트리펠을 마시면서 글을 쓰는 지금 너무 궁금한 게 있다. 이 글을 읽을 바로 당신한테 말이다. 상상력이 맥주의 즐거움을 더해 준다는 말에 동의하는가? 만약 그렇다면 이번에는 당신이 상상력을 발휘할 차례다. 천국에는 어떤 맥주가 있을 것 같은가?

<참고 도서>

『맥주, 문화를 품다』(무라카미 미쓰루, 이현정 역, RHK, 2012)

『TRAPPIST BEER TRAVELS: INSIDE THE BREWERIES OF THE MONASTERIES 』(CAROLINE WALLACE 외, SCHIFFER, 2017)

『TASTING BEER : AN INSIDER'S GUIDE TO THE WORLD'S GREATEST DRINK』(RANDY MOSHER, STOREY PUBLISHING, 2017)

WESTMALLE TRIPEL
베스트말레 트리펠

브루어리	베스트말레 브루어리
스타일	벨지언 스타일 트리펠
알코올	9.5%
외관	황금색 맥주 위에 솜사탕처럼 얹혀진 풍부한 흰색 거품
향미	정향, 잘 익은 배, 파인애플, 바나나, 연한 꿀 같은 단맛
마우스필	살짝 중간 이상의 바디감. 탄산이 풍부하고 드라이한 피니쉬
푸드페어링	스테이크, 파르미지나노 레지아노 치즈, 홍합 스튜

#트라피스트맥주 #트리펠 #베스트말레 #베스트말레트리펠 #천국맥주 #벨기에
#수도원맥주 #챌리스잔

벨지안 윗비어의 원조, 셀리스 화이트

셀리스 화이트 : CELIS WHITE

주류와 음료에 관한 세계 최대 규모의 박람회인 드링크텍Drinktec이 4년마다 5일간 독일의 남부 도시, 뮌헨Muchen에서 열린다. 이곳 전시는 주류와 음료에 관련된 필요한 모든 정보를 얻을 수 있다고 해도 과언이 아닐 정도의 방대한 규모이다. 특히 맥주에 관한 전시가 가장 많은 부분을 차지하여 설비, 원부자재는 물론 생산에 필요한 소모품까지 최신 정보와 앞으로 개발 예정에 있는 상품들까지 소개되고 있다.

2013년 9월 추석 연휴 동안 남편과 드링크텍 참석차 독일 뮌헨을 가게 되었다. 세계적인 맥주 축제인 옥토버페스트Octoberfest 바로 일주일 전에 개최되는 이 전시회엔 전 세계에서 관련 업계 종사자와 관계자들이 참여하여 뮌헨은 많은 사람들로 붐빈다.

5일의 전시 기간 중 3일 동안 전시 장소인 메스 뮌헨Mess Munchen을 방문하였지만, 워낙 전시 규모가 커서 전시장 전부를 둘러보기엔 턱없이 부족한 시간이었다. 그러나 드링크텍 박람회에서 맥주 교육기관인 되멘스 아카데미Doemens Akademy에 맥주 양조 교육이 아닌 맥주 테이스팅Tasting 자격에 관한 프로그램이 있다는 정보를 접하게 되었고 그것은 맥주 양조 일을 하는 남편과 함께할 수 있는 일들이 무엇이 있을까 막연하게 생각하고 있던 차에 나에게는 매우 흥미로운 소식이 아닐 수 없었다. 그러나 독일어라곤 '일'도 모르니 '그림의 떡'이라 다른 방법은 없을지 여러모로 모색하던 중 2014년 겨울, 신문기사를 통해 아주 기쁜 소식을 접할 수 있었다. 되멘스 비어소믈리에Doemens Biersommelier 과정이 서울에서 열리게 되었고 나는 감사한 마음으로 맥주 수업을 받았다.

2013 Drinctec Mess Munchen 중앙 홀 로비

　교육과정의 마지막은 몇 가지 평가를 통하여 합격하게 되면 비어소믈리에 자격을 갖게 된다. 그 평가 중 하나가 무작위로 선택된 맥주를 시음하고 프레젠테이션 형식으로 발표하는 것이었다. 그날 나에게 선택된 맥주는 셀리스 브루어리Celis Brewery의 윗비어Witbier인 셀리스 화이트Celis White였다. 처음 치르는 맥주 시험인 데다가 그 당시 되멘스 아카데미의 학장이었던 볼프강Dr. Wolfgang이 직접 참관하던 자리여서 많이 떨렸던 기억이 선명하다.

　먼저 맥주의 포장상태를 확인한 후 병뚜껑을 따서 잔에 조심스럽게 따랐다. 햇빛이 드는 쪽으로 잔을 비스듬히 들어 맥주의 색, 투명도, 거품의 색과 유지력 등을 살피고 코로 가져가서 숨을 짧게 몇 번 들이마시며 연상되는 음식과 상황을 단어로 표현했다.

　고수의 알싸한 스파이시Spicy함이 강하게 느껴졌지만, 오렌지 껍질의 아로마는 거의 느껴지지 않는다고 발표한 기억이 난다. 혀에서 느껴지는 밀 맥아가 주는 부드러움, 높지 않은 알코올 도수로 여러 잔을 마시기에 좋은 맥주라고 생각되는 셀리스 화이트는 이렇게 인연이 되어 소중한 맥주가 되었다.

　윗비어의 'Wit'은 네덜란드 북부 플랜더스Flanders의 언어로 'White'를 의미한다. 일찍이 14세기 때부터 플랜더스의 호가든Hoegaaden 지역을 중심으로 윗비어는 전통적인 소규모 자가 양조의 형태로 양조 되기 시작했다. 그 후 19세기를 지나 20세기가 되면서 양조기술과 설비의 발달과 함께 하나의 맥주 스타일로 자리매김하게 되었다.

여름철 농가에서 양조 되어 갈증을 해소하기에 좋은 맥주로 시작된 이 맥주 스타일은 시간이 지나면서 벨기에 많은 양조사가 양조하기 시작하고 일년 내내 마실 수 있는 인기 있는 스타일 중 하나가 되었다. 18세기 중반 호가든이라는 작은 마을에 각자 특징이 있는 윗비어를 만드는 소규모 양조장의 수가 38개나 있었지만, 세계 1, 2차 대전을 지나고 대중 매체와 교통의 발달과 함께 호가든 마을의 양조장들은 문을 닫았고 1957년 톰신 브루어리Tomsin Brewery의 폐업으로 윗비어 양조는 명맥이 끊어지게 되었다.

셀리스 브루어리의 창업자, 피에르 셀리스Pierre Celis는 본인의 고향인 호가든에서 양조 되던 윗비어에 특별한 애정을 가지고 있었다. 마지막까지 윗비어 양조를 했던 톰신 브루어리에서의 양조경험을 살려 1966년 그의 아버지의 마구간에 셀리스 브루어리를 만들어 거의 10년 동안 사라졌던 윗비어의 양조에 다시 숨을 불어넣었다. 시간이 지나면서 판매량이 늘어나고 벨기에 다른 지역의 양조사들도 이 스타일의 맥주를 다시 양조하기 시작하면서 하나의 스타일로 정착되게 되었다.

그의 아버지 마구간에서 시작한 윗비어 양조는 버려진 음료수 공장으로 자리를 옮겨 계속되었지만 그곳에 화재사고가 발생하게 되었다. 그 후 그는 양조장을 인터브루Interbrew에 매각하고 1992년 봄 그의 나이 67세라는 적지 않은 나이에 미국 텍사스주 오스틴으로 이주하여 소규모 양조장을 열게 된다. 피에르 셀리스는 벨기에에서 미국 텍사스로 새로운 양조장 설립을 위해 가면서 그의 양말 속에 윗비어 효모를 숨겨갔다고 한다. 그 후 30년이 지난 지금도 오스틴에서 셀리스 브루어리는 그의 딸, 크리스틴Christine Celis에 의해 운영되고 있다.

2021년 12월 둘째 아이의 졸업식이 있어서 오스틴을 방문하게 되었다. 여행 계획이 결정되는 순간부터 내 머리에 떠오른 것을 셀리스 브루어리였다.

도착해서 며칠 후 동생 내외와 딸과 함께 저녁 식사 겸 가게 된 셀리스. 서울의 12월은 야외에서 맥주를 마시는 일이란 상상하기 어렵지만, 오스틴의 날씨는 선선하니 야외 테이블에서 맥주 한잔 하기에 아주 딱이다. 주차장에 도착해서 먼저 한편에 있는 푸드 트럭에서 판매하는 피자를 주문하고 건물 안으로 들어가 탭룸Taproom에서 맥주를 주문하였다.

텍사스 오스틴의 셀리스 브루어리

신용 카드를 등록한 후 맥주를 여러 차례 주문하고 떠나기 전에 클로징Closing하면 다 한꺼번에 결제가 되는 방식이다. 물론 윗비어를 제일 먼저 주문했다. 양조장에서 맥주를 마실 때 가장 맛있는 건 당연한 일이지만, 이곳 오스틴 셀리스 브루어리에서 와서 윗비어를 마시다니 꿈을 현실로 이룬 느낌 이랄까 행복감이 먼저 밀려왔다.

셀리스 브루어리의 마크가 있는 쉐이커 파인트Shaker Pint 잔에 가득 담긴 셀리스 화이트 한 잔을 서버에게 받아 얼른 코로 가져가 숨을 들여 마셨다. 미세한 시트러스 아로마Citrus Aroma와 과하지 않은 스파이스 노트Spice Note 가 스쳤다. 맥주잔을 살짝 들어 올려 색을 살펴보니 옅은 볏짚 색을 띄는 색에 밀 맥아를 사용한 맥주들이 공통으로 가지는 특징과 동일하게 투명도는 살짝 뿌옇다.

기쁜 마음으로 입안 가득 한 모금 가져가 봤다. 독일이나 영국의 홉Hop을 사용하는 윗비어는 다른 맥주 스타일에 비해 홉에서 오는 쓴맛은 매우 낮다. 또한, 홉 사용에서 오는 플레이버Flavor나 아로마가 거의 없다. 반면에 코리앤더 씨앗Coriander Seed를 보일링 과정에서 굵게 부셔 넣어 그 특징을 더한다. 오렌지 껍질을 같은 단계에 넣음으로써 향긋한 시트러스한 아로마뿐만 아니라 내과피에서 나오는 쓴맛은 이 맥주의 매력을 한층 더해준다. 오렌지 필과 코리앤더를 사용했다고 그 특징이 고스란히 느껴질거라 생각 한다면 이 맥주를 마셨을 때 많이 놀랄 수도 있다. 부재료의 사용이 다른 맥주의 재료와 양조 및 발효과정에서 어우러져 과하지 않은 독특한 뉘앙스를 맥주에 남겨 이 맥주만의 매력을 만들어 낸다. 이 맥주에서 가장 큰 역할을 하는 재료를 고른다면 당연히 피에르 셀리스가 양말 속에 숨겨왔다는 벨지안 윗비어 효모라고 할 수 있다. 다른 벨지안 맥주 스타일과 비교하면 그 특징이 두드러지진 않지만 부드럽고 스파이시한 페놀Phenol의 플레이버와 감미로운 에스테르 아로마Ester Aroma가 이 맥주의 훌륭한 배경이 되어준다.

특별한 인연인 셀리스 화이트의 한 잔의 추억이 매우 고마울 따름이다. 맥주의 맛과 아로마만큼이나 흥미로운 스토리가 있는 셀리스 브루어리의 셀리스 화이트가 윗비어의 원조와 교과서로 오래 남길 기대한다.

CELIS WHITE
셀리스 화이트

브루어리	셀리스 브루어리
스타일	윗비어
알코올	4.9%
외관	헤이지 라이트 골드
향미	시트러스향, 스파이스향이 가벼운 보리와 밀 맥아의 풍미와 조화
마우스필	중간보다 가벼운 바디감, 높은 탄산감, 밀맥아가 주는 약간의 부드러움
푸드페어링	홍합이나 세비체와 같은 가벼운 해산물, 페타와 같은 가벼운 치즈

#밀맥주   #벨지안윗비어   #셀리스화이트   #호가든   #벨기에맥주   #피에르셀리스
#윗비어원조   #오렌지필   #코리앤더

커피와 맥주의 사람 냄새

맥파이 고스트 : MAGPIE GHOST

2015년부터 커피에서 수제 맥주로 내 '덕질'이 옮겨갔다. 수제 맥주의 정보가 많이 없어 발품을 팔아가면서 맥주와 양조장을 알아가는 공부를 했던 시절이기도 하다. 그때, 나는 한 달에 월급보다 더 많은 돈을 맥주 값으로 탕진했던 것 같다. 지금 생각하면 어마어마하게 마셨다. 이렇게 신나는 덕질이 또 있을까 싶게 양조장과 축제가 보이는 곳이면 계속 돌아다녔다.

2016년 5월 4일 토요일 삼성역 5번 출구 SM타운이 보이는 광장에서 2016 GKBFGreat Korean Beer Festival가 개최됐다. SM타운이 있는 곳에서 페스티벌이 개최되어 맥주팬들보다 EXO팬들이 더 많던 맥주 인기가 없던 시절이었다. 수제 맥주 시장이 인기 아이돌 팬덤만큼 막 생겨나던 그때, 나는 낯선 느낌의 고제 스타일 맥주인 '맥파이 고스트'를 처음 만났다.

봄이라고 하기엔 덥고 여름이라고 하기엔 좀 더위가 덜한 5월, 한바탕 비가 내린 다음이어서였을까? 도시의 복사열 때문이었을까? 그날은 몹시 더웠다. 그래서 더욱 자극적이고 시원하면서 짜릿한 일탈을 하고 싶은 그런 순간이었던 것 같다.그렇게 일탈과 짜릿함을 느끼기 위해서 평상시에 마시던 맥주가 아닌 새로운 맥주를 찾아서 그 페스티벌을 탐험하면서 마시기 시작했다. 그렇게 두 가지 종류를 선택하게 되었는데, 지금은 웹툰 〈유미의 세포들〉과 콜라보해 편의점에 일명 '유미 맥주'로 유통되고 있는 '핸드 앤 몰트 양조장'도 그때는 아주 실험적인 맥주를 많이 만들었다. '바이스 비어' 스타일의 김치 유산균으로 만든 'K-바이스'와 바로 제주도에 막 내려가 참새 둥지를 잡은 '맥파이 양조장'의 '고제'스타일 맥주인 '맥파이 고스트'였다.

맥파이 고스트'는 고제Gose스타일의 독일의 전통 맥주이다. 고제 스타일은 독일 중부 고슬라르 및 라이프치히 지역에서 생산되는 상면발효맥 맥주로, 명칭은 고슬라르 시를 지나는 고 제강에서 유래한다. 고슬라르와 라이프치히의 지역 맥주로써, 두 도시 내에서 이를 생산하는 양조장들은 현재 2~3곳이 전부라고 한다.

이 맥주는 밀을 최소 50% 이상 사용하며 탁한 노란색을 띈다. 효모는 상면발효 에일 효모를 사용한다. 평균 알코올 도수는 5% 전후로 바이스비어Weissbier와 유사점이 많지만, 고제는 젖산균도 함께 발효에 사용하여 도수는 쫌 높고 산미가 다소 약하다. 하르츠Harz 산에서 흘러내린 염분기가 있는 물을 양조 용수로 사용하여 은근한 짠 맛도 나며 독일에서는 맥주 순수령에 의해 부가 재료를 넣는 것이 금기되어 있지만, 오랜 역사와 레시피를 가진 맥주들에 대해서는 예외를 허용하는데 고제에는 코리엔더 씨앗이 들어가는게 특징이다. 독일 맥주인 듯 아닌 듯했다. 익숙한 체취와 낯선 산미 그리고 밀 몰트 베이스라 뭔가 구수한 만도 나는 듯했다.

'음, 응? 뭐지 내가 좋아하는 뭐라 엄청 비슷한데? 낯선데 친숙하고 뭔가 있어 보인다?'

나는 얄팍한 지식으로 미식美食을 평하는 것을 좋아한다. 먹고 마시는 걸 좋아해서 내가 좋아하는 분야에서 뭔가 있어 보이는 사람처럼 보이고 싶었던 것 같다. 사람들과 식사를 하는 자리가 되면, 같이 먹는 음식에 들어가 있는 맛과 재료의 질과 종류, 향, 역사, 유례 또는 비슷한 다른 음식들 사람들과 웃고 떠들고 먹다 보면 어색해질 틈이 없었던 것 같다. 다른 상황 에서 평범한 나는 식사 자리에서만이라도 주목받는 사람이 되고 싶었나 보다.

점점 사람들과 먹는 음식과 음료가 다양해지고 재밌는 음료 음식들을 판매하는 로드숍들이 오픈하기 시작하면서 서울과 각 지방의 미식을 탐험할 수 있는 공간이 많이 생기고 있다. 내가 좋아하는 미식의 평을 위해서 아주 방대한 양의 공부를 해야 되는 시기가 된 것이다. 때마침 영상 스트리밍 서비스들이 생겨나고 스승과 같은 유튜브 채널을 찾아다니는 버릇이 생겼다. 하지만 백문이 불여일견 역시 제일은 경험해 보는 것이 아니겠는가? 많이 먹어보고 마셔보고 그 다음 책이나 영상을 보면서 그 내용들을 일치시켜보면서 맛에 대해 탐닉해나갔다. 내 얄팍한 지식으로는 바닥이 드러나 사람들 앞에서 말하기 부끄러워질 것을 방어하기 위해서 난 그렇게 음식이 취미가 되고 흔히 말하는 초보 '덕후'가 되어 갔던 것 같다.

첫 덕질이 커피였다. 2011년부터 유명한 커피 로스터리를 찾아가 핸드드립을 먹는 것을 좋아했다. 그 시절 우리나라에서 유행하는 커피는 원두에 기름기가 살짝 돌기 시작하고 고소하고 맛과 묵 진한 보디감이 있는 완전히 커피를 볶은 '강배전'인 '프렌치 로스팅'이나 신맛을 날린 '약강배전'인 '풀시티로스팅' 단계를 좋아했다. 아마도 처음 대중화된 커피가 흔히 말하는 '인스턴트 커피'라 그 커피향에 익숙해져 버려 커피는 고소하다와 또 머리속 깊숙이 인지된 그 커피향이 기준이 된 탓인 것 같다. 하지만 나는 있어 보이고 싶은 '덕후'였기에 꽃향과 산미가 퍼지는 약간 덜 볶은 '중배전'의 '미디엄로스팅' 정

맥주 한 잔 할까요?

도의 에티오피아 커피를 좋아했었다. 격하게 말하기 좋아하는 사람들이 평하는 '발 냄새' 체취가 나는 커피를 아주 좋아하게 된 것이다. 아마도 고스트에서 나는 그 익숙함이 내가 좋아하는 '발 냄새'가 아니었을까?

사람들이 이상한 향에 상한 맛의 커피가 뭐가 좋아라고 했을 때 '결국 자극적인 신맛으로 다가와 익숙한 체취를 느끼는 그 커피를 좋아하게 될 것'이라고 말한다. 언젠간 중독되게 될 것이라고. 그 맛이 자다가 생각날 것이라고 늘 말했다. 그날 일탈을 하고 싶어 처음 마신 그 낯선 고스트의 맛에서 짭짤한 맛과 익숙한 체취가 나며 '발 냄새' 나는 그 향을 커피처럼 생각했나보다.

"와 그래 이거지!"

그런데 말이다 고스트라는 이름이 영혼의 맛을 의미하는 것일까? 아니면 이런 강렬함으로 영혼을 털리게 만들고 싶다는 것일까? 강한 산성으로 너무 많이 마시면위산이 역류하거나 식도염이 걸릴 수 있다 꼭 잘 어울리는 음식이랑 페어링 하길 추천한다. 사람들이 호불호가 갈리는 맥주가 뭐가 좋아라고 했을 때 "결국 강렬한 신맛으로 다가와 익숙한 체취를 느끼는 그 맥주를 당신도 좋아하게 될 거라고 그 체취는 어차피 사람 냄새니깐."

MAGPIE GHOST
맥파이 고스트

브루어리	맥파이 브루잉 컴퍼니
스타일	고제
알코올	4.5%
외관	맑고 투명한 황금색과 탄산수 같은 굵은 거품
향미	꽃향, 시큼한 산미, 잘익은 빵의 구수한 향
마우스필	레몬에이드 같이 강렬한 신맛, 피니쉬는 구수한 비스킷
푸드페어링	육류, 피자, 치킨 등 기름진 음식, 또는 시장에서 파는 꿀호떡

#독일맥주 #고제 #GOSE #신맛 #맥파이 #제주도 #문화 #크레프트맨쉽 #꽃 #빵
#반전페어링 #시장음식

034   이 승 현

우리나라에 변신하는 맥주가 있다.
그 이름은 Max

맥스 : MAX

　지난 30여년의 세월을 돌이켜보면 내 인생은 술과 떼려야 뗄 수 없는 운명
이다. 고등학교 졸업 후 첫 아르바이트를 주류 도매상에서 시작했던 인연이
매 방학 때마다 계속되었고 군 시절 휴가 때나 제대 후 복학 전까지, 개인 사
정에 의한 휴학 기간과 대학교 4학년 때 조기 취업한 직장도 주류 도매상이
었으니 말해서 뭣하리요. 거래처 영업을 핑계 삼아 하루도 빠짐없이 이어진
음주는 술을 좋아하는 나에게 최고의 선택지였다. 그 후 조선맥주(현 하이트진
로)에 입사하여 20여년간 직장 생활을 하다가 지금은 주류 도매상을 운영하
고 있으니 말이다.

　주류 영업을 오래 했지만 맥주에 대해서는 대기업이 만드는 제품 외에는
문외한이었는데 시장상황은 다양한 수입 맥주와 국내 크래프트 맥주의 등
장, 그리고 소비자의 음용 패턴이 변화하고 있었다. 이 시장에 대응하고자
맥주에 대한 공부가 필요했고 이는 생산자와 소비자를 연결하는 주류 도매
상의 역할이 단순배송이 아닌 영업이 필요했기에 현재도 노력 진행 중이다.

　많은 이들이 국산 맥주에 대해 '맛이 없다, 밍밍하다, 향이 나지 않는다, 소
맥용이다' 등등 평가절하하는 얘기를 많이 한다. 하지만 알고 있는 맥주와 자
주 마시는 맥주는 무엇인지 물어보면 대부분 '카스'나 '테라', '클라우드' 등
국내에서 생산되는 대기업 제품을 거론할 것이다. 브랜드 인지도도 높으며
시장에서 가장 많이 볼 수 있고 수입 맥주나 크래프트 맥주에 비해 상대적으
로 가격이 저렴하기 때문이다. 또한 회식이나 모임에서 빠질 수 없는 소주와

어울리는 안주가 맥주에도 잘 맞으며 게다가 타서 마시기에 적당한 도수와 탄산감은 누구도 부정할 수 없는 사실이다.

이런 우리나라의 맥주 역사는 외국에 비해 길지 않다. 쌀이나 보리 등을 주식으로 삼은 농경 문화권이기에 국가 의식용이나 관혼상제 등 의례적 행사나 일상에서 곡물을 이용한 탁주, 청주, 소주 등이 전통적인 술 문화로 발전, 계승되었는데 반해 맥주는 강화도 조약 후 처음으로 들어온 것이 시작이라 할 수 있다.

역사적으로 맥주의 탄생은 수많은 유적과 문헌을 통해 기원전 인류의 문명과 함께 시작하였다고 보는 것이 정설이다. 부족했던 식량과 깨끗하지 못했던 식수를 대신하여 다양한 맥주를 만들고 소비했던 유럽이나, 17세기 이주민에 의해 양조 문화가 시작되어 아메리칸 어드정트 라거의 최대 소비국

맥스

이자 전세계 크래프트 비어 혁명의 시발점이 된 미국에 비해 우리나라는 이제 150여년 된 역사를 가졌다. 1938년 일본의 자본과 기술로 지어진 조선맥주와 동양맥주(최초에는 소화기린맥주)는 제2차 세계대전과 한국전쟁을 거쳐 민간에게 불하 된 후 우리나라의 본격적인 맥주 역사가 시작되었다고 볼 수 있으며 워낙 비싸고 고급 술이라 주세가 국가 재정의 중요한 재원이었던 시기도 있었다. 소득의 향상과 생산량의 증대로 소비가 대중화되면서 그동안 규제 일변도였던 맥주시장은 여러 번의 주세법 개정과 종량세로의 변경으로 다양한 스타일과 독특한 향미의 맥주를 선보이고 있다. 이런 상황에서 코로나의 장기간 영향으로 확대된 가정용 맥주 시장은 소비자의 선택권이 존중되고 구매할 때 고민을 거치는 고관여 상품이 되면서 국산 맥주와 다양한 수입맥주, 뜨거운 이슈의 콜라보레이션 맥주, 그리고 가격대비 만족도가 높은 크래프트 맥주들이 서로 경쟁하고 있다.

하이트진로나 오비맥주, 롯데주류 등 우리나라 대기업에서 생산되고 판매되는 맥주 스타일은 라거 종류로 아메리카 어드정트 라거American Adjunct Lager이거나 인터내셔널 페일 라거International Pale Lager가 대부분이다. 물론 BJCP 가이드라인 차원에서 보자면 풍미가 없고 밸런스가 좋으며 탄산도가 높은 특징과 함께 차갑게 마시며 상쾌한 갈증 해소 음료 같은 스타일이기에 전혀 문제될 부분이 없지만 동종의 수입 맥주에 비해 향미부분이 부족하다는 평가도 있다. 특히 2012년 이코노미스트의 한국 특파원 다니엘 튜터가 쓴 〈화끈한 음식, 지루한 맥주[1]〉란 제목의 기사에서 "카스와 하이트는 목 넘김은 좋지만 미각을 자극할 정도는 아니다. 오히려 영국에서 수입한 장비로 만든 북한 대동강 맥주 맛이 놀라울 정도로 좋다"며 기고하였다. 하지만 맥주 시장의 60%를 넘게 차지하는 유흥용 병과 생맥주 시장의 대부분은 저렴한 가격과 제조사의 엄청난 지원으로 소비자의 선택권이 제한된 대기업 맥주가 대부분이었기에 미미한 이슈로 끝났다. 이런 대기업 맥주 중에도 기존 맥주들과 결을 달리하는 맥주가 있으니 그 이름은 맥스Max이다.

---

[1] The Economist. Business Brewing in South Korea, 2012. 11. 24

이를 생산하는 회사는 국내 최초로 영등포에 설립된 조선맥주로, 비열처리 맥주인 하이트Hite가 마케팅 교재에도 쓰일 정도로 히트를 쳐 회사명을 '하이트맥주'로 바꾸었고, 2011년 '진로'와 합병 후 '하이트진로'로 변경하며 맥주, 소주, 위스키, 와인, 수입주류, 음료 등 여러 주종의 술을 생산 및 수입하는 대한민국 최대의 주류 전문 기업이 되었다.

맥스는 이 회사에서 2006년 9월 국내 최초로 100% 보리로 만든 맥주All Molt Beer를 강조하며 '하이트 프라임 맥스Hite Prime Max'라는 상표로 출시하였다. 제품 이름은 맥주의 맛과 술자리의 즐거움, 음식과 어울림을 'Maximize'한다는 의미를 담았으며, 전형적인 인터내셔널 페일 라거 스타일의 맥주이다. 놀라운 점은 미국 Universe 출판사의 〈1001 시리즈〉 중 『죽기 전에 마셔야 할 1001 맥주[2]』편에선 우리나라 맥주로는 유일하게 선정되었고, IBA 2013The International Brewing Awards 2013에서 수상한 경력도 있다.

그런데 국내 최초라는 칭호는 맥스가 처음이 아니다. 2003년 3월에 출시한 '하이트 프라임Hite Prime'이다. 그동안 부가물 라거에 염증을 느끼던 소비자들에겐 신선한 느낌이었지만 아쉽게도 비싼 소비자가와 기존 하이트 맥주와의 자기잠식, 월드컵의 여운이 가신 뒤 외환위기 이후 처음으로 판매량이 줄어든 맥주 시장에서 악재로 변해 엄청난 마케팅 비용과 판촉 비용을 지출하고도 시장에 안착하지 못했다. 이후 제품명을 '프라임Prime'으로 변경하면서 알코올 도수를 낮추고 가격도 인하했으나 지지부진한 판매량으로 맥스라는 새로운 제품에게 자리를 물려준 뒤 사라졌는데, 이 하이트 프라임을 기억하면 국내 최고로 진한 맛과 풍부한 향기가 있는 맥주였다는 아쉬움이 있다. 물론 '국내 최초 100% 보리로 만든 맥주'라는 타이틀은 같은 회사에서 생산하면서 그 명분을 유지했기 때문이라 본다. 이후 '오비 라거OB Lager'나 롯데의 '클라우드Kloud'도 올 몰트 비어 스타일로 판매하고 있다.

하지만 국내 맥주 중에서 최고의 향미를 자랑했던 맥스가 소비자들의 호응이 좋았음에도 시장 판세를 바꿀 수 없던 이유는 여러가지가 있었겠지만 출시될 당시인 2006년도 하이트맥주의 맥주시장 점유율이 60%에 달할 때

였다. 주력 품목이었던 하이트 맥주가 없어서 못 팔 정도의 인기다 보니 서브 브랜드인 맥스에는 상대적으로 관심이 크지 않았다. 두 번째는 2000년대 이후 소맥이라는 음주문화가 시작된 시기였는데 올 몰트 비어인 맥스는 섞어 마시기엔 적절하지 않은 풍미였기에 유흥용 병맥주 시장에서 성장하기 어려웠다. 물론 생맥주와 가정용 시장에서는 꾸준히 호응을 얻었지만 맥주 시장 판도를 바꿀 정도는 아니었다.

맥스가 변신하는 맥주라는 이유는 2009년부터 전 세계의 다양한 홉을 사용해 특별한 맥주 맛을 선사하는 '스페셜 에디션'이란 이름의 리미티드 맥주를 한정판으로 출시하고 있기 때문이다. 첫 스페셜 에디션은 백포도주, 열대과일 향이 풍기는 '뉴질랜드 넬슨 소빈' 홉을 사용한 '맥스 스페셜 호프 2009'가 출시하여 소비자들에게 국내 맥주의 수준을 한 단계 끌어 올렸다는 평가를 받았었으며 이 후 호주산 맥아와 홉을 사용한 '2010 맥스 더 프리미엄 에디션'과 남아공 월드컵을 기념한 꿀 맛 나는 맥주라는 평가를 받은 '맥스 스페셜 호프 2010'도 연속으로 선보였다. 그리고 옥토버 페스트 기간에 맞춰 노블 홉을 사용해 독일 맥주스타일을 잘 살렸다는 평가를 받은 '맥스 스페셜 호프 2013'은 이후 두 해 연속으로 생산했고 2020년 다시 선보여 비교 대상의 수입맥주에 뒤지지 않는 향미를 보여주는 등 국산 맥주로는 아주 흥미롭게 변신을 거듭하고 있기 때문이다. 물론 그 중에는 매년 새로운 맥주를 만들어야 한다는 의무감으로 선보여 왜? 라는 의문점이 있었던 시리즈도 있었고 회사 사정으로 몇 년간 출시하지 않았던 적도 있었다.

출시하지 못했던 그 기간(맥주 사업부분의 심각한 적자가 이어져 대규모 명예퇴직을 종용할 때)에 회사를 그만둔 아픈 기억이 있다. 어린 아이가 있어 학비 등 경제적인 부분과 연고지가 아닌 곳에서 근무하여 오랜 기간 주말부부로 생활했기에 가족에 대한 미안함, 같이 동고동락했던 직원들의 만류도 큰 갈등이었고 가장 고

민했던 미래에 대한 걱정으로 며칠을 밤새우다가 이 상황을 아내에게 어렵게 전하였을 때 당시 쿨한 목소리를 아직도 잊을 수 없다.

"당신 하고 싶은 대로 해. 믿으니까!"

그 길로 사직서를 제출하고 여전히 주말 부부로 지내고 있다.

개인적으로 맥스를 좋아하는 이유로는 대기업들이 맥주 양조 시 원가 절감과 부드러운 목 넘김을 위해 쌀이나 옥수수를 섞는데 비해 예전에 많은 논란을 빚었던 GMO(유전자 재조합)부분에서 조금이나마 자유롭고, 아메리칸 라거에서 허용되는 DMS(off flavor중 하나인 Dimethyl Sulfide. 삶은 옥수수 향)가 없기에 맥주에서 풍기는 옥수수 향을 싫어하는 나에게는 마시기 편한 맥주이기 때문이다. 또 소맥용으론 어울리지 않아 유흥용 시장에선 보기 힘들지만 타 맥주에 비해 홉의 쌉쌀함과 구수한 맥아향의 풍미가 있어 맥주 자체로 시원하게 즐기기에 좋다. 마지막으로 판매량에 비해 꾸준하게 브랜드를 관리하는 마케팅과 매 해 스페셜 에디션을 기대하기에 더욱 그러하다. 물론 편의점이나 마트에서 싸게 여러 캔을 구입할 수 있는 장점이야 말할 것도 없고…….

여기에 지난 20여년간 근무했던 전 직장의 희로애락이 녹아 있고 충청도와 강원도 일대를 돌아다니며 그 시절에 열정을 다해 판매했던 추억이 담겨 있다. 특히 아직도 향미를 잘 구분하진 못하지만 이 맥주는 전혀 부담 없이 마실 수 있기에 그 어떤 맥주보다 기억에 남는다.

오늘도 시원하게 한 캔.

MAX
맥스

브루어리	하이트진로
스타일	인터내셔널 페일 라거
알코올	4.5%
외관	옅은 금빛 색깔에 밝은 투명도. 휘핑 크림 같은 거품 조밀도와 오래가는 거품 유지력
향미	약한 자몽향과 시트러스 향, 희미한 꽃 향
마우스필	가벼운 바디감과 적당한 탄산감
푸드페어링	각종 튀김류, 삼겹살이나 보쌈, 통 감자 치즈구이처럼 기름지며 달고 짠 음식

#Max #맥스 #국산맥주 #하이트진로 #라거맥주 #프라임 #올몰트비어

그곳에 가면 산과 바다를 닮은 맥주가 있다

몽트 하와이안 IPA : MONT HAWAIIAN IPA

강원도 하면 먼저 생각나는 단어가 여행, 경포대, 천재지변, 감자 등이 떠오른다. 관광지라는 이미지와 함께 폭설이나 산불 등의 자연재해가 많고, 척박한 땅에서 생산되는 농산물이 인기인 이유는 지리적으로 태백산맥이란 거대한 등줄기가 자리잡고 있기 때문이다. 또 2018년 평창에서 열린 동계올림픽은 성공적으로 마무리된 전세계의 축제로 기억하지만 영동 지역민들에겐 더 특별한 선물이 있었다. 그동안 수도권과는 거리도 멀고 기상상황이 급변하거나 휴가철 등 도로를 이용한 내륙 교통편이 원활하지 못했기에 올림픽당시 건설된 경강선 KTX는 값진 교통 수단으로의 역할과 일일생활권의 편리함으로 심리적으로 고립되었던 부분을 상당부분 해소시켜 준 일등 공신이며 수도권에서도 오가기 편한 지역이 되었다.

현재 내가 살고 있는 강릉은 이렇게 교통이 편리해진 것 말고도 이런 점이 좋다. 먼저 경포해변이 시내에서 10분 거리에 있기에 심신이 고달프거나 힐링이 필요할 때 눈이 시리도록 푸른 바다와 바위를 부술 듯한 파도를 보며 '멍 때리기'를 할 수 있고, 수온이 적당할 때면 아침 운동으로 바다 수영을 즐기며, 휴일이면 슈트와 스노쿨, 오리발만 가지고 바닷속을 누비는 스킨 다이빙을 할 수 있으니 내륙에 살고 있었다면 누리지 못할 취미 생활을 가지게 해준 곳이다. 또한 강릉 카페의 시작점이 된 유명한 커피거리와 바닷길을 따라 조금만 올라가면 수도권에서 멀지 않은 유명한 서핑의 요충지로 파도가 만든 매력적인 도시로 이름나 있는 양양이 있기에 휴양과 관광으로도 안성맞춤이다. 그래서 과거엔 산과 바다로 둘러싸여 장년층 인구가 많은 쇠락해가

울산바위

는 지역에서 지금은 젊은 세대와 함께하는 트렌디한 지역이 되어가고 있다.

이렇게 산과 계곡, 하천과 바다가 접한 깨끗한 자연환경은 자연스레 좋은 물을 가지고 있어 우수한 품질의 맥주를 생산하는 크래프트 양조장이 다수 있는데 그 중 속초에 위치한 몽트 비어를 소개한다.

이 곳과 인연은 2019년 가을부터 시작되었다. 잘 다니던 회사를 퇴사하고 2017년 주류 도매업을 시작하였을 때 매출을 성장시키기 위하여 많은 고민을 하였다. 지속적인 투자로 신규 거래처를 확보하기엔 무리가 있다고 판단하였고 타 도매사가 관심 갖지 않는 다양한 제품 군을 필요로 하는 시장 상황을 짚었다. 그래서 거래처에서 찾는 제품을 배송하는 영업이 아니라 업종에 맞는 상품을 소개하고 지원하는 영업으로 전환하였고 나는 맥주 파트를 맡았다. 여러 맥주에 대한 공부를 하다가 유통 확대를 위한 도매 업체가 필요했던 몬트 비어와 강원도에서 생산되는 크래프트 비어 취급률을 높이려는 회사의 상황이 잘 맞아 서로 상생할 수 있는 계기가 되었다. 초창기엔 속초에서 생산한 맥주가 강릉 지역에서 잘 팔릴까 하는 고민도 있었지만 크래프트 비어에 관심이 많은 분들과 대화를 하면서 잘 만든 맥주는 전국 어느곳에서 생산되었다 할지라도 지역에 관해서는 문제가 되지 않는다는 확신이 섰다. 점차 취급점도 많아지고 품목이 늘면서 지금은 크래프트 비어 취급 품목 중 상위권을 차지하고 있다.

양조장 이름에 산을 뜻하는 프랑스어인 'Mont'가 들어간 이유는 우리나라의 아름다운 산 중 하나인 설악산과 인접하고 '금강산에서 열리는 바위 경연 대회에 참석하려다 설악산에 눌러 앉은' 전설을 가진 울산바위가 눈 앞에 풍경화처럼 펼쳐지기에 'Mont Beer'로 하였다고 한다.

몽트비어 입구

속초IC 초입에 위치하여 수제 맥주공장이자 레스토랑을 겸하고 있는 이 곳으로의 접근성도 매우 우수하며 속초 해수욕장을 찾는 관광객을 위해 '몽트 비어 해변점'도 개점하였다.

양조장으로 들어오는 입구엔 노란 삼각형안에 양조장 로고가 그려져 있는 포토존이 있고 펍으로 오르는 계단 벽면엔 양조 설비를 그림으로 표현한 인테리어가 센스있다. 또 이 곳에서 판매하는 10여종의 병맥주를 우드 박스에 전시하여 어떤 맥주가 있는지 먼저 볼 수 있고 중간 굴절부분에는 양조장 내부를 볼 수 있는 유리창도 설치하였다.

내부 규모가 그리 크지 않은 매장이지만 깔끔하게 정돈된 모습이며 여기서 생산되는 맥주 소개 글이 가이드 북 형태로 메뉴판과 함께 제공된다. 잔으로 마시는 생맥주와 포장만 가능한 병맥주, 맥주 효모로 만든 각종 안주들도 있다.

이곳은 맥주 커뮤니티의 양대 산맥 중 하나인 '맥주만들기동호회(맥만동)' 출신 강원도 지역 홈브루어들이 모여 '크래프트 유니온 협동 조합'을 설립하여 2018년부터 양조장을 운영하고 있다. 맥만동은 2002년 소규모 맥주 제조 면허가 발급되기 시작한 해에 맥주에 대한 순수한 열정과 열기가 흘러 넘쳤던 애호가들이 자가 양조 기술을 향상시키며 전국에 지역별 모임을 활성화시키는 등 맥주 홈브루잉을 맥주 산업으로 이끈 중요한 연결 고리라고 할 수 있는 동호회이다.

이렇게 홈브루잉으로 10년 동안 양조한 노하우를 바탕으로 라거(트로피컬 라거 등), 페일 에일, IPA(망고 쉐이크 IPA 등), 스타우트(비엔나 스타우트), 바이젠(필 바이젠)등 기본적인 스타일부터 세종, 듀벨 스타일의 맥주도 생산하고, 특히 지역 특산물을 이용한 딸기, 복숭아, 샤인머스켓 등 과일맥주를 시즌별로 선보인다. 특이한 점은 합성가향을 쓰지 않고 과일을 퓨레로 만들어 넣는 무모하지만 고집스러운 양조를 하고 있다는 것이 특징이다. 또한 국내산 홉을 사용한 맥주, 국내에선 흔치 않은 스코티시 에일까지 만드는 독특한 양조장으로 잘 알려져 있으며 또한 양조에 관심 있는 사람들을 위해서 직접 양조가 가능한 설비도 구축했다. 게다가 관광두레에서 우수업체로 인정받아 '으뜸 두레'로 선정되어 입구에 현판으로 붙여져 있다. 이 곳의 슬로건은 '깨끗한 효모로 최

하와이안 IPA

고의 수제 맥주를 만듭니다!'이며 로고는 울산바위의 하늘을 담은 수제 맥주를 표현했고 생산량은 연간 156㎘ 정도이다.

이 양조장에서 생산하는 여러 종류의 맥주 중 소개할 맥주는 '하와이안 IPA'이다. 이 맥주를 생산하는 박도영 이사의 말을 빌리자면 "처음 몽트 비어 브루어리 생산공장을 만들고 지역 맥주를 만들기 위해 어떤 종류를 만들지 고민하였습니다. 강원도 바다에 오면 시원하게 한 잔 마시면서 해외 간 기분을 들게 하는 맥주를 만들면 좋겠다는 생각이 들어 바다하면 하와이의 해변을 생각하고 마실 수 있는 맥주를 구상하였고, 드링크업하게 비터는 줄이고 열대과일 향이 나는 IPA계열의 맥주를 만들게 되었고 여기에 더블 드라이호핑을 하여 더욱 향을 극대화 시켰습니다"라는 얘기를 들었다.

병맥주는 모두 750ml로 맥주 치고는 대용량이다. 병 모양은 와인으로 치자면 어깨가 부드럽게 경사져 있는 버건디형 스타일이며 라벨에는 설악산 이미지 바탕에 석양을 형상화하여 약간 몽환적인 느낌을 주고 병목부터 병뚜껑까지 검은색 수축 필름으로 둘러 싸여 고급스런 이미지를 보이게 했다. 잔에 따라보면 쉽게 수그러들지 않는 버블 같은 거품과 미디움 엠버 컬러를 보이는데 그리 투명하지는 않다. 향을 맡으면 풀 냄새, 솔 향과 함께 복숭아 향이 느껴지며 오렌지나 감귤 같은 시트러스한 향이 은은하게 올라오고 마셨을 때 바디감은 중간 정도로 그리 강하지 않아 음용성이 좋다. IBU가 40임에도 불구하고 적당한 쓴 맛과 홉 향의 밸런스로 마시기에 부담 없으며 망고, 패션 프루츠의 아로마가 느껴지는 전형적인 아메리칸IPA 스타일의 맥주이다. 이 맥주는 미국산 홉을 사용해서 두 차례의 드라이 호핑을 거쳤다고 홍보하는데 마셔보면 시트러스 향과 열대 과일 향이 잘 느껴진다.

IPA는 인디아 페일 에일India Pale Ale의 약자로 알코올 도수와 홉의 함량을 높인 에일Ale이며 19세기 초 영국에서 인도로 맥주를 수출하기 위해 긴 여정을 버텨내게 한 맥주를 말하는데 현재 우리 주변에서 보이는 IPA는 20세기 후반 미국에서 현대적으로 재해석하여 호피함과 비터가 있는 다소 강한 아메리칸IPA가 대부분이며 이 맥주 또한 그러하다.

이 맥주에 어울리는 안주로는 IPA스타일상 고기처럼 강한 안주가 잘 어울리는데 특히 펍에서 즐길 수 있는 맥주 효모와 수제 맥주로 만든 피자나 매콤한 감바스에 찍어 먹는 맥주빵, 통수제육포와 궁합이 좋긴 하지만 내가 추천하는 안주는 따로 있는데, 그것은 바로 '물회'이다. 물회는 강원도 바닷가에 오면 반드시 먹어봐야 할 별미 중 하나로 여기 사람들에겐 한 끼 식사나 해장용으로 인기가 있는데 과연 맥주와 어울릴까 라는 궁금증이 있을 듯싶다. 입 안을 얼얼하게 할 정도로 차갑고 매콤한 물회는 양념과 야채에 버무려진 세꼬시나 잘게 썬 오징어 위로 각종 해산물이 고명처럼 올라가 있고 이 중 꼬들꼬들한 식감의 전복이나 해삼, 그리고 씹을수록 복숭아 향이 올라오는 멍게를 입에 넣고서 이 맥주를 마시면 바닷가 특유의 비린향을 잡아주는 놀라움을 경험할 수 있다. 일반적으로 회와 어울리는 맥주로는 바이젠이나 윗비어가 추천되지만 담백하고 싱싱한 생선에 각종 야채, 초고추장과 시원한 육수가 어우러진 새콤/ 달콤/ 매콤한 물회에는 잘 어울리는 맥주여서 추천한다.

요즘 우리나라의 수제 맥주 시장 특징 중 하나가 기업 제품을 콜라보하여 만든 독특한 이름의 맥주들로 편의점 매대에 하루가 멀다 하고 새롭게 선보여 소비자의 시선을 끌고 있다. 이런 콜라보레이션 맥주는 편의점의 수제 맥

몬트 비어 외부 전경

주 매출을 끌어 올리는데 한 몫을 하며 맥주의 대중화에 기여하고 있는 장점이 있는 반면 치열해진 경쟁만큼 식상함도 커지고 있는 현실이다. 너무 많아진 종류의 수제 맥주는 수입 맥주나 국산 맥주보다 출혈 경쟁의 가능성도 있고 어느 제조사에서 만들었는지도 모르는 상황과 낮은 가격의 유통 시스템은 온전한 향미를 기대하기엔 무리가 있다고 보인다. 이는 다양성의 가치를 가지는 크래프트 비어가 대중성에 포커스를 맞추다 보니 아무래도 네이밍과 패키지 디자인에 무게 중심을 두고 있는 점이 조금 아쉬울 따름이다.

하지만 크래프트 정신인 창조와 도전, 혁신과 전통을 이어가는 양조장과 과연 크래프트 맥주가 무엇인가라는 원초적인 질문에 대답할 수 있는 맥주를 찾는다면 바로 몬트 비어와 그 양조장에서 만드는 하와이안 IPA가 그 중 하나라고 자신있게 답할 수 있다. 그 이유는 제품 퀄리티를 유지하기 위해 냉장 보관과 냉장 유통을 고집하는 크래프트 양조장은 많이 있지만 그 제품이 다양한 경로의 유통과정을 거치면서 소비자에게 전달되는 과정까지 관심을 가지고 살펴보는 세심함과, 당장 눈 앞의 매출이익 보다는 정성스럽게 만든 제품이 소비자에게 정당한 평가를 받는 것을 우선 가치로 삼기 때문이다. 게다가 타 양조장들이 효율성을 따지고 수익성을 고민할 때 참신하고 실험적인 맥주를 매 시즌마다 선보이기에 맥주 애호가로서 기대감을 저버리지 않는다.

강원도로 여행 오고 속초에 놀러 가면 반드시 몽트 비어 펍에 들리길 권해드린다. 이른 저녁시간에 설악산 너머로 사라지는 해를 보면서 몽트 로고가 새겨진 맥주잔을 울산바위에 비추며 생맥주로 즐기면 산을 닮은 맥주이고, 한 병 사서 바다로 나가 파도 소리를 안주 삼으면 무릉도원이 바로 그 곳인 바다를 닮은 맥주다. 나도 바다수영을 즐긴 뒤 모래사장에 앉아 적당한 도수와 홉 향을 가진 하와이안 IPA를 마시면서 석양이 지는 하와이 해변을 거니는 즐거운 상상을 해보련다.

오늘도 한 잔!

MONT HAWAIIAN IPA
몽트 하와이안 IPA

브루어리	몽트 비어
스타일	아메리칸IPA
알코올	6.8%
외관	버블 같은 거품과 밝은 호박색, 살짝 불투명
향미	풀, 솔 향과 함께 느껴지는 복숭아 향과 시트러스한 향
마우스필	중간 바디감과 적당한 탄산감
푸드페어링	피자, 햄버거, 숯불에 구운 소시지나 바비큐, 감바스 등

#IPA #몽트비어 #강원도 #속초 #바다 #하와이 #크래프트맥주 #설악산 #도전 #취미

안녕하세요, 빵을 마시는 사람 인사드립니다!

아잉거 셀러브레이터 : AYINGER CELEBRATOR
바이엔슈테판 코르비니안 : WEIHENSTEPHANER KORBINIAN

가끔 내가 맥주의 세계에 어떻게 빠지게 되었는지를 생각해보곤 한다. 대학 신입생 때 선배들을 따라 학교 근처에 있는 'LINGO'라는 펍을 자주 갔었다. 그곳은 맥주와 안주뿐만 아니라 '팝송'을 주문받는 곳이었다. 그때만 해도 맥주에 대해서 전혀 알지 못하던 시절이었지만 거기서 맥주를 마시는 게 정말 좋았다. 맛은 잘 몰랐지만 좋아하는 노래를 들으며 기분 좋게 맥주를 마시는 그 느낌을 좋아했다. 학생이라 경제적 여유가 없었던 탓에 펍을 자주 갈 수는 없었다. 그래서 한동안 편의점에서 맥주를 사서 집에서 음악을 들으며 그 느낌을 내곤 했다.

대학원생이 되고 약간의 여유가 생겨 오랜만에 LINGO를 가보았다. 그 사이 LINGO는 특정 브랜드의 맥주 관리를 잘하는 소위 '맥주 맛집'이 되어있었다. 이번에는 노래를 주문하지 않았다. 정확히 말하면 워낙 오랜만에 갔기 때문에 노래를 주문하는 것을 잊어버린 것이다. 하지만 덕분에 내 신경은 온전히 맥주에만 집중할 수 있었다. 분명 편의점에서 사서 먹던 것과 같은 브랜드의 동일 상품인데 너무나도 맛있고 부드러웠다. 그렇다. 그 순간 맥주와 사랑에 빠지게 된 것이다.

그 시기 즈음에 대형마트에서 전 세계의 다양한 맥주들이 눈에 보이기 시작했다. 맥주 지식은 여전히 초보 수준이었기에 이것저것 아무렇게나 집어서 하나씩 맛을 보았다. 어떤 것은 식빵 맛이 나고, 또 어떤 것은 초콜릿 맛이 나며, 다른 것은 건포도 맛이 났다. 다양한 브랜드의 많은 맥주를 마시다 보니 문득 한 가지 생각이 들었다. '맥주도 일종의 빵이 아닐까? 마시는

LINGO 2호점 입구

빵……?' 빵을 먹을 때 느낄 수 있는 풍미를 맥주를 마시면서도 느낄 수 있기 때문이었다. 이후 맥주의 별명이 바로 '액체빵'이라는 것을 알게 되었으며, 어떻게 그러한 별명을 가지게 되었는지가 궁금했다. 그 해답은 '도펠복Doppel-bock'에 있었다.

'복Bock'은 독일 맥주 카테고리의 일종으로 몰트 풍미와 알코올 도수가 강한 맥주들을 지칭한다. 복은 14세기 독일 아인벡Einbeck 지방의 맥주에서 기원했을 것으로 추측된다. 당시 아인벡은 한자 동맹의 일원으로 질 좋은 맥주를 여러 곳으로 수출하였는데, 그중에는 뮌헨을 비롯한 바이에른 남부 지방도 포함되어 있었다. 17세기 초 뮌헨을 통치하던 막시밀리안 1세는 특별히 이 아인벡의 맥주를 사랑했다. 그는 아인벡의 양조사였던 엘리아스 피힐러Elias Pichler를 뮌헨으로 초빙하여 당시 왕립양조장이었던 '호프브로이하우스'의 브루마스터로 임명하였고 그곳에서 복 맥주의 시초가 탄생하였다. 바이에른 지방 사람들은 그들의 방언으로 아인벡의 맥주를 '아인복Ein bock'이라 불렀고, 아인Ein은 독일어 부정관사와 같았기 때문에 이후에는 그냥 '복Bock'으로 부르게 되었다.

염소가 그려진 1882년 복 맥주 광고

또한 'Bock'은 독일어로 '숫염소'라는 뜻도 있는데 이 때문에 라벨에 염소 그림을 삽입한 복 맥주도 상당히 많다.

'도펠복Doppel-bock'에서 도펠Doppel은 영어의 double에 해당하는 단어이다. 그렇다면 도펠복은 풍미와 알코올이 2배로 강한 맥주라는 의미일까? 아니, 그보다는 '강한 맥주 2단계'로 보는 것이 더 정확할 것이다. 알코올 6%의 복 맥주가 알코올 12%의 도펠복 맥주로 되는 것은 아니니까 말이다. 도펠복은 뮌헨 인근에 있었던 성 파울라Paula 프란치스코 수도원의 수도승들이 마시던 맥주였기에 어떻게 보면 원조 수도원 맥주라고도 볼 수 있다. 수도승들은 사순시기 46일간 금식을 해야 했기 때문에 배고픔을 이겨내기 위해 빵을 대신할 영양분이 필요했고 그래서 개발한 것이 바로 '액체빵'이었다. 18세기 말 수도승들은 그들이 마시던 액체빵을 '장크트 파터비어Sankt Vaterbier'라는 이름으로 일반 대중들에게 팔기 시작하였으며, 이후 비슷한 발음의 '잘바토어비어Salvator bier'로 불리게 된다. 이것이 바로 오늘날 모든 도펠복 스타일 맥주들의 시초인 '파울라너 잘바토어Paulaner Salvator'이다. 파울라너 잘바토어는 몇 년 전 까지만 해도 국내 대형마트에서 보이던 물건이었지만 현재는 무척 안타깝게도 수입이 중단되었다.

도펠복 스타일에서의 공통적인 특징으로는 맥아에서 기반한 토스트, 캐러멜, 검붉은 말린 과일(건포도, 건자두 등), 토피 등과 같은 풍미와 6.5%~9.5% 수준의 높은 알코올 도수이다. 홉이나 효모의 특성은 크게 나타나지 않는다. 맥주의 외관은 보통 옅은 호박색에서 흑갈색 사이로 SRM 10~30 수준이다. 일부 도펠복의 경우에는 맥주 외적인 특징도 가지고 있는데 파울라너 잘바토어의 영향을 받아서 이름이 '-ator'로 끝나는 상품들이 있다는 것이다. 대표적으로 아잉거 셀러브레이터Ayinger Celebrator, 투허 바유바토어Tucher Bajuvator, 슈파텐 옵티마토어Spaten Optimator 등이 있다.

현재 국내에 수입되고 있는 도펠복은 아잉거 셀러브레이터Ayinger Celebrator, 바이엔슈테판 코르비니안Weihenstephaner Korbinian, 벨텐부르거 클로스터 아쌈복Weltenburger Kloster Asam Bock, 슈무커 로제 복Schmucker Rosé Bock 등이 있다. 앞의 둘은 특별히 내가 자주 즐기는 도펠복이다. 아잉거 셀러브레이터는 염소 두 마리가 그려진 라벨만 보아도 입문용 도펠복이라는 것을 쉽게 알 수 있다. 알콜 도수가 6.7%라 낮은 편이고 풍미도 다른 도펠복에 비해서는 가벼운 편이지만 기본은 잘 갖추어져 있다. 은은한 토스트, 캐러멜, 말린 검붉은 과일 등의 풍미에다 과하지 않고 적당한 단맛이 존재하며 쓴맛은 희미하게만 느껴진다. 330ml 용량으로 판매 중이기에 두 병까지는 무난하게 마실 만한 편이다.

바이엔슈테판 코르비니안은 생애 첫 도펠복이자 내가 제일 사랑하는 맥주이다. '써스티 몽크'라는 바이엔슈테판 전문 펍에서 드래프트 맥주로 코르비니안을 처음 맛보았을 때의 그 감동을 아직 잊지 못한다. 도기로 된 전용잔에 서빙되어 나오는데 화려한 라벨과 뚜껑이 아주 인상 깊었기에 그것 자체가 맥주의 맛을 더 풍부하게 해 줄 것 같은 착각이 들 정도였다. 코르비니안은 토스트, 캐러멜, 말린 검붉은 과일, 흑설탕, 토피, 견과류 등 빵을 먹을 때 느낄 수 있는 다양한 풍미를 복합적으로 느낄 수 있으며 알코올 도수는 7.4%로 높은 편이지만 그렇다고 알코올 감이 부담스럽게 다가오지는 않는다. 고소함과 단맛도 휘몰아치며 후미로 약간의 쌉쌀함이 긴 여운을 준다. 500mL 한 병만 먹어도 한 끼 대용의 푸짐한 빵을 먹은 듯한 포만감이 들 정도이다.

IPA나 임페리얼 스타우트 등 맥주 애호가들 사이에서 인기 있는 스타일은 다양한 제품들이 수입되고 있지만, 도펠복 스타일은 겨우 한 손에 꼽을 정도

코르비니안 전용잔

아잉거 셀러브레이터

바이엔슈테판 코르비니안

로 그 수가 적어 개인적으로는 아쉬운 느낌이 든다. 그래도 최근 들어 국내 일부 소규모 맥주 양조장에서도 도펠복 스타일을 내놓고 있다니 무척 반갑고 기분이 좋다. 이를 계기로 '마시는 빵'의 인기가 조금 더 올라가 다양한 제품이 나오길 바라며, 나아가 앞으로 나를 소개할 때 "안녕하세요, 빵을 마시는 사람 인사드립니다!"라고 자신 있게 말할 수 있는 날을 기대해 본다.

AYINGER CELEBRATOR
아잉거 셀러브레이터

브루어리	아잉거 브루어리
스타일	도펠복
알코올	6.7%
외관	짙은 갈색의 바디와 연한 갈색의 거품
향미	토스트, 캐러멜, 검붉은 과일, 흑설탕 등의 맥아 위주의 향과 풍미 약간의 스모키함
마우스필	중간 이상의 강하지는 않은 바디감. 중간 정도의 탄산감과 약간의 거친 질감
푸드페어링	각종 견과류, 브리 치즈 구이

WEIHENSTEPHANER KORBINIAN
바이엔슈테판 코르비니안

브루어리	바이엔슈테판 브루어리
스타일	도펠복
알코올	7.4%
외관	흑갈색 수준의 짙은 외관을 가진 바디. 갈색 계통의 거품
향미	검붉은 과일, 토스트, 흑설탕, 견과류 등의 풍미. 커피 향과 스모키함도 느껴짐
마우스필	중간 이상의 바디감과 중간 이하의 탄산감. 부드럽지도 거칠지도 않은 적당한 질감
푸드페어링	바비큐 요리, 각종 견과류, 다과 혹은 화과자 등

#도펠복 #복 #액체빵 #독일 #아인벡 #수도원 #금식 #파울라너 #잘바토어
#아잉거 #셀러브레이터 #바이엔슈테판 #코르비니안

독재자도 원조 호프집 맥주는 못 참지

호프브로이 오리지널 : HOFBRÄU ORIGINAL
호프브로이 헤페 바이젠 : HOFBRÄU HEFE WEIZEN

2015~6년 즈음 '액체빵'에 매료된 이후, 나는 맥주에 미친 사람이 되어있었다. 편의점과 마트 그리고 펍 등지에서 생소한 맥주들을 많이 접하여 경험해보았는데, 솔직히 말하면 맥주에 대한 지식도 맛의 표현도 잘 모른 채 그냥 닥치는 대로 많이 사 마셨다. 그래서인지 그때 마셨던 맥주들의 향과 맛이 어떠했는지 잘 기억이 나지 않는다. 하지만 더 많은 것을 경험해보고 싶은 열망이 있었고 버킷리스트가 하나 생기게 되었다. 대학원 시절 좋은 기회로 외국으로 학회 출장을 몇 번 가게 되었고 그때마다 학회 일정이 끝나고 저녁에 동료들과 같이 현지 펍에서 맛있는 맥주들을 접했는데 이 경험이 '세계맥주여행'이라는 새로운 목표를 만들게 한 것이다.

첫 행선지는 독일 바이에른 주의 뮌헨이었다. 맥주 여행의 시작을 뮌헨으로 택한 이유는 바이에른 지방이 이른바 '맥주 순수령Reinheitsgebot'이 오랫동안 자리 잡은 지역이고 독일 최대의 맥주 축제인 '옥토버페스트Oktoberfest'가 열리는 독일 맥주의 중심지라고 할 수 있는 도시이기 때문이다. 물론 뮌헨에 즐길 거리가 맥주만 있는 것은 아니다. 세계 최대의 과학/ 공학 기술 박물관인 '도이치 박물관'은 이과 출신인 내가 뮌헨에서의 일정 중 하루를 온전히 소비했을 만큼 방대하고 흥미로웠으며, 뮌헨의 중심 시가지에서 조금 벗어나 근교로 나가면 '노이슈반슈타인 성', '님펜부르크 궁전', '다하우 수용소'등 역사적으로 많은 의미와 볼거리가 있는 랜드마크도 있다. 스포츠에 관심이 있는 사람이라면 독일 프로축구 분데스리가의 명실상부 최강팀인 FC 바이에른 뮌헨의 홈구장 '알리안츠 아레나Allianz Arena'도 그냥 지나칠 수는 없을 것이다.

알리안츠 아레나

이곳에서의 마지막 날 낮 일정을 FC 바이에른 뮌헨의 축구 경기 관람으로 정했다. 독일 축구 팬들의 열광은 경기를 보러 가기 위해 지하철에 탑승했을 때부터 느껴졌다. 열차 내의 많은 사람들이 유니폼을 입고 얼굴 분장을 하며 신이 나 있었다. 열차에서 내려 역을 나오자마자 저 멀리 빨간색으로 덮인 '

알리안츠 아레나'가 보였다(알리안츠 아레나는 경기장의 색을 마음껏 바꿀 수 있는 전 세계 유일한 경기장인데 FC 바이에른 뮌헨이 경기할 때는 빨간색이 된다). 멀리에서 봐도 눈에 띄게 크고 아름다운 경기장에 매료되어 들어가기 전부터 흥분이 되었다. 축구 경기를 관람하면서도 맥주는 당연히 빼놓을 수 없었다. 경기 시작 전부터 끝날 때까지 내 손에는 뮌헨 팀의 후원사 맥주가 들려져 있었다. 그러나 맥주를 아주 맛있게 마시지는 못하였다. 그날 뮌헨 팀이 패배했기 때문이다.

홈구장에서 1년에 한두 번 질까 말까 하는 최강팀이 하필 내가 직관을 하러 간 날 진 것이다. 경기가 끝나고 나오는데 일부 축구 팬의 괴성이 들렸다. 분명 경기를 진 것에 대한 분노의 표출이었을 것이다. 나는 괜스레 미안한 마음이 들었다. 속죄의 마음을 역시나 맥주로 달래기 위해 곧장 '호프브로이하우스'로 향했다.

'호프브로이'는 1589년 바이에른의 공작이었던 빌헬름 5세의 명으로 세워진 왕립양조장으로 원래는 왕실과 귀족들만 출입할 수 있었으며 1830년에 와서야 비로소 일반 시민들에게 공개되었다. 현재 뮌헨 중심지에 있는 호프

호프브로이하우스

브로이하우스는 원래 1607
년에 바이젠 양조를 위해 만
들어진 두 번째 브루어리였
다고 한다. 이토록 유구한 역
사를 지닌 곳이다 보니 많은
유명 인사들이 다녀갔다는
기록이 있다. 볼프강 아마데
우스 모차르트는 이곳에서

히틀러가 그린 호프브로이하우스 외부 전경

음악을 작곡했다고 알려져 있으며, 블라디미르 레닌은 1차 세계 대전이 일어
나기 전 뮌헨에서 살던 시절 이곳의 단골이었다고 한다. 하지만 가장 유명한
이곳의 단골손님은 다름 아닌 '아돌프 히틀러'라고 알려진다. 1920년 이곳에
서 2000여 명을 모아 처음 연설한 이후 1944년까지 정기적으로 연설하며 정
치적인 목적으로 이용된 흑역사가 있다. 심지어 그의 화가 지망생 시절 호프
브로이하우스 외부 전경을 그린 작품이 남아있는 것을 보면 젊었을 때부터
그가 가장 좋아했던 맥줏집이 아니었을까 추정된다.

호프브로이하우스는 1, 2, 3층을 합쳐 3,000명 이상 수용할 수 있는 엄청난
규모의 비어 홀로 하루에만 1만 리터가 넘는 맥주가 팔리는 곳이다. '호프HOF
집'의 유래가 바로 '호프'브로이하우스에서 따왔다고 하는데, 그런 의미에서
본다면 이곳은 무진장 큰 원조 호프집인 셈이다. 다양한 계층의 지역 주민뿐
만 아니라 관광객과 외국인들이 모이는 곳이기에 시끌벅적하고 정겨운 분위
기에서 맥주를 즐길 수 있다. 저녁 시간이 되면 1층에서 음악 밴드의 공연이
있는데 음악을 따라 흥겹게 노래를 부르거나 춤을 추는 손님들도 있어 작은
축제를 경험하는 느낌도 들게 한다.

내가 이곳에 도착한 시간도 늦은 저녁이었기에 입구에서부터 음악과 함께
많은 사람들이 맥주를 즐기는 소리가 들렸다. 혼자 갔음에도 불구하고 어디
에 앉아야 할지 망설여질 정도로 북적였다. 일단은 홀 내부를 돌아다니면서
여기저기 사진을 찍었다. 사람들이 나를 이상하게 쳐다보는 것 같았지만 아
랑곳하지 않고 구경해보았다. 길을 잃을까 걱정이 될 정도로 넓고 혼잡한 곳
을 돌아다니다 정신을 차리고 보니 한쪽 구석에서 반겨주는 듯한 눈빛으로

나를 보는 일행들이 있어 자연스럽게 그 무리에 합석했다. 둔켈 1L 한 잔과 소시지 안주를 주문하고 대화에 참여했다.

그들은 조금 전에 보고 왔던 축구 경기에 관해 이야기하고 있었다. 그들 역시 그 경기를 관람하고 이곳에 온 것이었다. 역시 독일 뮌헨에서는 어디를 가도 맥주를 마시며 축구 이야기를 한다는 생각이 들었다. 저 멀리 내 주문을 받았던 서버가 1L 맥주 8잔을 양손에 쥐고 오는 것이 보였는데 그 모습이 무척이나 멋있게 느껴졌다. 독일 최대의 맥주 축제인 '옥토버페스트'에서도 호프브로이가 6,000명 수준의 큰 텐트를 운영할 수 있는 것은 어쩌면 많은 양의 맥주를 서빙할 수 있는 서버들의 능력 덕분이 아닐까 싶다. 이후 맥주 한 잔을 더 주문하여 2L를 다 마실 때까지 수다를 떨다 자정이 다 되어서야 그곳에서 나왔는데, 취기가 오르고 배가 불러서 더 있을 수가 없었기에 무척 아쉽게 느껴졌다.

호프브로이의 맥주 상품 일부가 우리나라에도 수입이 된다. 특히 헬레스 스타일인 '호프브로이 오리지널Hofbräu Original'과 바이스비어인 '호프브로이 헤페 바이젠Hofbräu Hefe Weizen'이 인기가 있다. 호프브로이 오리지널은 잔에 따를 때부터 상당히 아름다운 거품이 만들어져 무척 먹음직스럽다. 정석적인 헬레스답게 곡물, 꿀, 캐러멜 등의 고소한 몰트의 향이 나타나며 홉의 느낌은 절제된 편으로 희미하게 풀 내음이 있다. 한 모금 마셔보면 단맛이 강하지는 않은 고소한 몰트 풍미가 입안을 가득 채운다. 탄산감이 있고 굉장히 산뜻하고 가벼워서 음용성이 아주 좋은 맥주이기 때문에 맥주 초보자들도 여러 잔을 꿀떡꿀떡 들이킬 수 있을 것이라 생각된다.

호프브로이 헤페 바이젠은 아는 사람은 자주 찾는 독일식 밀맥주이기 때문에 보틀숍에 자주 입고가 되는데, 금빛의 탁한 모습이 헤페 바이스비어의 표본임을 알려준다. 코를 가까이 대보면 바나나와 정향 등의 향과 약간의 식빵과 같은 느낌의 몰트의 향이 잘 어우러져 느껴진다. 부드러운 거품과 함께 맥주가 입에 들어가면 정향의 스파이시함과 은은한 고소함이 조화롭게 입안을 메우고 혀끝에 약간의 단맛이 맴돌아 여운을 준다. 호프브로이 헤페 바이젠을 더욱 맛있게 즐기는 방법은 역시 '독일식 소시지Wurst'와 함께 먹는 것

호프브로이 오리지널

호프브로이 헤페 바이젠

이다. 약간의 짭짤함이 있는 소시지를 달콤한 머스타드 소스에 찍어 한 입 베어 먹은 다음에 맥주를 들이켜면 뮌헨 호프브로이하우스가 입 속에 있는 것 같은 착각이 들게 한다.

정확히 365일 뒤에 다시 뮌헨 호프브로이하우스를 찾아갔다. 여전히 시끌벅적한 사람들과 음악 밴드의 공연이 나를 맞이했다. 이번에는 이곳의 분위기를 온전히 느껴 보기 위하여 홀로 자리에 앉고 오리지널 1L 한 잔과 바이에른식 족발인 '슈바인학세Schweinehaxe'를 주문하였다. 족발의 적당한 짠맛과 헬레스의 고소함도 물론 잘 어울렸지만, 무엇보다도 내 입맛을 사로잡은 것은 감자로 만든 완자인 '크뇌델Knödel'의 쫄깃쫄깃한 식감이었다. 다른 일정이 있어 금방 나올 수밖에 없었기에 호프브로이하우스는 이번에도 나를 아쉽게 만들었다. 한국인은 삼세판을 좋아하니 세 번째 방문을 기대해 봐야겠다. 앞으로도 나에게 세계맥주여행 1순위는 뮌헨 그리고 호프브로이하우스일 것이다.

HOFBRÄU ORIGINAL
호프브로이 오리지널

브루어리	호프브로이
스타일	헬레스
알코올	5.1%
외관	굉장히 맑고 투명한 짙은 황금빛 바디. 흰색의 몽글몽글한 거품
향미	곡물, 캐러멜, 꿀의 조화로운 향과 풍미. 홉 향은 절제된 편
마우스필	가벼운 바디감에 높은 탄산감과 청량감. 크리스피한 질감
푸드페어링	슈바인학세(독일식 족발), 커틀릿, 감자칩

HOFBRÄU HEFE WEIZEN
호프브로이 헤페 바이젠

브루어리	호프브로이
스타일	바이젠
알코올	5.1%
외관	약간 탁하고 짙은 금빛 바디. 밝은 아이보리 색의 거품
향미	바나나와 정향의 향과 스파이시한 풍미. 은은한 맥아의 고소한 풍미
마우스필	중간 이상의 과하지 않은 바디감과 탄산감. 부드럽고 경쾌한 질감
푸드페어링	독일식 소시지, 샐러드, 고구마 케이크

#독일 #바이에른 #뮌헨 #맥주순수령 #옥토버페스트 #호프브로이하우스 #모차르트 #레닌 #히틀러 #호프집 #둔켈 #헬레스 #바이스비어 #헤페바이젠

2% 부족한 순간엔 국민 IPA와 함께

국민 IPA : KUKMIN IPA

이제 2% 남았다. 2014년 3월 초 60%이었던 나의 지분은 2021년 12월 98%가 되었다. 남은 2%만 갚으면 지방 변두리 오래된 이 집은 오롯이 100% 내 소유가 된다. 2000년 결혼 후, 두 번의 이사를 하고 21년 만에 2% 부족한 현재의 상태를 맞이하게 되었다. 남은 2%마저 다 갚은 후 축하의 파티를 하려 했으나, 가만히 생각해 보니 2% 부족한 지금이 나와 아내를 위한 최고의 순간이라 생각되었다. 이런 특별한 날은 축하의 자리를 만들어야 하는 법, 서로를 축하하기 위한 특별한 순간 늘 함께했던 국민 IPAIndia Pale Ale를 떠올렸다.

이사를 결심하고 아내는 부동산에 나와 있는 여러 집을 방문해 꼼꼼하게 이곳저곳을 확인했다. 나는 그저 아내의 질문에 "좋네!", "그래" 라는 대답만 했다. 질문의 의도를 잘 알고 있었고, 정답은 이미 정해져 있기 때문에 주저하거나 고민해서는 안 된다. 아내가 확신이 생기면 내게 질문을 한다. 나는 아내의 결정이 옳다는 것을 확신시켜주기 위한 긍정의 대답을 하면 된다. 내가 망설이면 답은 정해진 채로 결정의 시간만 길어질 뿐이다. 드디어 아내의 결정이

국민 IPA West Coast Style

끝나고 우리는 이사를 했다. 아내도 맘에 들어 하고 나 또한 맘에 든다. 베란다에 햇볕이 잘 드는 집이다. 베란다에서 내려다보니 네거리 모퉁이 목 좋은

곳에 '봉자언니네' 라는 호프집이 보인다. 1층은 호프집, 2, 3층은 가정집인 듯하다. 건물 바로 앞에는 작은 공원 같은 녹지가 있어 분위기가 꽤 좋아 보인다. 무엇보다도 친근한 가게 이름이 맘에 들었다. 베란다에서 가끔 지켜보니 호프집임에도 불구하고 가족 단위로 많은 손님들이 방문하고 있었다. 주변에는 특별한 호프집이 없었기에 우리도 어느덧 단골이 되었고, 저녁 식사를 겸한 생맥주 서너 잔으로 불금의 시간을 보내곤 했다.

2018년 가을, 회사 업무를 수행하며 꽤 의미 있는 목표를 달성했다. 이런 날은 축하의 자리가 필요한 법, 그동안 고생한 나 자신을 축하하기 위해 봉자언니네로 향했다. 특별한 날이니 만큼 뭔가 다른 맥주를 선택하고 싶었다. 봉자언니네는 세계맥주 가게였기에 이런저런 다양한 맥주가 많았으나 뭐가 뭔지 전혀 알 수가 없었다. 그래서 무작정 선택한 것이 국민 IPA. '국민' 이라는 단어에 뭔가 애국심이 자극되어 선택한 것 같다. 병 디자인이 너무 예뻐 어떤 맥주일까 기대하며 잔에 따르는 순간, 풍겨 나오는 향기에 감탄을 금할 수 없었다. 기분 좋게 풍성한 홉 향기를 맡으며 나와 아내는 조심스럽게 한 모금을 입에 넣었다. 맥주 한 모금이 혀를 적시며 목 끝을 넘어간다. 조금 쓴 것 같다고 느껴지는 순간 날숨을 통해 입안 가득, 콧속 가득 풍기는 엄청난 향기와 풍미가 다시 한번 감탄을 하게 한다. 이런 향과 맛이 맥주에서 나다니, 신세계를 경험하는 순간이었고 싸구려 생맥주만 고집하던 아내의 검소함이 무장해제되는 순간이었다. 우린 신선하고 풍성한 홉 향과 쌉싸름한 쓴맛에 중독된 듯 연거푸 국민 IPA만 주문했다. 그날 이후 국민 IPA는 우리 부부의 공식 축하주가 되어 가족 행사 및 특별한 순간을 함께했다.

국민 IPA는 한국 맥주회사 '더 부스THE BOOTH'가 미국 캘리포니아 유레카 지역의 자체 양조장에서 생산한 맥주를 수입 판매하는 제품이다. 2018년 당시 맥주에 부과되는 세금 요율로 인해 미국 생산, 국내 수입의 방법이 가격 경쟁력에서 유리했기 때문이다. 국내 기업의 맥주가 미국에서 생산돼 수입된다는 것이 아이러니했지만 맛있으니까 더는 생각하지 않았다. 국민 IPA의 특징은 신선하고 풍성한 홉 향의 쌉싸름한 맛이 몰트의 은근한 단맛과 조화를 이루며 긴 여운을 남기는 것이다. 라거만을 마시던 나에게 홉 향 가득한 맥주는 엄청난 충격이었다. 신선하고 상큼한 자몽 향과 달콤한 파인애플 향이 조화를 이루고, 입안 가득 느껴지는 홉의 쌉싸름한 쓴맛과 몰트의 은근한 달콤함, 맥주를 마시며 처음으로 맛있다고 느꼈던 순간이었다. 부부는 서로 닮아가며 취향도 비슷해지는 법, 아내 또한 국민 IPA의 매력에 푹 빠져 특별한 날에 마시는 맥주가 아닌, 우리의 일상을 특별하게 만들어 주는 맥주가 되었다. 그러나 코로나 발병 후 요식업계의 많은 자영업자처럼 봉자언니네도 폐업하고 말았고 우리의 불금 시간도 국민 IPA와 함께 점점 잊혀 가고 있었다.

그런데 이렇게 맛있는 맥주는 누가 만들었을까? 나는 왜 이런 맛있는 맥주를 알지도 못하고 라거만을 마시고 있었던 것일까? 조금 관심을 갖고 주변을 살펴보니 크래프트 맥주라는 다양한 맥주들이 '맥덕' 사이에서 큰 인기를 얻고 있었다. 수제 맥주라는 이름으로 이미 내 주변에도 많은 종류가 있었으나

국민 IPA New England Style

한 번도 경험하지 못하다 우연히 국민 IPA를 접한 것이다. 국민 IPA를 생산하고 있는 '더 부스 브루잉'은 김희윤, 양성후 부부와 전 이코노미스트 기자 다니엘 튜더가 창업한 수제맥주 1세대 스타트업이다. 창업자 3명의 이력이 특이하다. 한의사(김희윤), 애널리스트(양성후), 전 이코노미스트 기자(다니엘 튜더)가 모여 양조장을 설립하다니, 그러나 더 놀라운 것은 2016년 출시된 국민 IPA는 '2017년 대한민국 주류대상 크래프트 에일 맥주 부문 대상' 및 '2018년 뉴욕국제맥주대회New York International Beer Competition, NYIBC 아메리칸 스타일 IPA 부문 실버'를 수상한 잘 나가고 있는 맥주였다. 그러니 아무것 모르는 나 같은 사람도 맛있을 수밖에. 그런데 2020년 국민 IPA는 뉴잉글랜드New England IPA 스타일로 새롭게 출시 되었다. 아직 마셔본 적은 없지만 개인적으로 뉴잉글랜드 스타일을 좋아하지 않아 이 글의 모든 내용은 기존의 웨스트 코스트West Coast IPA 스타일의 국민 IPA에 대한 것이다.

2% 부족한 축하 파티를 코로나로 인해 밖에서 하기에는 부담이 되었다. 특별한 날이니 국민 IPA를 준비해 집에서 파티를 하기로 했다. 퇴근길에 대형 마트에 들러 찾았으나 보이지 않았다. 근처의 다른 대형 마트를 뒤져봐도 보이지 않았고 편의점 서너 곳을 둘러봐도 찾을 수 없었다. 개똥도 약에 쓰려면 보이지 않는다더니 그 많던 국민 IPA가 보이지 않았다. 결국 보틀숍 두 군데에 주문을 넣었다. 이렇게까지 해서 마셔야 하나 살짝 짜증이 났지만 특별한 파티를 아무런 의미 없는 축하주로 대체하고 싶지는 않았다.

그러나 다음날 충격적인 소식을 듣게 되었다. 국민 IPA는 수입이 되지 않아 국내에서는 구할 수 없고, 언제 수입을 재개하는지도 알 수 없다고 했다. 수입되면 연락해 준다는 보틀숍 사장님의 전화를 끊고 나니 뭔가 알 수 없는 서운함이 남았다. 더 부스에 대한 자료를 찾아보니 안타까운 소식 몇 가지가 보인다. 국민 IPA를 구할 수 없어 2% 부족한 우리의 축하 파티는 다음으로 미뤘다. 국민 IPA가 없는 파티는 지난 시절의 아름답던 추억을 온전히 회상할 수 없을 것 만 같았다. 특별한 날이면 늘 함께했던 의리도 있고 나와 아내가 꼭 함께 하고 싶었기에 국민 IPA의 수입을 기다리기로 했다. 그러나 3개월이 지나도 보틀숍 사장님의 연락은 없었다.

글에 첨부할 사진도 협조 받을 겸 더 부스 본사에 전화를 걸었다. 좋은 사진을 받았고 사용도 허락 받았으나 국민 IPA가 단종되었다는 소식을 들었다. 잠깐 멍하니 있다가 카톡 배경 사진을 뒤지기 시작했다. 다행히도 봉자언니네에서 국민 IPA를 마시며 환하게 웃고 있는 사진 하나를 찾을 수 있었다.

나는 아내에게 말하지 못했다.
2% 부족한 우리의 파티에 국민 IPA가 없을 거라는 것을.

KUKMIN IPA
국민 IPA

브루어리	더 부스 브루잉
스타일	웨스트 코스트 IPA
알코올	7.0%
외관	맑은 오렌지색 바디에 보통 사이즈 흰 거품
향미	파인애플, 멜론, 자몽, 솔향과 함께 느껴지는 은근한 단맛
마우스필	중간 이상의 바디감, 쓴맛이 낮아 마시기 편함. 쌉싸름함과 단맛의 긴 여운
푸드페어링	약하게 기름진 음식은 모두 잘 어울림. 다진 마늘을 곁들인 훈제 연어

#국민IPA #IPA #THEBOOTH #더부스 #축하주 #단종맥주 #수입수제맥주
#붕자언니네

내가 옆 동네로 산책을 가는 이유

정림 페일에일 : JEONG RIM PALE ALE

금요일 저녁이면 운동을 하고 생맥주에 치킨을 먹으며 친구와 이런저런 얘기를 나누었다. 운동 후 갈증 해소가 급했기에 500밀리 한 잔을 시원하게 비우며 치킨이 나오기를 기다리곤 했다. 시원하게 톡 쏘는, 그러나 특별할 것 없는 맥주 한 잔을 온몸으로 느끼기 위해 가끔 우리는 갈증을 참아가며 운동을 했다. 땀을 흠뻑 흘려 피로감과 배고픔이 있었지만 시원한 생맥주를 향해 걸어가는 발걸음은 언제나 즐겁고 행복했다.

우리는 운동 후 갈증 해소와 허기진 배를 채우기 위해 주변의 여러 치킨 가게를 찾아다녔다. 그 즘 나는 비어도슨트 파운데이션Beer Docent Foundation을 수료한 직후라 다양한 스타일의 맥주에 많은 관심을 갖고 있었다. 이런 나의 관심사를 친구도 매우 흥미롭게 생각하고 있어 우리는 가끔 여러 종류의 맥주를 선정해 시음회를 하곤 했다. 우리의 시음회는 편의점 네 캔 만원 맥주와 동네 프라이드치킨이 함께 했다. 맥주 여덟 캔과 프라이드 한 마리를 들고 주변 공원을 찾아 우리만의 시음회를 진행했다. 초라해 보이는 행색일 수도 있지만 다양한 스타일의 맥주가 엄선된 나름 구색을 갖춘 시음회였다. 지금 생각해 보면 공원 한구석에서 펼쳐지는 아저씨들의 음주 수다가 좋은 모양새는 아니었지만 나는 그 시간이 정말 즐거웠다.

비어도슨트답게 각 스타일의 맥주를 친구에게 설명하고 시음을 함께하며 서로의 생각을 공유했다. 맥주로 시작한 우리의 대화는 정치, 학계, 군사 등 다양한 분야로 이어지며 서로를 이해 할 수 있는 소통의 시간이 되었다. 그 당시 우리에게 운동 후 맥주는 언제나 진리 그 자체였다.

더 랜치 THE RANCH 양조장

　6월 어느 날 우리의 시음회는 드디어 공원 한구석을 벗어나 근처 양조장에서 진행되었다. 옆 동네에 유명한 맥주 양조장이 있었고 토요일 오후에는 양조장에서 맥주를 마실 수 있었다. 양조장이 가까운 곳에 있지만 접근성은 좋지가 않았다. 갑천 상류 외진 곳에 있어 버스에서 내려 1.5 킬로쯤 걸어가야 했다. 택시를 부르기엔 가까운 거리이고 빈 차로 돌아 나올 택시를 생각하니 부르기가 미안했다. 그렇다고 6월 말 무더운 날씨에 걸어서 가는 건 힘든 일이다. 그래서 이용했던 대전 시민을 위한 저탄소 녹색성장 자전거 타슈. 한 번도 이용해 보지 않았는데 알고 보니 매우 편리하고 유용한 시스템이었다.

　타슈 스테이션에서 회원가입을 하고 자전거를 대여했다. 얼마 만에 타 보는 자전거인지 처음엔 약간 적응하지 못했다. 그러나 너무 재미있었다. 시원한 바람을 맞으며 친구와 함께 자전거를 타고 양조장으로 가는 길은 즐겁고 행복한 시간이었다. 친구는 빠른 속도로 나를 앞질러 갔고 나는 느긋하게 뒤따르며 강변의 시원한 바람과 주변의 경치를 즐겼다.

양조장은 가까운 거리라 금세 도착했다. 출입문으로 들어가는 마당 한 쪽에 20리터 캐그Keg가 잔뜩 쌓여 있다. 수북이 쌓인 캐그를 보니 뭔가 신선한 맥주가 잔뜩 있을 것 같은 기대감이 들었다. 출입구 측면 벽에 자전거를 세우고 안으로 들어가 자리를 잡았다. 단출하게 세 개의 테이블이 있는 작은 브루 펍이다. 덥수룩한 수염의 덩치 큰 프랑스인 사장님께서 살짝 미소지으며 맞이해 준다. 프랑스 명문 대학에서 석사학위까지 받은 그가 대전 카이스트에서 물리학 석사학위를 받고 지금은 맥주를 양조하고 있다니 참 특이했다.

그는 맥주와 대전을 사랑해 이곳 정림동에 안착해 양조장을 설립했다고 한다. 맥주 좀 아는 사람이거나 맥주 관련 SNS를 하는 사람이면 모를 수가 없는 지역의 유명 인사이다. 그 유명세를 증명하듯 타 지역에서 온듯한 젊은 친구들이 신기한 듯 브루 펍 내부를 사진 찍으며 조심스럽게 외국인 사장님께 맥주를 설명해달라고 한다. 조금 더 용기 있는 친구들은 함께 사진을 찍어도 되는지 물어보기도 한다. 친절한 사장님은 흔쾌히 받아 주며 맥주 한 잔 들고서 포즈를 취해 주신다. 나와 친구도 양조장 방문 인증샷을 남기기 위해 사장님과 함께 사진을 찍었다.

매주 토요일 오후 브루마스터 겸 사장님인 프레드가 대전 번화가 궁동에 위치한 더 랜치 펍이 아닌 정림동 양조장을 지키는 이유는 동네 사람들에 대한 감사와 사랑의 마음이 아닐까 생각된다. 주문을 위해 테이블에 앉아서 벽에 걸린 메뉴판을 바라본다. 녹색 칠판에 대충 분필로 적어놓은 것이 참 정감가는 메뉴판이다. 필체를 보니 서 너 명이 그때그때 대충 적은 듯하다.

메뉴판을 채우고 있는 모든 맥주가 맛있지만 오늘의 주인공은 정림 페일에일이다. 이곳이 대전 서구 정림동이기 때문에 붙여진 이름이고, 나 같은 옆 동네 사람들도 산책 나왔다가 가볍게 한 잔 마시고 가는 맛있는 맥주이다. 비어도슨트 답게 간단히 맥주에 대한 설명을 하고 정림 페일부터 시음을 시작했다. 시간이 조금 지나니 부모님을 모시고 온 젊은 부부가 어린 자녀와 함께 들어온다. 사위로 보이는 젊은 친구가 이런 저런 맥주를 주문하고 주문한 맥주에 대해 친절하게 설명을 하기 시작했다. 과연 부모님께서 알아듣고 계실까 하는 걱정이 들었다. 제발 설명이 빨리 끝나기를 바랬으나 일장 연설 같은 설명은 계속 되고 있었다. 중년의 나는 친구와 함께 나름대로의 얘기를 하고

더 랜치 브루펍

있고, 옆에서는 3대가 모여 그들만의 얘기를 하고 있다. 다른 한쪽에는 데이트를 하고 있는 다정한 연인이 머리를 맞대고 휴대폰을 바라보며 웃고 있다. 이런 광경을 외국인 사장님이 두리번거리며 관심 있게 바라보고 있다. 외진 동네 브루 펍에서 펼쳐지는 조금은 생소한 이 상황이 재미있다.

정림 페일에일은 전형적인 아메리칸 페일에일 스타일로 자몽과 열대과일의 풍성한 향기 및 적당한 쓴맛, 몰트의 달콤함이 인상적인 맥주이다. 옅은 호박색을 띠며 조금 흐릿한 정도의 투명도를 가지고 있고 헤드의 하얗고 조밀한 거품은 유지력이 좋다. 유리잔에 살짝 맺힌 이슬 뒤로 조금씩 올라오는

정림 페일에일

탄산 기포를 보는 것만으로도 기분이 좋아진다. 전형적인 페일에일의 외관이다. 눈이 즐거웠다면 이제 코가 즐거울 시간이다. 자몽, 파인애플, 송진의 신선한 향이 지배적이고 약하지만 은은하고 달콤한 꿀 향 또는 꽃 향의 여운이 남는다. 향기만으로도 미국 홉을 듬뿍 넣은 맥주임을 알 수 있다. 한 모금 마시니 미디엄 바디에 중간 정도의 탄산감이 느껴진다. 기분 좋은 쌉쌀한 쓴맛을 느끼고 나면 약하게 혀를 조여주는 느낌이 침샘을 자극한다. 입안에는 홉의 쓴맛과 몰트의 달콤함이 은은하게 지속되며 한 모금, 한 모금 더 마시고 싶게 만든다. 알코올이 조금 높을 수도 있지만 안주 없이 맥주만 마셔도 전혀 부담스럽지 않은 좋은 밸런스를 갖고 있다. 양조장에서 판매하는 유일한 안주인 감자튀김 봉지과자만으로도 훌륭한 푸드페어링이 된다.

양조장에서는 안주를 팔지 않는다. 개인이 준비해온 음식을 펍 안에서 자유롭게 먹을 수 있고, 양조장으로 음식을 배달시켜도 된다. 나는 맥주 본연의 맛을 즐기는 편이라 안주를 먹지 않는 편이다. 흰 빵이나 기본 비스킷으로 입안의 잔 맛을 없애면 계속해서 신선하고 쌉싸름한 맥주 본연의 맛을 즐길 수 있다. 그러나 누군가에게 이 맥주와 어울리는 음식을 추천해야 한다면 고르곤졸라 피자를 추천하고 싶다. 토핑이 적은 깔끔하고 담백한, 특별하게 뭐 하나 튀지 않는 고르곤졸라 피자와 함께 한다면 홉의 시트러스한 풍미와 쌉쌀한 쓴맛이 피자의 고소하고 담백한 맛을 더욱 부각해 줄 것이다.

그러나 아직 정림 페일에일은 마트나 편의점에서 판매되지 않아 모두가 쉽게 즐길 수 없다는 점이 아쉽다. 더 랜치 펍(서울 을지로, 대전 유성) 또는 주변의 납품되는 가게를 발견한다면 한번 방문해 마셔볼 것을 추천한다. 나는 다행히도 옆 동네에 양조장이 있어 가끔 산책을 겸해 들르기도 한다. 지금 생각해 보니 이것도 삶의 조그만 행복인 것 같다. 자전거를 타고 양조장을 향해 달리던 강변의 시원한 바람과 주변의 아름다운 풍경이 지금도 생생하게 떠오른다. 그날 우린 양조장에서 판매하는 모든 종류의 맥주를 마셨다. 그리곤 취했다. 자전거를 끌고 돌아오는 길에 느꼈던 강변의 시원한 바람 때문에 취한 줄도 모르고 즐겁게 집에 왔지만, 다음 날 아침 깊은 숙취는 과음의 증거로 남아 있었다.

내일은 토요일. 내일은 사랑하는 아내와 함께 옆 동네로 산책을 가려 한다. 아내와 함께 노을 지는 갑천을 바라보며 양조장에서 마시는 정림 페일에일 한잔. 하하하하. 생각만 해도 기분이 좋아진다.

JUNGRIM PALE ALE
정림 페일에일

브루어리	더 랜치 브루잉
스타일	아메리칸 페일에일
알코올	5.9%
외관	옅은 호박색 바디에 조밀한 흰 거품
향미	신선하고 풍성한 자몽, 파인애플, 송진 향. 은은한 꿀 또는 꽃 향
마우스필	미디엄 바디, 중간 정도의 탄산감. 기분 좋은 쌉싸름함
푸드페어링	고르곤졸라 피자, 흰색 빵. 안주 없이 마셔도 좋음

#정림동양조장 #더렌치양조장 #정림페일에일 #비어도슨트 #맥주시음회 #타슈
#수제맥주 #동네양조장

부록

본문에 소개된 다양한 브루어리 이야기

Hoegaarden Brewery

호가든 브루어리 / 벨기에

벨기에 밀맥주의 탄생지로 기록된 플렌더스 지방의 호가든(Hoegaarden) 마을 이름을 딴 양조장이다. 1445년부터 시작된 굉장한 역사의 양조장이지만, 1950년대 마을의 마지막 양조장이 문을 닫고 난 후 역사 속으로 사라질뻔했다. 하지만 호가든의 아버지라 불리는 피에르 셀리스가 1966년에 허름한 양조장을 사들여 부활한 호가든 맥주가 지금까지 이어지고 있다. 당시에 마을 전통의 양조재료를 그대로 사용하였고, 실험을 통해 코리엔더(Coriander, 고수) 씨앗과 오렌지 껍질의 부재료를 사용해 현재의 호가든 맥주 레시피가 되었다. 1985년 양조장에 큰 불이나 재건에 어려움을 겪자 인터브루(Interbrew)라는 맥주회사의 도움을 받게 된다. 추후 인터브루는 호가든 양조장을 매입하게 되었고, 여러 기업의 합병을 거쳐 다국적 기업인 AB-InBev(앤하이저-부쉬 인베브)가 호가든을 생산한다. 국내의 OB 맥주가 세계에서 유일하게 호가든 맥주를 OEM(주문자 상표 부착생산)으로 제작하여 2020년 이후로 호가든 전 라인을 국내 생산하고 있다.

Jever Frisian Brewery

예버 브루어리 / 독일

160년이 넘는 역사를 자랑하는 독일 북부 예버(Jever) 지역명을 딴 양조장이다. 체코의 보헤미안 필스너를 기반으로 한 독일식 필스너, 필스(Pils)를 주력으로 제조한다. 1934년부터 양조장 지역의 깨끗한 물에 홉을 더 첨가한 방식의 레시피를 사용한 예버 필스너를 판매하기 시작했다. 1,2차 세계대전을 겪으면서 양조장의 어려움이 있었지만, 1960년대 필스너의 전세계적 인기와 더불어 크게 성장하였다. 현재 최로의 독일식 필스너를 만든 라데베르거(Radeberger) 그룹이 2004년에 인수하여 소유하고 있다. 국내에는 예버 필스너 캔과 병으로 수입이 되었으며, 최근엔 무알코올 제품인 예버 펀(Fun) 제품을 판매하고 있다. 초록색의 독특한 디자인이 인상적이다.

Mahou Brewery
마오우 브루어리 / 스페인

스페인에서 가장 큰 규모의 양조장으로, 1890년 수도 마드리드에서 시작하였다. 창업자 카시미로 마오우(Casimiro Mahou)의 이름을 딴만큼 전통적인 와인생산 국가에 최고의 맥주를 제공하겠다는 뜻이 있었다. 1969년 아이코닉 브랜드 마오우5스타를 런칭한 뒤로, 2000년엔 필리핀의 대표 맥주회사인 산미구엘을 인수하면서 현재 스페인 내 점유율 32%를 달성하는 마오우-산미구엘(Mahou-San Miguel) 그룹이 되었다. 마오우는 스포츠, 음식, 공연장, 광고까지 문화적으로 지역에 도움이 되려고 노력하였다. 축구를 좋아하는 사람이면 마드리드에 소속된 두 축구팀의 공식 후원사로 유명하다. 그룹 내 맥주로는 마오우5스타, 산미구엘, 알함브라 맥주가 있으며, 모두 국내에 정식 수입되어 판매하고 있다.

Goose Island Beer Company
구스 아일랜드 맥주 회사 / 미국

1988년 창립자 존 홀(John Hall)에 의해 작은 양조장으로 시작한 이 회사는 어느덧 시카고 뿐만 아니라 전 세계적으로 유명한 크래프트 비어 제조사 중 하나가 되었다. 처음 시작한 양조장 근처 작은 섬의 이름에서 따온 이 회사의 맥주 중에는 버번 배럴에 숙성된 임페리얼 스타우트(Imperial stout)의 일종인 버번 카운티 스타우트(Bourbon county stout) 또한 유명하다.

Equilibrium Brewery
이퀼리브리엄 브루어리 / 미국

과학적인 네이밍처럼, 2009년에 처음 문을 연 이 브루어리는 MIT 공대에서 물을 정화시키는 연구를 수행했던 연구자들에 의해 시작되었다. 물에 있는 안 좋은 성분을 제거하는 데 전문가들이니 반대로 맥주맛을 좋게 하는 성분을 물에 넣는 데에도 전문적이었고, 2015년 현재의 자리로 이전한 후에 2017년 처음으로 엠씨스퀘어(MC2)와 포톤(Photon)을 생산하기에 이르렀다.

Duvel Moortgat Brewery
듀벨 모어가트 브루어리 / 벨기에

듀벨 양조장은 1871년 벨기에 앤트워프 지방 에서 설립된 양조장이다. 1923년에 듀벨 맥주를 출시하였고 1970년대 중반에는 듀벨을 수출하기 시작했다. 네덜란드를 시작으로 얼마 지나지 않아 주변국가들까지 수출하였고, 그 덕분에 듀벨 양조장은 큰 인기를 얻었다. 2000년대에서는 미국, 영국으로 수출을 확장하였다. 현재 전 세계에서 듀벨을 만나볼 수 있다.

Weihenstephaner brewery

바이엔슈테판 브루어리 / 독일

> 서기 725년 성 코르비니안(KORBINIAN)과 12인의 수도사가 설립한 베네딕트 수도원 양조장에서 맥주 양조를 처음 시작했고 그 후 1040년 바이엔슈테판 수도사들에 의해 공식적인 수도원 양조장으로 설립되었다. 이 양조장은 여러 가지 스타일의 맥주를 양조하고 있지만 주력 맥주는 밀맥주이다. 헤페바이스, 크리스탈바이스, 헤페바이스 둔켈, 비투스 등으로 다양한 스타일의 밀맥주를 양조하고 있다. 이 맥주들은 각종 평가 사이트에서 높은 점수를 받은 맥주들이며 한국에서도 쉽게 만나볼 수 있는 맥주들이다.

Ayinger Privatbrauerei

아잉거 브루어리 / 독일

> 독일 뮌헨에서 약 25KM 떨어진 '아잉'의 지역 양조장으로 상당한 맥주 대회 수상 이력을 가지고 있다. 국내에는 5종의 맥주가 꾸준히 수입되어 사랑받고 있다. 이 중 '셀러브레이터 도펠복'은 맥주 평점 사이트 '레이트비어닷컴'에서 독일 부문 부동의 1위로 평가되고 있으며, '야훈데르트 비어'는 바이에른 지역 양조장의 수입맥주 중 보기 드물게 헬레스가 아닌 '도르트문더 익스포트' 스타일이라는 점이 흥미롭다.

Staatliches Hofbräuhaus München

호프브로이 / 독일

> 1598년 바이에른 공작 빌헬름 5세에 의해 설립된 역사가 깊은 양조장으로 독일 최대 규모의 맥주 축제 '옥토버페스트'에서 6천여 명을 수용할 수 있는 큰 텐트를 운영하고 있다. 뮌헨 도심지에 있는 '호프브로이하우스'는 아돌프 히틀러를 비롯하여 볼프강 아마데우스 모차르트, 블라디미르 레닌, 조지핀 베이커, 루이 암스트롱 등 유명 인물들이 찾는 원조 호프집이라고 할 수 있는 곳이다. 국내에는 헬레스 타입인 '오리지널'과 바이스비어인 '헤페 바이젠'이 수입되어 인기를 끌고 있다.

Bräuhaus Vaneheim

브로이하우스 바네하임 / 한국

> 2004년에 시작한 1세대 크래프트 브루어리이다. 세계맥주 심사위원으로 활동하고 있는 김정하 오너 브루마스터를 필두로 균형감 있는 맥주와 맛있는 음식을 꾸준히 선보이고 있다. 각종 국제 맥주대회에서 다수의 수상경력이 있는 실력파 브루어리이며, 국가과제의 일환인 기능성 쌀로 만든 도담도담 맥주를 농촌진흥청과 함께 협업하여 출시하였다.

Yuengling Brewing Company
잉링 브루잉 컴퍼니 / 미국

1829년에 설립되어 미국에서 가장 오래 운영되고 있는 브루어리이다. 2018년에는 판매량 기준으로 미국에서 가장 큰 크래프트 브루어리이다. 본사는 펜실베니아 주 포츠빌에 있으며, 1987년에 생산된 앰버 라거가 이 브루어리의 주력 맥주이다.

Guinness Brewery
기네스 브루어리 / 아일랜드

지구인 누구든 흑맥주 하면 떠올리는 그 이름, 기네스. 1759년 아일랜드 더블린에서 시작한 이래 120 여개국에서 판매되는 세계적인 맥주 브랜드이다. 독창적인 질소 서빙으로 맥주잔 안의 검은 폭포수를 감상할 수 있는 기네스 드래프트가 유명하다. 쌉싸름한 맛과 단맛의 균형이 조화로워 어느 장소에서든 잘 어울리며, 영화 킹스맨에서 콜린 퍼스가 "MANNERS MAKETH MAN" 라는 명대사를 읊으며 마시던 맥주이다. 황금색 하프가 반짝이는 곳에 늘 기네스가 있다.

Cigar City Brewing
시가시티 브루잉/ 미국

플로리다 탬파, 시가를 만들던 동네에서 탄생한 맥주. 쿠바와 근접한 지리적 요인으로 라틴계 이민자들이 많이 유입됐고 그들의 문화적 특성이 이 곳의 정체성이 되었다. 그 문화를 고스란히 맥주에 담고 싶은 마음이 양조장의 씨앗이 되었고, 2009년 이래로 6000 여종의 맥주를 생산했다. 미국 크래프트 맥주 시장에서 가장 빠르게 성장한 양조장 중 하나로 플로리다의 화창한 날씨처럼 즐겁고 유쾌한 맥주를 만들고 있다.

Heller-Bräu Trum GmbH
헬러 브로이 / 독일

1405년 '푸른 사자의 집'이라는 술집으로 시작하여 6대째 이어져 내려오고 있는 양조장으로 양조장의 공식적인 이름은 헬러-브로이(HELLER-BRÄU TRUM GMBH)이다. 우리가 알고 있는 슈렝케를라는 1877년도 양조장을 인수한 아들인 안드레아 그라저(ANDREA GRASER)가 손을 아무렇게나 흔들며 걷는 걸음걸이를 가진 사람을 나타내는 슈렝케른(SCHLENKERN)이라는 별명을 갖게 되면서 우리에게 더 친숙한 이름으로 사용되고 있다. 이 양조장에서는 훈연 맥아도 자체적으로 만들어 사용하고 전통적인 방식을 그대로 고수하여 독일 밤베르크의 대표 맥주인 훈연맥주(라우흐비어)를 만드는 곳으로 유명하다.

The Ranch Brewing

더 랜치 브루잉 / 한국

프랑스인 프레데렉 휘센이 2016년 대전 서구 정림동에 양조장을 설립했다. 현재 서울 을지로와 대전 궁동의 펍을 운영하고 있고 전국 200여 매장에 10여 종류의 맥주를 납품하고 있다. 대전 카이스트에서 물리학(석사)을 전공했고 한국인 아내를 만나면서 본격적인 맥주와의 인연이 시작되었다. 바이젠하우스, 핸드앤몰트에서 헤드 브루어로 근무한 후 자신만의 맥주 레시피를 바탕으로 직접 양조하는 오너 브루 마스터이다. 시그니처 맥주인 빅필드 IPA와 정림 페일에일이 유명하다. 신선하고 맛있는 최상의 맥주를 경험하고 싶다면 토요일 오후에만 오픈하는 정림동 양조장 펍 방문을 추천한다.

The Booth Brewing

더 부스 브루잉 / 한국

2013년 김희윤(한의사), 양성후(애널리스트), 다니엘 튜더(전 이코노미스트 기자)가 창업한 수제 맥주 회사이다. '재미주의자(FOLLOW YOUR FUN)'라는 기치를 내걸고 수제맥주 문화 확장을 위해 다양한 콜라보레이션을 진행하고 있다. ㅋIPA(장기하와 얼굴들), 긍정신 레드 에일(노홍철), 홍맥주(TVN 프로그램 인생술집) 등 신선하고 이색적인 맥주를 선보이며 기성 맥주와 차별화된 전략으로 젊은 층을 공략하고 있다. 현재 경리단점, 도곡점, 신용산점, 광교점을 운영하고 있고 맛있는 맥주와 기깔나는 푸드 페어링으로 유명하다. 2016년 미국 캘리포니아 유레카 지역의 양조장을 인수해 맥주를 생산하고 있으며 국내 자체 양조장은 없다.

Het Anker Brewery

헷 앙커 브루어리 / 벨기에

15세기 벨기에 메헬렌에 전통적으로 자리 잡고 있었던 양조장을 새로운 소유자가 1872년에 인수하여 헷 앙커로 이름지은 브루어리이다. 2차 대전 이후 메헬렌에서 자란 신성로마제국의 황제 카를 5세를 기념하여 만든 구덴 카롤루스가 공전의 히트를 쳤다.

Verhaeghe Brewery

페르헤기 브루어리 / 벨기에

1875년에 벨기에의 남서쪽 플랜더스 지역에서 탄생한 가족 소유의 작은 브루어리이다. 부르고뉴의 공작부인으로 알려진 듀체스 드 부르고뉴(DUCHESSE DE BOURGOGNE)를 생산하고 있다. 듀체스 드 부르고뉴는 캐스크에서 야생효모로 숙성시킨 에일로 8개월과 18개월 숙성된 에일을 블렌딩해서 만든 전통적인 플랜더스 레드 에일이다.

Lagunitas Brewing

라구니타스 브루잉 / 미국

1993년 캘리포니아 라구니타스에 설립된 브루어리이다. 브루어리의 이름과 같은 라구니타스 IPA
는 여러 다른 IPA와 함께 웨스트 코스트 IPA의 기준을 세웠다. 빠르게 성장한 이 브루어리는 캘리
포니아 뿐만 아니라 시카고에 거점을 두고 있으며, 2017년 하이네켄이 지분 모두를 사들여, 이제
는 더 이상 크래프트 양조장으로 볼 수 없게 되었다.

Lion Brewery (Ceylon Brewery)

라이온 브루어리(실론 브루어리) / 스리랑카

1881년 스리랑카에 최초로 설립된 브루어리이다. 원래는 영국인들의 차 농장이었으나 맥주 양조
장으로 전환하여 실론 브루어리라고 하였다. 라이온 스타우트와 라이온 라거가 유명하다. 특히
라이온 스타우트는 맥주 블로거 마이클 잭슨이 극찬하여 유명세를 탔다. 1993년 칼스버그가 자
회사로 인수한 후 라이온 브루어리라는 이름을 사용하고 있다.

Pilsner Urquell Brewery

필스너 우르켈 브루어리 / 체코

1838년 보헤미아의 도시인 체코의 플젠에서 지역의 맥주에 불만을 품고 새로운 맥주를 만들기
위해 탄생한 브루어리이다. 이렇게 탄생한 맥주가 1842년에 탄생한 필스너의 원조 필스너 우르
켈이다. 체코의 몰트와 사츠 지방의 홉을 쓴 세계 최초의 페일 라거는 이후 전 세계 라거 시장의
새로운 초석을 세웠다. 현대에 와서는 여러번 인수 합병 거치다가 현재는 일본 아사히 그룹이 소
유하고 있다.

Tsingtao Brewery

칭따오 브루어리 / 중국

1903년 독일 양조사들이 중국 청도에 세운 브루어리. 현재 중국에서 두 번째로 큰 브루어리로
120여 전 효모와 라오샨 지역의 광천수로 맥주를 만들고 있으며 현재 세계 100개국의 나라로
수출되고 있다.

Oriental Brewery
오비 맥주 / 한국

1933년에 설립된 동양맥주주식회사에 뿌리를 두고 있으며 현재는 전 세계 1위 맥주 맥주 회사인 에이비 인베브(AB-InBev) 산하 기업이다. 한국에서 가장 큰 맥주회사로 카스, 한맥, 레드락, 카프리, 필굿, 호가든, 버드와이저를 직접 생산한다. 다양한 해외 맥주를 국내에 수입, 소개하고 있으며 2018년에 수제맥주회사인 핸드앤몰트를 인수했다.

Privatbrauerei Gaffel Becker & Co. OHG
가펠 브루어리 / 독일

독일 쾰른에 있으며 가장 잘 알려진 맥주 브랜드는 GAFFEL KÖLSCH 다. 기원은 14세기 초까지 거슬러 가지만 지금의 회사는 1908년에 베커 형제가 인수한 양조장에서 시작된다. 베커가에서 4대째 운영하고 있다. 1985년에 승인된 KÖLSCH 협약에 서명했으며 KÖLSCH 양조권한이 있는 양조장이다. 쾰른에 있는 가장 현재적인 양조장인 GAFFEL AM DORM은 쾰른 대성당을 조망할 수 있는 인상적인 장소로 유명하다.

Magpie Brewing Co.
맥파이 브루잉 컴퍼니 / 한국

맥파이 브루잉 컴퍼니는 2011년 이태원 경리단길에서 맥주 중심의 커뮤니티 공간을 만들자는 취지로 외국인 동네친구 4명이 창업하며 시작되었다. 양조장 이름인 맥파이는 한국어로 까치로 시그니처도 까치이다. 이는 좋은 소식을 가져다 주는 까치처럼 한국에 좋은 맥주문화를 선보이겠다는 맥파이의 창업 이념이라고 한다. 2016년 제주도에 감귤 창고를 개조하여 자체 양조장을 만들었으며 제주의 깨끗한 물과 공기로 기본 라인업인 코어맥주와 특징있게 실험적으로 시즈널 맥주를 선보이며 자신들의 양조철학을 맥주에 담고 있다. 양조장의 철학이자 가치는 크레프트맨쉽, 커뮤니티, 컬쳐 3C로 소통하는데 이 가치를 바탕으로 선보이는 맥파이 맥주의 영감과 아이디어를 모두 같이 즐기셨으면 좋겠다.

Mont Beer
몽트비어 / 한국

강원도 속초시 학사평길 7-1. 맥주만들기동호회에서 10년동안의 홈브루잉을 했던 노하우와 경험을 바탕으로 2018년부터 운영된 협동조합 브루어리. 깨끗한 효모로 다양한 크래프트 맥주를 생산중이며 국내에서 가장 큰 용량(750ML)의 병맥주를 판매중이다.

Fuller's Brewery
풀러스 브루어리 / 영국

정식 명칭은 풀러, 스미스 앤 터너 PLC(FULLER, SMITH & TURNER PLC)다. 1845년 런던 서부 치스윅(CHISWICK)에서 시작되 약 177년의 역사를 가지고 있다. 영국 정통 에일인 비터, ESB, 캐스크 에일을 비롯해 크래프트 맥주도 만들고 있다. 현재 380여개의 펍을 운영 중이며, 2019년 아사히 맥주로 인수되었다.

Cantillon Brewery
깐띠용 브루어리 / 벨기에

1900년 벨기에 브뤼셀에 설립된 대표적인 람빅 브루어리. 벨기에 람빅을 전통적인 방식으로 만들고 있으며 지금까지 가족 기업을 유지하고 있다. 괴즈, 크릭 등 16종의 람빅을 양조하고 있지만 현재 벨기에 람빅 협회인 호랄(HORAL)에는 가입하고 있지 않다.

AB-InBev Belgium
AB인베브 벨지움 / 벨기에

1152년 벨기에 남부 노트르담 드 레페 수도원에서 시작되었다. 수백 년간 여러 사건들 속에서도 양조를 이어왔으나 1987년 레페 수도원은 벨기에 인터브루와 계약을 맺게 된다. 이때부터 사람들은 노트르담 수도원이 아닌 인터브루 양조장에서 생산하는 레페를 마시게 되었다(현재 인터브루는 AB인베브에 합병되었다). 블론드, 브라운, 루비 등 다양한 스타일의 레페맥주가 있다. 맥주 색이 밝은 레페 블론드와 다크 초코 색의 레페 브라운이 가장 대중적으로 사랑 받는 스타일이다. 한국 편의점에서 이 두 가지를 만 날수 있다.

Westmalle Brewery
베스트말레 브루어리 / 벨기에

벨기에 베스트말러(WESTMALLE)에 위치한 베스트말레 수도원(ABDIJ ONZE-LIEVE-VROUW VAN HET HEILIG HART VAN JEZUS) 안에 있다. 수도원은 1794년 설립되었고, 맥주양조는 1836년부터 시작되었다. 1856년엔 출시한 강한 맛의 브라운 에일이 오늘날 두벨(DUBBEL)의 효시로 알려져 있다. 그리고 1934년 필스너 맥주의 인기에 대응하기 위해 만든 맥주가 바로 트리펠(TRIPEL)이다. 수도사들이 마시는 맥주인 EXTRA도 생산하는데 수도원 옆에 딸린 카페에서 마실 수 있다.

HiteJinro
하이트진로 / 한국

강원도 홍천군 북방면 도둔길 49 (강원공장 - MAX 생산). 1933년 대한민국 최초의 맥주회사로 설립된 하이트맥주는 국내최초 올몰트 비어인 맥스를 생산하고 있다. 그 외에 테라, 하이트, 발포주인 필라이트, 라거타입 스타우트, 라이트맥주인 에스 등의 제품군이 있으며 2005년 하이트-진로 그룹으로 합병 후 현재의 사명으로 바꾸었다.

North Coast Brewing Company
노스 코스트 브루잉 / 미국

노스 코스트(NORTH COAST BREWING COMPANY)는 1988년 캘리포니아 멘도시노 해안에 위치한 포트 브래그(FORT BRAGG)에 양조장을 오픈했다. 당시로서는 진한 편에 속했던 엠버 에일(AMBER AL) 종류인 레드 실 에일(RED SEAL ALE)은 노스 코스트가 처음 생산한 수제 맥주로, 올드 라스푸틴 러시안 임페리얼 스타우트(OLD RASPUTIN RUSSIAN IMPERIAL STOUT)와 함께 노스 코스트 주류 스타일의 상징적인 아이콘으로 간주되고 있다. 오늘날 노스 코스트는 17가지 종류의 연중 혹은 계절별 맥주뿐 아니라 배럴 에이지드(BARREL-AGED) 맥주와 같은 다양한 주류를 생산하고 있다.

BrewDog
브루독 / 스코틀랜드

2007년 마틴 디키(MARTIN DICKIE)와 제임스 와트(JAMES WATT) 두 친구가 의기투합하여 설립한 영국의 브루어리로, 홉을 강조한 아메리칸 스타일의 IPA를 주력하여 만들어 현재는 영국 수제맥주 시장에서 가장 큰 맥주 회사가 되었다. 브루독은 맥주 맛 뿐만 아니라 기상천외한 기행으로도 이름을 알렸는데, 홍보를 한다며 탱크를 타고 런던 한복판을 달리거나 러시아 푸틴 대통령과 미국의 도널드 트럼프 전 대통령을 조롱하는 맥주의 출시는 아직도 전설로 남아있다. 영국 런던에 브루독 펍을 직영으로 운영하여 신선한 브루독 맥주를 시음해 볼 수 있고, 현재 우리나라에도 정식 수입되고 있어 가까운 편의점이나 마트에서 쉽게 접해 볼 수 있다.

CraftBros
크래프트브로스 / 한국

2014년 광고기획자 출신 대표가 서래마을에서 시작한 국내 브루어리로 세련된 패키지가 특징이다. 강남역 매장 오픈을 기념해 출시한 '강남 맥주', 미국의 사진 잡지인 라이프(LIFE)와 협업해 출시한 라이프 IPA 시리즈로 이름을 알렸다. 소량 생산 맥주를 시리즈로 출시하여 큰 인기를 얻었고 최근 대량 생산 시중 유통을 시작하여 보다 친숙하게 만나볼 수 있게 되었다.

Ballast Point Brewing Company

발라스트 포인트 브루잉 / 미국

대학 친구인 '잭 화이트'와 '피트 어헌'이 홈브루잉을 위한 양조 재료를 판매하는 홈브루 마트 (HOME BREW MART)에서 시작하여, 1996년 캘리포니아 샌디에이고에 설립한 양조장이다. 낚시광으로 소문난 설립자는 물고기 이름과 사진을 맥주 라벨과 이름으로 사용하는 것으로 유명하다. 다양한 스타일의 맥주를 생산하지만, 그 중에서 가장 유명한 맥주는 단연코 '스컬핀 아이피에이'이다. 한국에 처음 수입될 당시에 수 많은 소맥 마니아를 크래프트 맥주 애호가로 입문시킨 맥주라고 말하고 싶다.

Omer Vander Ghinste Brewery

오메르 판더 힌스트(영문표기 : 오메르 반더 긴스트) 브루어리 / 벨기에

1892년 5월 17일 설립자인 '레미 반더 긴스트'가 아들을 위하여 설립한 양조장에서 '우든 트리펠 (OUDEN TRIPEL)'을 생산하면서 역사는 시작되었다. 현재까지 5대째 운영되고 있으며, 벨기에의 다양한 스타일 맥주를 생산하고 있다. 그 중에서 가장 유명한 맥주는 우든 트리펠(현재; 반더 긴스트 오드 브륀)과 자코빈 맥주가 대표 맥주이다. 이 맥주들은 플랜더스 레드 비어(FLANDERS SOUR)로 벨기에 맥주의 진수를 기대한다면 꼭 마셔볼 맥주이다.

Celis Brewery

셀리스 브루어리 / 미국

1965년 벨기에 호가든 지역에 윗비어의 명맥이 끊어진 지 10년이 넘은 시점에 피에르 셀리스에 의해 설립된 양조장이다. 화재사고와 사업확장에 따른 부채 압박 등에 의하여 인터브루에 매각하고 피에르 셀리스는 미국 텍사스 주 오스틴에서 자신의 이름의 브루어리를 만들고 동일한 레서피로 윗비어를 생산하였다. 거대 자본에 의한 압박에 어려움이 다시 찾아오고 2011년 피에르 셀리스는 세상을 떠났지만 현재 그의 딸 크리스틴 셀리스에 의해 양조장은 운영되고 있다.

강충식

맥주를 좋아하는 소시민, 최애 맥주는 호가든이다. 30대 초 떠난 유럽 여행에서 맥주에 대한 흥미가 생겼고, 맥주산업 박람회를 계기로 본격적인 맥주의 세계에 뛰어들었다. 보다 전문적인 배움을 위해 비어도슨트 파운데이션 과정과 어드밴스드 과정까지 수료한 뒤, 현재 맥주 양조사의 목표를 가지고 낡고 작은 작업실에서 맥주와 고군분투 중이다.

김동현

대학생 때부터 맥주만 마신 나는 선배들이 돈 많이 든다고 싫어했던 후배였다. 그 시절, 미생물학 전공 수업 교수님의 효모 강의를 빙자한 맥주 강의를 들은 이후로 맥주에 깊게 빠져들기 시작했다. 그리곤 이전에 마셔보지 못한 세계 맥주들을 빠짐없이 찾아 다녔다. 기나긴 대학원생의 힘든 시기를 편의점 네 캔 만원 맥주로 이겨낸 후 본격적인 맥주 공부를 위해 2020년 비어도슨트 파운데이션 과정과 어드밴스드 과정을 수료하였다. 현재는 서울의 한 대학교에서 연구교수로 재직하면서, 학생들에게 연구지도와 함께 신기하고 심오한 맥주의 세계에 대해서 설파하고 있다.

김득용

소주만 외치던 사람이 재미로 들었던 비어도슨트 파운데이션 과정에서 맥주에 대해 눈을 뜬 후 비어도슨트 어드밴스드 과정까지 조금 더 깊게 맥주에 대해 공부하였다. 현재는 다양한 맥주를 경험하고 기록하는 삶을 살고 있는 중이다.

김병일

대학원을 다니던 시절 서울 관악구의 유명 펍에서 '마스터 퀄리티 기네스 드래프트'를 마시게 되면서 세계맥주에 입문하였다. '맥주는 액체빵'이라는 생각을 가지고 살며, 매주 2회 정도 펍이나 보틀숍을 찾는 평범한 맥주 소비자이다. 비어도슨트 어드밴스드 자격증을 취득한 이후에는 가끔 친구나 지인들에게 좋은 맥주를 추천하고 강의를 하기도 한다. 소원이 있다면 '더 많은 사람이 맥주에 대한 편견을 가지지 않고 즐겼으면 하는 것'이다.

김정하

현 브로이하우스 바네하임 대표, 주식회사 바네하임브루어리 대표이사이다. 한식과 요리하는 것을 좋아하여 배화여대 전통조리과를 졸업 후 요식업 경영의 뜻을 이루고자 광운대 경영학과에 편입학 후 졸업하였다. 위생용품 제조업체를 운영하셨고 술을 좋아하시던 아버지의 권유로 20대 초에 하우스맥주 제조를 시작했고, 이로써 험난한 맥주 산업에 첫 발을 디디게 된다. 2004년, 사회경험이 전무한 상태로 호기롭게 브루펍 브로이하우스 바네하임을 창업했으나, 우울증과 불안장애, 산전수전 공중전까지 다 경험하며 맥주업을 포기하려 했지만 끝까지 버텨 오늘에 이른다. 창업 희망자분들을 위해 2019년 "맥주 만드는 여자"라는 에세이를 출간하기도 하였다. (사)한국맥주문화협회 이사로서 비어도슨트 어드밴스드 과정, 관공서, 기업 강의 및 일반인분들을 위한 문화 센터 강의 등 맥주를 좋아하는 분들을 위한 강의도 꾸준히 하고 있다. 현재는 미국, 영국, 일본에서 열리는 굵직한 국제맥주 대회에 심사위원으로 활동하고 있으며, 한국 맥주의 우수성을 세계적으로 알리기 위한 일환으로 지역의 유명한 농산물을 이용한 맥주를 지속적으로 개발하고 있다.

김진형

현실도피 어학연수에서 하라는 공부는 안 하고 선조들이 물려주신 주당 DNA만 확인하고 귀국한 케이스. 영어는 못 배웠지만 술로 소통하는 법을 배웠다. 어쩌다 혼술집 매니저가 되었고 어쩌다 맥주 양조사가 되었다. 모든게 우연이었지만 이제는 거스를 수 없는 운명이라 생각하며 맥주로 사람들과 만나고 있다. 술로써 사람을, 문화를, 역사를, 환경을 배우고 있다. 배움 안에 비어도슨트 어드밴스드 과정도 빼놓을 수 없다. 자칭 기네스 덕후이며, 술 기행 떠날 때 가장 행복한 사람이다.

김혜진

체코 여행에서 맛본 맥주가 계기가 되어 맥주 교육에 입문하게 되었다. 비어도슨트 어드밴스드 과정을 이수한 후 비어드슨트 파운데이션 과정 맥주교육, 애견카페 맥주 코디네이터, '2021 부산 수제 맥주 마스터스 챌린지'에서 맥주 심사를 하였다. 현재 (사)한국맥주문화협회 정회원으로 활동중이고 여행과 맥주를 사랑하여 세계 여러 나라의 양조장 투어를 즐기며 다양한 맥주 여행을 기획하고 있다.

김희중

술과 함께 한지 30년이 넘었지만 의미 있는 추억은 없었다. 한국맥주문화협회 비어도슨트 분들과 이 책을 출간하게 되어 매우 감사하게 생각한다. 술에 대해 의미를 부여하고 뭔가를 해 보고 싶던 시절, 난 한국의 풍미 가득한 담금주를 만들고 증류를 시작했다. 그리고 오랜 기간 숙성시켜 나만의 인생 술을 양조하려 했으나 기다림을 인내할 의지가 부족해 포기했다. 2018년부터 주종을 맥주로 바꾸고 인생 맥주 레시피를 찾기 위해 꾸준히 양조하고 있다. 가장 좋아하는 맥주는 공방에서 양조한 프렌치 세종이고, 가성비 좋은 베럴에이징 임페리얼 스타우트 레시피를 찾기 위해 현재도 씽크대 자가 양조와 공방 양조를 병행하며 맥주 인생을 즐기고 있다. 은퇴 후 나만의 공간을 만들어 맥주를 마시며 맥주를 양조하고 싶은 원대한 꿈을 갖고 있다.

염태진

맥주를 마시는 것보다 맥주를 쓰는 것을 좋아한다. 맥주는 시음기를 쓰기 위한 도구이다. NO TASTING NO BEER. 나이 환갑이 되면 한적한 시골에서 조선왕조실록을 독파하고 싶은 역사책 '덕후'이다. 쉼없이 역사를 읽고 시나브로 맥주에 대해 쓰다 보니, 맥주인문학서 <5분 만에 읽는 방구석 맥주 여행>을 출간하게 되었다. 맥주 잡지, 맥주 컬럼, 맥주 에세이 등 다양하게 글을 쓰는 '부캐' 덕분에 맥주로 내장도 채우고 뇌도 채우고 있다. 작고하신 이외수 선생님이 지어 주신 별명이 부끄럽지 않도록 '날마다 좋은 ㅎㅏ루'를 살고 있다.

윤한샘

고려대학교에서 식품자원경제학을 전공하고 MBA를 공부했다. 프랑크푸르트에서 마셨던 한 잔의 바이스비어에 매료된 후 맥주의 세계로 빠져들었다. 맥주로 세상을 바꿀 수 있다는 쌈빡한 신념으로 2018년 (사)한국맥주문화협회와 정동 독립맥주공장을 설립해 대표와 헤드브루어로 고군분투 중이다. '맥주는 문화'임을 증명하기 위해 맥주 강연, 맥주 칼럼니스트, 맥주 대회 심사위원, 비어소믈리에 그리고 브루어의 삶을 살고 있다. 4년 전 한국 맥주 문화 확산을 위해 비어도슨트 프로그램을 기획했으며 열심히 강의 중이다. 최근 노년에도 맥주를 즐길 수 있는 몸을 만들기 위해 고민 중이다.

이공주

음주 나이가 된 후 만난 놀라운 알코올의 매력에 이끌려 술 공부를 시작했다. 알아가는 재미에 다양한 주류를 공부하다 보니 와인, 사케, 비어소믈리에가 되었다. 현재는 (사)한국맥주문화협회의 이사이면서, 대전에서 8년차 와인&비어 보틀숍을 운영하고 있다. 종종 강의를 하고 맥주대회 심사도 한다. 예전 나와 같이 주류를 알고자 하는 다양한 분들에게 새로운 맥주를 소개하기도 한다. 세상은 넓고 온통 궁금한 술투성이라 하루하루 삶이 흥미진진하다.

이명룡

쏘맥(폭탄주) 없는 세상을 꿈꾸는 정신건강의학과 전문의로 20대에 더블린에서 기네스를 접한 이후 유독 맥주를 사랑했다. 독일 되멘스 디플롬 비어소믈리에 과정을 이수한 후, 2017년 비어소믈리에 월드챔피언쉽(뮌헨) 한국대표단, CAMBA 홈브루잉 대회(군델핑엔) 심사위원으로 참가했다. 2018년부터 (사)한국맥주문화협회 이사로 활동 중이며 '맥주는 자유다'라는 모토 아래 맥주를 종교, 미술, 정치, 경영경제, 문학과 연결하는 맥주인문학에 관심이 많다.

이승우

수제맥주 시장의 성장세를 보면서 맥주 비즈니스의 매력에 빠진 사람이다. 다양한 맥주를 마시면서 음료 덕질 중의 최고봉은 맥주라는 것을 깨달은 아직은 어설픈 맥주 애호가이다. 그래 이렇게 왕창 돈 쓰면서 맥주를 마실 거라면 차라리 도매가로 더 많은 맥주를 마셔보자라는 생각에 '레어디'란 펍을 창업하고 혼자 즐기는 공간으로 오픈하여 운영중이다. 본업은 지역, 사회, 고용. 정책을 기획하는 딱딱한 기획자지만 일과 맥주를 접목시키려고 노력하는 울산의 고독한 맥주 문화 향유인이다.

이승현

주류도매상을 운영하셨던 아버지의 영향으로 어린 시절부터 술에 관심이 많았다. 하이트진로(주)에 입사하여 주야장천 하이트 맥주만 마시다가 어느 날 인디카 IPA를 접하고는 맥주의 신세계에 발을 들였다. 현재 강원도 강릉의 삼성주류(주)에서 전무이사로 재직 중이며 취미생활로 바다 수영, 스킨다이빙을 즐긴다. (사)한국맥주문화협회 정회원, 비어도슨트 어드밴스드, 되멘스 비어소믈리에이며, 강릉 비어축제 조직위원으로 활동 중이다.

이유정

'MBC 다큐에세이 그사람'에 취미로 시작해서 맥주전문가로 활동하는 모습이 '유정의 인생직업"이라는 제목으로 방송되었다. 맥주 전도사가 되고자 되멘스 비어소믈리에, 시서론, BJCP, 조주기능사 자격증을 취득했고, 맥주로 창업하시는 분들께 보다 유익한 지식과 정보 제공을 해드리고자 현재 창업학 전공 석사과정에 재학중이다. (사)한국맥주문화협회 비어도슨트 자격증 과정 책임강사로 경남 창원에서 맥주공방 '공유공간293'을 운영하고 있으며, 대경대학교 세계주류양조과 강의와 맥주를 이용한 도시재생사업, 상권활성화사업, 지역맥주개발사업과 맥주대회심사에 참여하고 있다.

정보미

전자공학 전공 후 극심한 남초의 국내 대표 전자 회사 두 곳을 거치며 대한민국 아저씨 술자리를 평정한 성골 주당이다. 창의적인 폭탄주 제조 스킬과 빵빵 터지는 건배 제의에 탁월한 재능을 보이며 전도유망한 술자리 퀸으로 거듭나려던 중 급작스럽게 미국 시골 생활을 하게 되었다. 동네 작은 브루어리들을 제집처럼 드나들며 신선 놀음 하던 중, 못다 펼친 폭탄주 제조의 재능을 뒤늦게나마 펼치기 위해 진짜로 물을 끓여 맥주를 만들기 시작했다. 미국 워싱턴주 센트럴워싱턴대학 (CWU)에서 크래프트브루잉을 공부하였고, 한국에 돌아와 비어도슨트 어드밴스드 과정을 수료하였다. 현재는 4살 천방지축 딸과 지내며 새로운 시작을 준비 중이다.

조만철

미국 샌디에이고에서 마신 '스컬핀IPA'에서 맥주의 다양성을 깨닫고, 이후 출장을 가면 하루 이틀 여유를 가지고 출장지 가까운 양조장을 방문하였다. 양조장 방문은 다른 어떤 관광지 보다 더 큰 즐거움을 주었다. 이런 맥주에 대한 즐거움을 좀 더 즐기기 위하여 홈브루잉 수업과 비어도슨트 어드밴스드, 양조아로마 평가사를 취득하였다. 또한 유튜브 '효모사피엔스'를 통하여 맥주 이야기를 하고 있으며, 문정동에서 맥주 보틀숍인 '효모사피엔스 비어샵'을 운영하고 있다.

하승아

상업맥주 양조사인 남편과 함께 한 독일 출장 중 다양한 맥주와 그와 관련된 역사와 문화에 흥미를 갖게 되어 맥주에 대한 공부를 시작하였다. 미국의 맥주 테이스팅 관련 자격증인 씨서론 비어서버(CIC-ERONE BEER SERVER)에 이어 써티파이트 씨서론(CERTIFIED CICERONE)을 취득하였다. 또한 독일 되멘스 비어소믈리에(DOEMENS BIERSOMMELIER)와 되멘스 디플롬 비어소믈리에(DOEMENS DIPLOM BIERSOMMELIER) 자격을 가지고 있다. (사)한국맥주문화협회 이사로 협회 창립을 함께 하고, 강의와 심사활동 중이다. 국내 맥주 양조장을 대중에게 알리기 위한 브루어리 투어를 기획하여 정기적으로 실시하고 있다. 맥주에 담긴 양조사의 철학을 맥주를 마시는 대중에게 알리고, 맥주 소비가 더욱 의미 있는 여가 활동이 될 수 있게 돕겠다는 생각으로 열심히 맥주에 대해 이야기하고 있다.

참고 문헌 및 이미지 출처

13p ⓒMatt Kieffer CC BY-SA 2.0
https://commons.wikimedia.org/wiki/
File:Chicago_skyline_at_night_from_360_
Chicago_observation_deck_(49713369206).
jpg

15p ⓒSineunju2525 CC BY-SA 4.0
https://commons.m.wikimedia.org/wiki/
File:GIBC_312.jpg

20p ⓒEquilibrium Brewery

33p, 35p ⓒCigar City Brewing

100p, 102p ⓒBK Co.,Ltd

117p ⓒDirk Van Esbroeck CC BY-SA 2.5
https://commons.wikimedia.org/wiki/
File:BreweryMoortgat.jpg

118p ⓒOhnoitsjamie CC BY-SA 3.0
https://commons.wikimedia.org/wiki/
File:Duvel_Brewery_Moortgat.jpg

119p ⓒDirkVE CC BY-SA 3.0
https://commons.wikimedia.org/wiki/
File:Duveltripelhop2013.jpg

120p ⓒTomVSL CC BY-SA 3.0
https://commons.wikimedia.org/wiki/
File:Scherpe_voorgrond_-_Wazige_
achtergrond.JPG

125p ⓒJIP CC BY-SA 4.0
https://commons.wikimedia.org/wiki/
File:Weihenstephaner_Hefe_Weissbier_
aboard_Viking_Mariella.jpg

168p ⓒ@lagunitasbeer

172p ⓒChrisi1964 CC BY-SA 4.0
https://commons.wikimedia.org/wiki/
File:Fest_zum_Reinheitsgebot.jpg

176p ⓒIsiwal CC BY-SA 4.0
https://commons.wikimedia.org/wiki/
File:Pilsen_beer_crates-0107.jpg

181p ⓒ@andrew.lee_beerstor

193p ⓒ@ms___beer

205p ⓒPrivatbrauerei Gaffel Becker & Co
CC BY-SA 3.0 DE
https://commons.wikimedia.org/wiki/
File:Gaffel_Koelsch_Kranz.jpg

220p, 222p ⓒMAGPIE Brewing co.

229p ©HITEJINRO CO.LTD.

252p, 254p ⓒ더 부스

비 어 도 슨 트 들 의 일 상 맥 주 이 야 기

맥주 한 잔 할까요?

1판 1쇄 인쇄 2023년 1월 5일
1판 1쇄 발행 2023년 1월 10일

———

지 은 이 한국맥주문화협회 비어도슨트
발 행 인 이미옥
발 행 처 J&jj
정   가 20,000원
등 록 일 2014년 5월 2일
등록번호 220-90-18139
주   소 (03979) 서울 마포구 성미산로 23길 72 (연남동)
전화번호 (02) 447-3157~8
팩스번호 (02) 447-3159

ISBN 979-11-86972-99-1 (13590)

J-23-01

Copyright ⓒ 2023 J&jj Publishing Co., Ltd

제이 앤 제이제이